商管 **全華圖書**
└ 叢書 BUSINESS MANAGEMENT

國際財務管理

李顯儀 編著

International Financial Management

　　當今網路科技的快速發展，帶來跨國界的穿透性，也讓企業逐漸走向國際化是必然的趨勢。但近年來，企業積極的走向全球化，卻因 2020 年中國突來的肺炎疫情，並蔓延至全球，讓許多跨國企業嘗到生產過度集中或依賴單一市場的苦果，也讓它們重新檢視全球化的布局，不應只著重成本與利潤，轉而應更注重分散風險，才是國際化的要項。

　　國際財務管理一科，當然是跨國企業在進行國際經營活動時，所必須要學習的重要課題。本書所介紹內容乃以該科目的基礎常識為主。以下為本書的主要特點：

1. 章節架構綱舉目張，內容循序漸進，敘述簡明易讀，並輔以豐富圖表，有利讀者自行研讀。

2. 每章節皆附數個「國財快訊與解說」、「國財小百科」，讓課本內容與實務相結合，以彰顯內容的重要性與應用性。

3. 章末附「練習題」，讓學生能自行檢測學習情形；另附各章題庫與詳解（教學光碟），以供教授者出習題與考題之用。

4. 提供每章相關實務影片連結檔，讓上課內容更加貼近實務，也能提昇學習效果。

　　時序飛快，自從擱筆暫歇又三載，但卻從未駐足懈怠，或許這是金融人的宿命，因為全球每天都有一個不斷在變動的金融市場等著去探討。每當要新著一本書，都必須在支離破碎的時間下孜孜不倦，雖然煞費苦心，卻也樂在其中；但心想能為國內商管教育盡份棉薄之力，也就成為鞭策自己繼續伏案寫作的最大動力。

　　現在此著作即將付梓，須感謝全華圖書給予發揮的舞台、奇勝的盛情邀約、芸珊在出版上的建議、編輯昱潔的精良編修、以及美編的優秀排版，才能使此書順利出版。最後，仍要感謝家人的協助與支持，並將此書獻給我人生最重要的雙親——李德政先生與林菊英女士，個人的一切成就將歸屬於他們。

　　個人對本書之撰寫雖竭盡心力，傾全力以赴，奈因個人才疏學淺，謬誤疏忽之處在所難免，敬祈各界先進賢達不吝指正，以匡不逮。若有賜教之處，請 email 至：k0498@gcloud.csu.edu.tw。

李顯儀　謹識

2020 年 11 月

目次

CONTENTS

第 1 篇　國際財務管理基礎篇

CH1　國際企業與國際財務管理..................................1-3
 1-1　國際企業概論 1-4
 1-2　國際財務管理概論 1-16

CH2　外匯市場與匯率...2-1
 2-1　外匯市場.....................................2-2
 2-2　匯率簡介.....................................2-12
 2-3　匯率理論.....................................2-15
 2-4　匯率變動因素.................................2-20

CH3　匯率衍生性金融商品.....................................3-1
 3-1　遠期匯率商品.................................3-2
 3-2　外匯期貨商品.................................3-6
 3-3　外匯選擇權商品...............................3-9
 3-4　匯率交換商品.................................3-14
 3-5　其他匯率衍生性商品...........................3-20

CH4　匯率風險管理...4-1
 4-1　匯率交易風險管理 4-2
 4-2　匯率換算風險管理 4-15
 4-3　匯率經濟風險管理 4-17

目次

第 2 篇　國際金融篇

CH5　國際金融市場...5-3

　5-1　國際金融市場概論...................................5-4

　5-2　國際資本市場...5-6

　5-3　國際衍生性商品市場.............................5-12

　5-4　歐洲通貨市場...5-20

CH6　國際金融機構...6-1

　6-1　國際銀行...6-2

　6-2　投資銀行...6-9

　6-3　私募基金...6-13

第 3 篇　國際投資與風險篇

CH7　國際投資與購併...7-3

　7-1　國際投資...7-4

　7-2　國際併購...7-17

CH8　國際風險管理...8-1

　8-1　國家風險種類...8-2

　8-2　國家風險分析...8-11

目次

第 4 篇 跨國公司理財篇

CH9 國際營運資金管理 9-3

9-1 國際現金管理 9-4

9-2 國際應收帳款管理 9-9

9-3 國際存貨管理 9-13

CH10 國際資金成本與資本結構 10-1

10-1 跨國企業的資金成本 10-2

10-2 跨國企業的資本結構 10-9

CH11 國際資本預算 11-1

11-1 國際資本預算概論 11-2

11-2 國際資本預算評估 11-4

11-3 國際資本預算的風險與規避 11-12

CH12 國際租稅管理 12-1

12-1 國際租稅概論 12-2

12-2 國際避稅措施 12-8

12-3 國際租稅規劃 12-17

中英索引 A-1

第 **1** 篇

國際財務管理基礎篇

　　國際財務管理意旨國際（跨國）企業的財務管理，其乃在討論跨國企業在從事國際營業活動時，所遇到的投資、融資、籌資等公司資金流進流出的相關議題。因國際財務管裡牽扯匯率與國家風險，所以較基礎的財務管理複雜，所以該學科為學習財務領域的進階課程，亦是國際企業領域的必修課程。

　　本篇為國際財務管理的基礎篇，其內容包含四大章，提供讀者學習國際財務管理一科時，所必須瞭解的基本架構與常識。

⊞ CH1 國際企業與國際財務管理

⊞ CH2 外匯市場與匯率

⊞ CH3 匯率衍生性金融商品

⊞ CH4 匯率風險管理

CHAPTER

1

國際企業與國際財務管理

　　本章內容為國際企業與國際財務管理,主要介紹國際企業概論、國際財務管理概論等內容,其內容詳見下表。

節次	節名	主要內容
1-1	國際企業概論	介紹企業國際化的理由與營運模式及國際企業在跨國營運上的差異。
1-2	國際財務管理概論	介紹國際財務管理的範疇與目標及國際與國內財務管理的考量差異。

本章導讀

　　一家企業由小到大，從國內市場走向國際市場，這是一家企業逐步成長的象徵。在現今日益全球化的經濟環境中，企業勢必走向國際化（Internationalization），因為藉由國際化可為企業帶來的資金、原物料、技術與機會等資源，將會刺激企業繼續發展與成長。

　　當然，企業要進行國際化的營運活動，將比在本地市場遭受到更多的營業風險與挑戰，因此資金的運用掌控效率，勢必影響跨國企業的營運績效。所以有關國際財務管理的知識，對欲進行國際化的企業的來說，是一項重要的課題。以下本章首先介紹有關國際企業的種種常識，再進一步介紹國際財務管理領域中，讀者所應瞭解的學習範疇與目標、以及國際與國內財務管理的考量差異。

1-1　　　　　　　　　　　　　　　　　　國際企業概論

　　所謂的「國際企業」（International Enterprises），或稱「跨國企業（公司）」（Transnational Enterprises（Corporations））是指一家企業在兩個或兩個以上的國家（或地區），從事經營活動的公司。通常國際企業是由一家設籍在本國的企業主體當作母公司，並在他國（或多國）設立子（分）公司之營業型態。例如：台塑企業的母公司在臺灣，並在全球各地（如：美國、中國、越南等）設立生產工廠與銷售據點。

　　在現今「全球化（Globalization）」的經濟圈裡，世界各國貿易的頻繁交流，企業為了繼續追求成長與擴展，從國內市場走上國際化是一條必須要走的路，因此有關企業國際化必須面對的挑戰與機會，將是本節想要探究的問題。以下本節首先介紹企業走上國際化理由的有哪些？其次再介紹企業國際化的模式，最後再說明國際企業在跨國與國內營運上，具有哪些差異？

一、企業國際化的理由

　　每一家企業為何要走向國際化，其考量的理由是不一樣的。企業大都是在「相對比較利益理論」[1]、「產品生命週期理論」[2] 及「市場不完美理論」[3] 等基礎的根基下，各有其為何要國際化的理由？以下本單元將整理幾點理由。

（一）尋找市場

　　若一家企業在本國的營運狀況達到飽和與成熟時，或在母國已失去經營優勢的產業，為了企業再繼續成長，通常會選擇到海外擴展業務，尋找新市場，以讓企業能夠永續經營並創造更高的利潤。

　　例如：日本的汽車與電器大廠，常常為了開發新的銷售市場，會在世界各國（如：美國、歐洲、中國等）設立新生產基地，並開發符合當地市場需求的商品。又像現今世界智慧手機大廠（如：韓國－三星、中國－華為、小米等），都會到印度設至新廠，以開發新市場新商機。

（二）尋找物料

　　有些企業須從海外進口原物料後，再到國內再製造出成品銷售，通常進口原物料須經運送而耗費高額的運費，且有些稀少的原物料會被當地國限制出口，因此企業可以選擇至海外直接設廠，不僅可以節省高額的運費，亦可確保生產原物料供應來源無虞。

　　例如：臺灣有些製造家具的公司，需要大量的木材，故常常為了節省木材的運送成本，直接在東南亞生產木材的國家（如：緬甸）製造生產。製造輪胎須要橡膠，所以許多日本或臺灣的輪胎公司，會直接在東南亞生產橡膠的國度（如：馬來西亞、印尼等）設廠製造。

---

[1]　「相對比較利益理論」是在說明每個國家都須針對自己比較具有優勢的商品生產，隨後再出口這些產品與他國進行國際貿易交流活動。

[2]　「產品生命週期理論」是在說明每種商品都有其創新、成熟與標準化等幾個階段。由於新開發的產品，生產成本高，通常可放至本國生產；對於成熟或過時的產品，由於生產已達標準化，就可放至他國生產，以降低成本。

[3]　「市場不完美理論」是在說明各國對每種商品都有其關稅、法令或環保等限制，讓商品不方便在該地生產與銷售，此時可移往他地進行產銷，以規避市場的不完美性。

（三）降低成本

許多企業轉移到國外生產，主要是考量國外的生產成本較低，如：較低的勞動工資、較低的原物料價格等。企業透過生產成本下降，才能使商品具有競爭性，以創造更高的利潤。

例如：臺灣有很多製衣或製鞋的工廠，為了要節省人事成本，紛紛至中國或東南亞國家設廠，因為當地的工資較低廉，所以才能降低製造成本。美國眾多電子廠商（如：蘋果（Apple）、惠普（HP）），為了節省製造成本，都將製造基地轉往成本較低的國家生產（如：中國）。

（四）關稅限制

有些國家為了保護該國的產業，會對某些進口商品訂定很高的關稅或限制商品進口的配額。所以企業若要突破關稅與進口配額的限制，可以選擇至當地國設廠生產，就可以避免此項貿易障礙。

例如：美國曾經對日本汽車實施進口配額的限制，於是日商就會選擇至當地設廠生產，以解決配額限制的規定。近期，美中貿易戰，美國欲對中國製造的商品課以高額關稅，所以許多原本在中國設廠製造的廠商，紛沓轉往東南亞其他各國設廠，以規避高額關稅。

✎ **國財小百科**   **美中貿易戰**

美中貿易戰（United States-China Trade War）乃美國與中國之間於 2018 年開始持續至今的一場貿易糾紛。貿易戰起因乃美國宣稱中國長期以來，偷竊美國智慧財產權和商業秘密及美中貿易逆差持續擴大。所以對從中國進口的商品徵收關稅及設置其他貿易壁壘，希望能迫使中國改變其「不公平貿易行為」。

（五）環保問題

有些已開發國家的國民環保意識較高張，該國的環保法令也較嚴格，將迫使該國某些具工業污染的產業，必須到海外環保意識與法令較寬鬆的國家設廠生產，這樣才能解決環保問題所帶來的生產限制。

例如：德國的製藥化工公司－拜耳（BAYER），不願將高汙染工廠留在德國境內生產，於是曾要到我國台中港附近設立化學工廠，但最後當地居民抗議後，已轉往泰國生產。近年來，臺灣民眾的環保意識崛起，也讓會產生較高污染的塑膠大廠－台塑，轉至東南亞或中國設廠生產。

（六）分散風險

企業可到全球各地設立生產與銷售據點，藉由到國外投資，可以避免單一國家因受天災、戰爭、政治與經濟等因素，造成營業損失。所以跨國投資可以分散該企業的營業風險。

例如：日本有許多大汽車製造商（如：豐田、本田），它們都會在世界各國設立工廠進行製造並銷售，這樣不僅可以增加當地的就業，也使公司的經營風險下降。臺灣許多電子大廠（如：鴻海、華碩），亦在全球各地設置衛星工廠，以降低營運風險。

 **國財快訊**

台紡織實力強！全球70％運動服裝原料MIT

沒有國際化思維，談什麼創新轉型！

在臺灣，創新轉型這個概念雖然已經不陌生，但始終缺乏具體數據告訴我們為什麼需要創新轉型，走訪百餘家上億元規模企業，並且細究企業之所以紛紛投入創新轉型，大致可以整理歸納出三大驅動原因。

原因1：企業面臨老化問題

目前臺灣中小企業老化是一個非常嚴重的問題，平均每四家就有一家企業的營運歷史超過 20 年，其中又有將近 6 成是家族企業，而這些企業同時還面臨了傳承問題，姑且不論企業二代接班與否，又或者交由專業經理人接班，確定的是，這些都是當今大多數企業迫切需要解決的問題。

原因2：產業更迭速度加快

臺灣過去引以為傲的產業，包括：電子零組件等已經邁入衰退階段，雖然這樣的產業發展，以往能持續很長一段時間，但是隨著人工智慧、大數據、雲端、物聯網等新興科技崛起，倘若企業本身沒有進一步創新轉型，勢必會因為產業老化而陷入競爭壓力加劇的窘境。

原因3：殭屍企業比例攀高

根據 OECD 的資料顯示，成熟型企業往往會出現「殭屍現象」，也就是說，企業回饋給股東的權益，已經低於銀行平均利息，而這樣的情況，並

不是臺灣特有的情境，更是全球都共同面臨的難題。從上市櫃公司所揭露的資料，臺灣的殭屍企業，過去十年已經從 2008 年的 3.34% 上升到現在的 4.06%。

2 大創新轉型焦點：跨領域、國際化

以往的產業型態是醫歸醫，機械歸機械，金屬歸金屬，紡織歸紡織，電子歸電子，彼此跨領域幾乎不可能，然而，當人工智慧、物聯網、5G 等新興科技日臻成熟，也帶動了產業跨界發展，從不可能到可能，現在的時空背景，促使產業之間的跨領域連結非常緊密。

事實上，有些轉型思考的確難以想像，比如一家線材廠商，原本專司生產纜線、銅線等，但是因為第二代是醫生，因此掌握了醫療領域的特殊線材，進而順勢跨足，讓原本看似無關的兩個產業，伴隨新興科技而崛起。

創新轉型的目標願景，如果沒有把眼光放到國際市場，是沒有意義的，因為臺灣市場太小。而企業要創新轉型發展國際市場或企業品牌的成功關鍵，老闆的承諾跟意志力為首要因素，且一定要站在國際發展趨勢上思考，否則事倍功半無法做大做久。

資料來源：摘錄自 Future Commerce 2019/11/12

解說

曾經帶領臺灣經濟走過「臺灣錢淹腳目」美好年代的中小企業，在現今產業快速更迭的時代中，若未即時跟緊潮流，有些企業隨著年華逐漸蓄沉。這些中小企業或產業，若要再度發光發熱，必須積極尋求創新轉型。專家建議：若要創新轉型，必須著眼於兩大焦點：跨領域、國際化。

二、企業國際化的營運模式

一家企業都從國內市場開始經營，爾後，為了追求成長才逐漸擴展至海外市場，邁向國際化。一般而言，一家企業要通往國際化的路程，大都會循序漸進一步一步的建立起海外市場。

首先，透過國際貿易先將自家的產品或服務，採「直接出口」的方式銷往海外，待市場規模漸次成長至可建立自己的灘頭堡後。再來，可能就會有當地的業者希望與公司

合作，此時雙方就可以「契約授權」模式合作，藉在地業者的資源，讓業績更上一層樓。最後，企業對海外市場更為熟悉後，就有可能「直接對外投資」與授權公司合資共同生產商品、提供服務，或者獨資在當地成立子公司自行經營。以下本單元將逐步說明企業逐往國際化進展，所歷經的各階段營運模式：

（一）產品直接出口

企業國際化的第一步就是透過「國際貿易方式」或「自行在外設立據點」，將自家商品或服務銷往海外。

1. 透過國際貿易方式

企業可透過國際貿易方式，將自家商品或服務，自行出口至海外或者透過貿易代理商出口至海外。通常採取此種方式，企業不用承擔太多營運成本與匯率風險，若海外市場對公司產品需求不強時，即可退出市場，經營策略較具彈性。例如：早期臺灣的本土廠商，剛至海外擴展業績時，大都自行向國外客戶推銷，然後再經貿易程序將產品銷售海外或與海外貿易代理商合作，將產品代銷往至國外。

2. 自行在外設立據點

當自家商品在國外市場具有一定的銷售規模時，可自行至海外設立銷售或服務據點，以建立營業據點。通常採取此種方式，企業須花費資本支出與面對進出口商品報價的匯率波動風險。例如：德國的跑車公司－保時捷（Porsche），原本僅透過臺灣的代理商銷售，後來因市場逐漸擴大，因此保時捷公司便自行至臺灣設立銷售據點。

（二）契約授權協議

企業可透過與海外廠商簽訂授權（Licensing）契約方式，提供對方生產技術、品牌、專利或營運模式，以進入該國市場，並收取權利金。一般而言，授權契約又可分為以下兩種：

1. 一般授權

大部分的授權契約大抵是生產技術、品牌、專利提供給其他企業使用，並收取授權權利金。若以此授權方式進軍海外，可以為企業省去資本支出以及出口成本之優點，但仍無法掌控海外廠商的生產品質，導致劣質的產品使自己品牌形象受損、甚至有可能發生生產技術被模仿盜取之風險。例如：美國迪士尼（Disney）公司，將旗下的卡通人物圖案授權給全球許多廠商使用（如：衣服、日常用品），就是此類的一般國際授權模式。

2. 特許授權

特許授權（Franchising）是指公司將生產技術、品牌及營運模式授予其他企業使用外，並持續將新開發的專門技術（Know-how）傳授給授予者，且收取授權權利金。此模式讓企業無須投入大額資本支出，即可打開國際市場，但仍無法完全控制被授予公司的生產品質，導致品質不一，使公司品牌形象受損之風險。例如：美國麥當勞（McDonald's）與星巴克（Starbucks）公司，至全球各地展店經營，大都是利用特許授權模式，進軍全球市場。

（三）直接對外投資

企業至海外擴展一段時間，對當地市場更為熟悉且銷售更為穩定後，有可能連研究開發、設計製造及售後服務都移往當地發展，因此可能會將大筆資金「直接對外投資」（Foreign Direct Investment, FDI），成立分（子）公司，以做為企業內部組織的延伸。企業欲至海外投資的方式，可自行成立一家新的子公司，或可利用跨國購併當地企業，以取得主要經營權。至於出資方式可分為「合資」與「獨資」兩種模式。

1. 合資

合資乃是企業至海外與當地企業共同出資成立新公司，或是利用購併外國企業的部分股權，以取得的當地的經營權。利用合資的優點是較容易取得當地經營要領，並與合資對象共同承擔風險；但缺點是與合資對象在經營決策與利益分配上，有可能會產生衝突，導致合作失敗。例如：日本眾多汽車大廠（如：豐田（TOYOTA）），剛至海外設立分公司，都事先與當地業者合作一起經營當地市場。

2. 獨資

獨資乃是企業至海外成立新公司或是利用收購外國企業的大部分股份，以取得當地的經營權。利用獨資的優點是獨享利潤，也保護技術外流的風險；但缺點是必須獨自摸索海外市場的成本較高，且須獨自承擔所有的經營風險。例如：臺灣眾多中小企業剛至中國經商時，大都是以獨資的型態進入當地市場。

表 1-1 2020 年全球前 50 大國際企業－按營收（百萬美元）排名

排名	公司	營收	國籍
1	沃爾瑪 WALMART	523,964	美國
2	中國石油化工集團公司 SINOPEC GROUP	407,009	中國
3	國家電網公司 STATE GRID	383,906	中國
4	中國石油天然氣公司 CHINA NATIONAL PETROLEUM	379,130	中國
5	荷蘭皇家殼牌石油公司 ROYAL DUTCH SHELL	352,106	荷蘭
6	沙特阿美公司 SAUDI ARAMCO	329,784	沙烏地阿拉伯
7	福斯汽車公司 VOLKSWAGEN	282,760	德國
8	英國石油公司 BP	282,616	英國
9	亞馬遜 AMAZON.COM	280,522	美國
10	豐田汽車公司 TOYOTA MOTOR	275,288	日本
11	埃克森美孚 EXXON MOBIL	264,938	美國
12	蘋果公司 APPLE	260,174	美國
13	CVS Health 公司 CVS HEALTH	256,776	美國
14	伯克希爾－哈撒韋公司 BERKSHIRE HATHAWAY	254,616	美國
15	聯合健康集團 UNITEDHEALTH GROUP	242,155	美國
16	麥克森公司 MCKESSON	231,051	美國
17	嘉能可 GLENCORE	215,111	瑞士
18	中國建築公司 CHINA STATE CONSTRUCTION ENGINEERING	205,839	中國
19	三星電子 SAMSUNG ELECTRONICS	197,705	南韓
20	戴姆勒股份公司 DAIMLER	193,346	德國
21	中國平安保險股份有限公司 PING AN INSURANCE	184,280	中國
22	美國電話電報公司 AT&T	181,193	美國
23	美源伯根公司 AMERISOURCEBERGEN	179,589	美國
24	中國工商銀行 INDUSTRIAL & COMMERCIAL BANK OF CHINA	177,069	中國
25	道達爾公司 TOTAL	176,249	法國

（接下表）

排名	公司	營收	國籍
26	鴻海精密工業有限公司 HON HAI PRECISION INDUSTRY	172,869	臺灣
27	托克集團 TRAFIGURA GROUP	171,474	新加坡
28	EXOR 集團 EXOR GROUP	162,754	荷蘭
29	Alphabet 公司 ALPHABET	161,857	美國
30	中國建設銀行 CHINA CONSTRUCTION BANK	158,884	中國
31	福特汽車公司 FORD MOTOR	155,900	美國
32	信諾 Cigna	153,566	美國
33	好市多 COSTCO WHOLESALE	152,703	美國
34	安盛 AXA	148,984	法國
35	中國農業銀行 AGRICULTURAL BANK OF CHINA	147,313	中國
36	雪佛龍 CHEVRON	146,516	美國
37	嘉德諾 CARDINAL HEALTH	145,534	美國
38	摩根大通公司 JPMORGAN CHASE & CO.	142,422	美國
39	本田汽車 HONDA MOTOR	137,332	日本
40	通用汽車公司 GENERAL MOTORS	137,237	美國
41	沃博聯 WALGREENS BOOTS ALLIANCE	136,866	美國
42	三菱商事株式會社 MITSUBISHI	135,940	日本
43	中國銀行 BANK OF CHINA	135,091	中國
44	威瑞森電信 VERIZON COMMUNICATIONS	131,868	美國
45	中國人壽保險 China Life Iusurance	131,244	中國
46	安聯保險集團 ALLIANZ	130,359	德國
47	微軟 Microsoft	125,843	美國
48	馬拉松石油 Marathon Petroleum	124,813	美國
49	華為投資控股 Huawei Investment & Holding	124,316	中國
50	中鐵工程集團 China Railway Engineering Group	123,324	中國

資料來源：Fortune　https://fortune.com/global500/2020/search/

（表 1-1 解說：根據 2020 年財富（Fortune）所公布全球企業營業收入前 50 名中，以美國企業占比最高爲 22 家，其次是中國企業爲 12 家，日本與德國各佔 3 家，荷蘭與法國各有 2 家，臺灣、英國、瑞士、韓國、新加坡與沙烏地阿拉伯等均有 1 家上榜。）

三、國際企業在跨國營運上的差異

當一家企業要從國內跨入他國市場進行運作時，其所面對的環境較爲陌生與複雜，因爲必須要考慮不同國家的貨幣、法律、語言、文化、政治與地理等等的差異。這些差異將帶來跨國企業在營運上的風險與挑戰，但同時也可能伴隨著商機。以下本單元將說明這幾項差異：

（一）貨幣的差異

當國內企業走上國際市場時，首先必須面對就是匯率變動的課題。由於不同國家其貨幣的計價單位並不一樣，當跨國企業在評估計畫案的現金流量或在作財務分析時，必須考慮不同貨幣價值波動的影響。跨國企業必須防止公司本業賺錢，但匯損賠錢，對公司盈餘產生影響。

例如：許多台商企業至歐美、日本、中國、東南亞等地進行投資，這些國家幣別的升貶值，對母公司的營收與利潤有很大的影響。通常各國企業不願至當地貨幣匯率變動過劇的國度（例如：南非、委瑞內拉[4]等）進行投資，以免承擔過度的匯率風險。

（二）稅法的差異

由於每個國家都有自己獨立的法令規定與稅務制度，所以跨國企業必須充分了解各國的差異，以免觸犯當地法令而遭受到懲罰，甚至必須退出市場、被政府沒入或導致公司倒閉。

例如：以往有很多台商到中國去投資，常常不明白當地的法令，或當地法令朝令夕改而觸法，輕者賠錢了事，嚴重者甚至公司財產被充公，對母國公司的價值影響甚大。有些跨國企業會至海外免稅天堂註冊，希望規避稅負支出，但有些地區（如：歐盟）對跨國企業設籍某些租稅

---

[4] 近 10 年來，南非幣自 2011 月 4 月起，美元兌南非幣爲 6.57，一路走貶至 2020 年 4 月爲 18.52，貶值幅度 280%。最誇張的是，委瑞內拉幣自 2013 月 1 月起，美元兌委瑞內拉幣爲 4.35，一路走貶至 2018 年 12 月爲 248,567，貶值幅度高達 5,714,000%，該國經濟幾乎崩解。

天堂（如：開曼群島），會實施反避稅制度予以反制，所以跨國企業至海外經商必須瞭解當地的稅法制度，以免觸法受罰。

（三）語言的差異

語言溝通能力在企業交易中相當重要的。因為每個國家的語言幾乎不同，通常英語是國際上經商的國際用語，所以跨國企業除了具備英語的人才外，還須要精通當地語言的人士。因為溝通容易做事效率才會高，才不會出現雞同鴨講的情形。

例如：近期，國內政府積極推「新南向政策」，所以要與東南亞各國做生意，就必須要精通他們的語言，這樣才能使業務進展順暢。近年來，中國市場挾帶龐大的人口紅利，所以近年來吸引全球至當地投資設廠，當然也掀起一股學習中文熱潮，才能讓經營溝通無礙。

✏ **國財小百科　　　　　　　　新南向政策**

新南向政策（New Southbound Policy）乃臺灣於 2016 年開始推展的國際貿易政策，其目的主要促進臺灣和東協、南亞及紐澳等國家的經貿、科技、文化等各層面的連結，彼此共享資源、人才與市場，創造互利共贏的新合作模式，進而建立「經濟共同體意識」。

（四）文化的差異

不同的國度存在著不同的文化與價值觀，跨國企業到他國去經商一定融入當地的文化習俗，這樣才不會與當地民眾格格不入，造成業務的推展不順暢。

例如：法商「家樂福」量販店到臺灣來經商，當每年逢鬼月時，工商行號大都會舉辦普度大拜拜，當然洋人也必須入境隨俗與我們一起拿香祈福與祈求業績成長。台商至伊斯蘭國度（如：印尼、馬來西亞）經商，就必須充分瞭解他們特殊風情習俗，以免冒犯當地信仰，導致經營業務受到排擠。

（五）地理的差異

每個國家都有其自己獨特的地理結構、地形氣候的環境因素。當跨國企業欲至當地投資設廠實，必須考量當地的天然災害所引起的風險。因為跨國企業在外設廠，必須防範當地發生嚴重地震、風災、水災或旱災等自然災害所帶來的經營損失。

例如：美商企業－Google 剛至來台設置資料中心，也是首選落腳彰化，因為該地區是臺灣受地震與風災侵襲機率較小的區域。前陣子臺灣電子大廠－鴻海至美國投資設廠，也是考慮離五大湖區水資源較無虞的威斯康辛州，以免受缺水之影響。

（六）政治的差異

跨國企業至他國經商必須了解當地國的政治情勢，因為在一個政治不穩定的國度經商，其風險均大於前述所提的風險。因為該國的執政的執政黨如果是反外商，那將使跨國企業至此地經商處處碰壁，推展業務不順利，嚴重者還會血本無歸。

例如：台商曾南進柬埔寨投資，結果柬埔寨執政者換人，新執政者對台商並不友善，後來導致台商不僅工廠被沒收，還威脅到生命安全。台商至中國經商，也必須瞭解中國是一個無言論自由的國度，禁止談論與政府不同立場的思想，不可隨意批評政府與領導人，以免有牢獄之災。

 國財快訊

 全球供應鏈大重組疫情過後或將「去中國化」

疫情暴露全球化缺陷　去中國化現在進行式

武漢肺炎疫情大爆發，徹底改寫 2020 年世界面貌，「反全球化」思維更興盛。美國、日本政府鼓勵企業撤出中國，其餘國家也努力減少經濟對中國的依賴，似乎「反全球化」骨子裡，其實是「去中國化」。這波疫情下，許多國家嘗到生產過度集中、依賴單一市場的苦果。未來各國在供應鏈調整上，不再只著重成本，轉而更注重分散風險，也因此，去中國化的趨勢是可以預見的。

全球化其實就是中國化　疫後外企加速移出中國

「以前說全球化，其實就是中國化。」以臺灣為例，與中國語言相同、地理位置相近，且當時中國政府大力發展經濟，祭出租稅優惠，使得台商大舉西進，甚至到了過度傾斜的程度。不只臺灣，各國都押了相當多籌碼在中國身上，歐元區最明顯的例子是德國，不只經貿往來密切，中國更是德國汽車主要出口市場；日本從工業到消費品牌都長期深耕中國，這也是為何疫情爆發初期，日本政府未對中國採取積極防堵政策的原因之一。然而這波疫情之下，許多國家嘗到生產過度集中、依賴單一市場的苦果，不只企業醞釀加速自中國移出，日本政府更編列預算協助供應鏈移動。

全球分工模式出現裂痕　國安產業鏈回母國布局

2020 年武漢肺炎疫情蔓延全球，各國都處在史無前例的艱困時刻，隨著確診病例數飆升，但防疫物資卻告急，因產線早已外移，部分生產原料、零件也握在他國手中，使得供應鏈調整不再只是廠商自身課題，政府也準備好扮演一定角色，著手規劃戰備防疫物資，並鼓勵產業回流。

各國都警覺到這樣的情況，國際分工勢必出現改變，不再一味成本考量、追求比較利益，而會朝向少量多樣化生產；在此趨勢下，低成本不見得是優勢，反而是擁有關鍵技術的國家，更能吸引產業鏈落地。

資料來源：摘錄自中央通訊社 2020/06/30

 解說

1980 年代中後期，「全球化」進入蓬勃發展階段，中國也在這波全球化浪潮中迅速壯大，全球較先進國家都紛踏至中國進行投資。但 2020 年該國發生嚴重肺炎傳染疫情，並蔓延至全世界，造成人身與經濟重大損傷。有鑑於此，各國預計重新調整生產鏈，不再只著重成本，轉而更注重分散風險，將產業鏈移回母國或轉往其他國家，因此，未來全球的跨國企業去中國化趨勢是可以預見。

1-2　國際財務管理概論

國際財務管理實際上就是跨國企業的財務管理，其乃在討論跨國企業在從事國際營業活動時，所遇到的投資、融資、籌資等公司資金流進流出的相關議題。由於國際企業須在他國（或多國）環境的運作，其經營策略與財務管理勢必比單純於國內運作更為廣泛與複雜。因此國際財務管理所要學習的範疇與目標，雖與基礎財務管理大同小異，但仍有其特殊性。以下本單元將介紹國際財務管理一書的學習範疇與目標及國際與國內財務管理的考量差異。

一、國際財務管理範疇

國際財務管理與財務管理在學習範疇上，比較大的差異就是前者更著重在匯率的討論上，因為企業從國內走上國際，就會有進出口的活動，那就必須要以外幣報價收支，因此必須面對匯率變動的課題，所以本書的基礎篇將著重在討論匯率與外匯市場及匯率的風險管理等議題。

除了匯率的議題外，國際財務管理其餘所要學習的範圍，大致與財務管理相似。一般財務管理所要學習的三大領域，分別為「金融市場」、「投資學」與「公司理財」，但國際財務管理就必須以國際市場的角度去探討。以下本單元將分別介紹這三大領域的學習範疇：

（一）國際金融

國際金融為跨國公司管理者欲進行投資、募資與避險所會涉及的領域。國際金融範疇中，須瞭解各種國際金融市場之間的關係與相關運作機構。本書首先會介紹與國際投資、募資與避險有關的國際金融市場（如：歐洲通貨市場、國際資本市場、國際衍生性商品市場等），其次再介紹幾種重要的國際金融機構（如：國際銀行、投資銀行與私募基金），在國際市場所經營的業務與所扮演的角色。

（二）國際投資與風險

國際投資學範疇中，跨國公司在從事國際投資活動時，必須選擇合適的地點與合作對象，才能對公司的營運帶來長久的利益，且可能須運用國際併購策略，以擴大公司規模，並達財務與管理綜效。在投資風險考量上，除了必須考量匯率變動所帶來的額外風險，還必須評估各國經濟、政治、社會、天災等國家風險所帶來的不確定性。

（三）跨國公司理財

跨國公司理財範疇中，乃討論跨國公司管理者如何規劃管理國際資金的募集、投資與運用等相關議題。本書將介紹國際資金成本與資本結構，讓管理者明瞭如何才能為公司募集成本低廉且穩定的資金，並維持公司最佳的資本結構。此外，再介紹國際營運資金管理、國際資本預算與國際稅務管理，讓管理者明瞭如何管理公司短期所需的營運資金、及中長期資本預算所需的資金、並配合稅務規劃，讓長短期資金取得平衡，使公司營運兼顧穩定性與成長性。

二、國際財務管理目標

基本上，國際財務管理與基礎財務管理所追求的目標相似，都是希望以創造整體公司的「股東財富最大化」為目標，而非海外某單一子公司的股東權益極大化為目標。要讓股東財富最大化，不外乎就是讓公司的「淨利潤最大化」，並希望伴隨而來的是「公司股價極大化」，以下將簡略說明此兩目標。

（一）淨利潤最大化

所謂淨利潤是指財務報表顯示的「稅後息後淨利」，一般企業使用會用「每股盈餘」（EPS）來衡量利潤的高低。跨國公司除了可發揮多國經營的優勢，讓公司的營運達規

模經濟，以降低營運成本，尚可至海外利用較便宜的資金募資，或至低稅負國度進行租稅規劃，以創造整體跨國公司的稅後息後的收入具有更高的純益，讓跨國公司的淨利潤最大化。

（二）公司股價極大化

當然的，跟股東自身利益有最直接關係的就是公司股票價格，股價上升代表股東財富增加。通常跨國公司母國當地的股價表現，對股東財富的影響最爲直接，且海外子公司或轉投資公司的股價（或存託憑證）表現，也會間接影響母公司的收益，進而影響母國當地的股價表現。因此跨國企業要使母國當地的股東財富最大化，仍須與海外子公司或轉投資公司的股價或存託憑證的表現相連結。

三、國際與國內財務管理的考量差異

當企業逐漸走向國際化，其所面對的財務問題，除了涵蓋國內企業所會面臨到財務問題外，尚有因海外市場所衍生的財務問題。以下將分析幾項跨國企業在財務管理較國內企業須多考量的問題。

（一）資金流動

國內企業須考量如何在金融市場取得便宜的資金，且將來獲利如何分配適當的股利給股東。但跨國企業必須再多思慮，如何將資金融通給海外子公司，且若將來海外子公司獲利，又如何將盈餘在考量租稅差異與匯率風險下，有效的匯回給母公司運用。

（二）投資抉擇

國內企業須考量如何在眾多的投資機會中，決擇與有效執行對公司最有利的方案。但跨國企業還必須分析在眾多的投資機會中，每個方案在不同國家執行時，所面臨的狀況並不相同，所以在抉擇投資方案時，須考量每個投資案所額外承擔的國家與匯率等風險，對投資案所需的資金成本或所產生的投資報酬影響。

（三）資本結構

國內企業須考量公司的所有權與債權的結構，如何影響公司的營運績效。但跨國企業必須再思考，要如何取得海外子公司的所有權，且該與那些海外所有權人共同合作經營海外市場，並須思考如何調合海外子公司所取得的資本結構比例，才能對母公司的資本結構達到最佳化等問題。

國財快訊

跨國運籌的財務長

隨著公司走向全球化，財務領域日趨複雜多元，為財務長帶來新的機會與挑戰。以下說明全球化企業財務長，可能會受到「資金融通、風險管理、資本預算」這三項關鍵在制度面與管理面的影響。

影響 1：內部資本市場的融通

橫跨全球的營運據點，各自面對不同的制度，使公司有更多發揮空間，可以透過高明的財務決策來創造價值。由於利息支出一般都能扣除，因此財務長如果安排在高稅率國家多借款，並把多餘資金貸放給位於低稅率國家的營運單位，應可大幅降低集團的稅負總額。財務長也可以配合稅制的差異，調度子公司利潤流至母公司的時機與幅度。當然，租稅不是唯一相關的變數：各國對債權人權益的保障不同，也會導致借款成本的差異。因此許多全球化公司會在本國或特定國家借款，再貸給子公司。

如果某些國家的企業融通成本偏高，多國籍公司就可以利用本身內部資本市場取得競爭優勢。例如，1990 年代東亞各國發生金融風暴之際，區域內公司資金募集困難，一些歐美多國籍企業因而決定對位於這些國家的子公司加強融通。如果讓子公司經理人背負債務，可能會削弱他們的獲利績效，影響他們在整個集團內的形象，甚至因此而影響他們日後的發展。

公司的利潤匯回政策也應該考量這些因素。美國公司常會為了配合租稅獎勵措施，因此獲利匯回母公司的行動常有起伏波動。不過，也有許多企業選擇讓子公司獲利穩定地匯回母公司，因為這樣的規定，讓經理人比較難利用會計花招來膨脹績效。如果可以輕易由母公司獲得融通，可能養成經理人過度倚賴的心理，降低自主性與積極進取的精神。因此，即使子公司所在地區的利率比較高，許多企業往往還是要求子公司在當地借款。

影響 2：管理全球的風險

內部資本市場的存在，也擴大公司在風險管理上的選擇空間。例如：全球化公司無需透過金融市場管控各種外匯曝險，可透過遍布世界各地的營運來抵消部分的外匯曝險。假設某集團的歐洲子公司在當地購買原料，再將製成品外銷日本，這項業務會形成日圓多頭部位與歐元空頭部位。因此，如果日圓升值，對營運有利，而歐元升值則不利。不過，有些做法可以減少一部分這類曝險，例如：集團其他區域的營運據點增加持有歐元、減少持有日圓，或者由母公司借入日圓，藉日圓負債的變動抵消日圓資產的變動。

既然可能把風險降到最低，卻有許多多國籍公司放手，讓各地子公司與各區域各自管理本身的風險，看似不太合理。通用汽車（GM）就是如此，通用的避險政策要求下，每一地理區域獨立規避本身的外匯曝險，結果反而有礙財務部門發揮強勢且集中操作的成效。既然如此，為什麼要如此麻煩，讓那麼多人重複進行避險決策？這是因為強制各事業部門根據當地情勢制定避險決策，可以讓通用更精確地評鑑各事業單位及負責人的績效。

通用汽車雖然積極評量各種外匯暴險，但同時要求其中50%必須透過既定比率的期貨或選擇權來避險。企業採行這類消極的策略，為的是限制財務主管基於會計或投機炒作等因素，不當進行外匯交易。因此，雖然在全球化環境中運作，有賴財務專業，但組織基於策略性考量，節制財務人員運用這種專業，以免財務誘因干擾到本業經營。

影響 3：全球資本預算

除善用內部金融市場，以便在企業營運與外部金融市場間取得平衡，財務長還可以透過對投資機會更精準的評價，為公司創造可觀的價值。能源巨人 AES 發展全球業務時，雖然在各國面對不同的企業與國家風險，但經理人對來自各國的收益，卻一律採用與國內電力方案相同的必要報酬率。這種做法導致對高風險的國際投資評價失真，讓這類投資顯得遠比實際狀況有吸引力。

AES 採用許多做法來改善資本投資決策流程，他們顯示企業由國內轉向國外市場時，財務長會面臨到的組織挑戰，AES 為提高評價的精確性，要求經理人把主權利差的因素納入折現率。雖然這種做法看似相當精準，卻引發經理人一些意想不到的動機，尤其在負責爭取新興市場交易案的經理人身上特別明顯，他們知道自己的案子可以適用相當高的折現率，因此會刻意膨脹現金流量的預估值。對急於完成交易的經理人來說，嚴厲的處罰或過度要求精確性，都可能削弱他們的動力。

　　在一些極端的案例中，制式流程中不確定的評價因素，可能會妨害公司的策略。日本旭硝子玻璃公司是全球率先實施經濟附加價值制度，以提升資本效率的企業。公司根據主權利差等典型的風險指標，來設定各國的折現率，結果卻發現，經理人在日本投資過度（因折現率極低），而在新興市場投資偏低（因折現率很高）。這個例子再次說明，由狹隘的財務觀點出發，導致結果與公司的策略目標背道而馳。為了解決這個問題，旭硝子公司進行一系列調整，修正原先純財務觀點的折現率規定，以配合更廣泛的組織目標。

資料來源：摘錄自哈佛商業評論 2008/07/01

 解說

　　此篇報導為哈佛（Harvard）大學米希爾德賽（Mihir Desai）教授，提出跨國企業財務長可能所須面對的問題，其包括：「資金融通、風險管理、資本預算」等三項。報導中提出諸多跨國企業財務長，除了要面對海外市場資金面等種種問題，還必須考量海外子公司財務人員的當地觀點差異。所以可以顯見國際財務管理確實要考量的層面很廣。

本章習題

一、選擇題

(　) 1. 下列何者為企業國際化的理由？

　　　(A) 尋找市場　(B) 尋找原料　(C) 降低成本　(D) 以上皆是。

(　) 2. 通常企業要進行國際化，下列何種模式最容易達到？

　　　(A) 產品直接出口　　　　　(B) 契約授權協議

　　　(C) 與外國公司進行併購　　　(D) 直接對外投資。

(　) 3. 下列何者為跨國企業與國內企業在財務管理的差異？

　　　(A) 不同的貨幣　(B) 不同的語言　(C) 不同的文化　(D) 以上皆是。

(　) 4. 通常國際財務管理的目標為下列何者？

　　　(A) 極大化每股的市值　　　(B) 極大化公司資產的價值

　　　(C) 極大化每股的淨值　　　(D) 規避所有的風險。

(　) 5. 下列何者較不算是跨國公司理財的課題？

　　　(A) 國際資本預算　　　　　(B) 國際貨幣體制

　　　(C) 國際資金成本　　　　　(D) 國際資本結構。

(　) 6. 下列何者可能不是台商前往中國投資的理由之一？

　　　(A) 降低人力成本　　　　　(B) 尋找高技術

　　　(C) 開發新市場　　　　　　(D) 環保限制較寬鬆。

(　) 7. 下列敘述何者有誤？

　　　(A) 企業國際化第一步就是先透過國際貿易方式進行

　　　(B) 企業國際化採一般授權與特許授權的差別，在於專門技術的傳授

　　　(C) 常企業國際化採直接投資方式中，以合資的風險較大

　　　(D) 企業國際化採一般授權與特許授權，兩者都會收取授權權利金。

(　) 8. 下列敘述何者可能有誤？

　　　(A) 台商企業至越南投資可能會遇到罷工風險

　　　(B) 台商至中國設廠較不會有語言與文化差異

　　　(C) 台商企業至日本投資乃著眼於當地的高技術合作

　　　(D) 台商至印度設廠投資乃希望利用豐富的水資源。

( )　9. 下列敘述何者正確？

　　　(A) 國際財務管理目標為讓公司的淨值最大化

　　　(B) 國際財管範疇包含國際人力管理

　　　(C) 國際與國內財務管理的差異可能來自於資金流動

　　　(D) 通常跨國公司與本土公司的資本結構會相近。

( )　10. 下列敘述何者有誤？

　　　(A) 企業國際化的理由之一乃希望降低成本

　　　(B) 企業邁向國際化最快方式就是進行當地投資

　　　(C) 國際與國內財務管理的差異可能來自於資本結構

　　　(D) 通常跨國公司至海外投資一定會遇到匯率風險。

二、簡答題

1. 請問何謂國際企業？

2. 請問企業國際化，有哪幾點理由？

3. 請問企業要走上國際化，通常有幾種模式？

4. 國際財務管理與國內從事財務管理有哪些差異？

5. 請問國際財務管理的目標為何？

NOTE

外匯市場與匯率

CHAPTER 2

本章內容為外匯市場與匯率，主要介紹外匯市場、匯率簡介、匯率理論及匯率變動因素等內容，其內容詳見下表。

節次	節名	主要內容
2-1	外匯市場	介紹外匯市場的種類、組織、功能及國際外匯市場。
2-2	匯率簡介	介紹匯率種類與報價。
2-3	匯率理論	介紹兩種匯率理論。
2-4	匯率變動因素	介紹影響匯率變動的六個因素。

 **本章導讀**

　　一般而言，國際財務管理與財務管理的學習範疇比較大的差異，就是更著重在匯率的討論。因為企業從事國際營業活動，一定會有國際資金的流動，那就必須面對不同國家貨幣，在外匯市場交易與匯率變動的議題。所以有關外匯市場與匯率風險等種種議題，本書將分成三個章節來進行說明。本章首先介紹外匯市場的種類、組織、功能及全球知名的國際外匯市場，其次介紹匯率種類與報價方式，再者介紹兩種匯率理論，最後說明影響匯率變動的六個因素。

2-1　　　　　　　　　　　　　　　　　　　　　　　　外匯市場

　　當一個國家的貨幣在國內進行流動交易時，就會產生利率的問題；當兩個國家的貨幣進行互相流通交易時，就會出現匯率的問題。因此要討論匯率的種種之前，我們先來認識什麼叫做外國的貨幣或稱「外匯」（Foreign Exchange）。

　　所謂的外匯，在狹義的定義即為外國通貨（Foreign Currency）或稱外幣；而廣義的定義則不侷限於外幣，舉凡所有對外國通貨的請求權，可用於國際支付或實現購買力，在國際間移轉流通的外幣資金，包含：外幣現鈔、外匯支票、本票、匯票以及外幣有價證券（如：債券、國庫券、銀行可轉讓定存單）等，皆可統稱為「外匯」。

　　若將外匯當成一個商品，那就有市場在進行買賣交易。所謂的「外匯市場」（Foreign Exchange Market）是指各種不同的外國通貨進行買賣兌換交易的市場。其交易方式可透過當面、電話及網路等傳輸設備，相互交易所形成的交易場所。有關外匯市場的常識，本單元將依序介紹外匯市場的種類、組織、功能以及國際著名的外匯市場。

一、外匯市場的種類

　　外匯市場依區域性、參與者以及交割時點可分為下列幾種類型。

（一）依區域性分類

1. **區域性市場**（Local Market）：區域性市場大體上是由當地的參與者組合而成，而在市場交易的幣別，僅限於當地貨幣或幾種主要外幣的交易。例如：台北、曼谷與首爾等外匯市場。

2. **國際性市場**（International Market）：國際性市場的組成份子，則不限當地的參與者，亦包含境外的參與者利用電話、網路等方式參與外匯交易，而交易幣別較爲多樣，除了當地貨幣與美元交易外，亦有其他第三種貨幣或黃金等商品的交易。例如：紐約、倫敦、東京、香港與新加坡等外匯市場。

（二）依參與者分類

1. **銀行對顧客市場**（Bank-customer Market）：是指廠商或個人基於各種理由，與外匯銀行進行買賣的市場。顧客市場的單筆交易金額不大，對匯率變化影響較小，又稱爲「零售市場」（Resale Market）。

2. **銀行間市場**（Inter-bank Market）：是指外匯銀行間進行外匯拋補交易，所形成的市場。顧客至外匯銀行買賣外匯，外匯銀行對於多餘的或不足的外匯部位，於市場與其他外匯銀行進行外匯部位的拋補交易。銀行間的單筆交易金額較大，對匯率變動影響較大，又稱爲「躉售市場」（Wholesale Market）。

（三）依交割時點分類

1. **即期市場**（Spot Market）：是指交易雙方在某特定時點簽訂成交契約，並於成交日當日或兩個營業日內，進行外匯交割的市場。

2. **遠期市場**（Forward Market）：是指交易雙方在某特定時點簽訂契約，並於成交後的一段期間內，在某特定日進行外匯交割的市場。

二、外匯市場的組織

外匯市場由一群外匯供給及需求者所組合而成。「顧客」向「外匯銀行」買賣外匯，各外匯銀行再透過「外匯經紀商」的仲介，進行外匯部位的拋補買賣；最後，「中央銀行」會針對市場的外匯供需進行調節，以穩定匯率。以下我們進一步說明外匯市場組成份子所擔任的角色，其組織架構，詳見圖2-1。

（一）顧客

顧客包括進出口廠商、出國觀光者、移民者及投資者等，他們依據本身的實際供需而買賣外匯。除上述有實際外匯供需的顧客外，尚有以外匯投機爲目的的投機客，其買賣外匯，以尋求匯率變動的獲利機會。

（二）外匯銀行

外匯銀行為外匯市場最主要的角色。外匯銀行除了接受顧客的外幣存款、匯兌、貼現等各種外匯買賣外，並依據本身的外匯部位，在市場與其他銀行進行拋補及從事其他外匯交易。外匯銀行在國內稱為「外匯指定銀行」（Do-MesticBanking Unit, DBU）。

（三）外匯經紀商

外匯經紀商（Foreign Exchange Broker）是外匯銀行與中央銀行的仲介機構，主要任務為提供快速正確的交易情報，以使得交易順利完成，本身不持有部位，僅收取仲介手續費。且中央銀行為了調整外匯或干預匯率時，須透過外匯經紀商與外匯銀行進行交易。

國內於 1994 年將原為財團法人型態的「台北外匯市場發展基金會」，重組為「台北外匯經紀公司」，成為我國第一家專業的外匯經紀商。此外，在 1998 年國內成立第二家外匯經紀商為「元太外匯經紀商」，使外匯市場的交易規模更為擴大，並進一步提升市場效率。

（四）中央銀行

中央銀行為維持一國經濟穩定成長，不使該國幣值波動過大，所以中央銀行會主動在外匯市場進行干預，以維持幣值的穩定。所以當外匯市場發生供需失衡時，中央銀行是調整外匯市場供需平衡及維持外匯市場秩序的唯一機構。

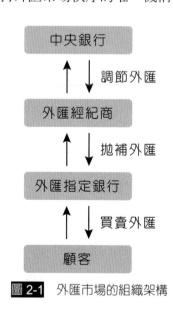

圖 2-1 外匯市場的組織架構

三、外匯市場的功能

外匯市場的主要功能，分述如下：

（一）平衡外匯供需與達成匯率均衡

外匯銀行與顧客進行外匯交易買賣時，常因外匯部位供需不一，導致匯率不均衡，此時須藉由外匯市場調節供需以達成均衡匯率。

（二）提供國際兌換與國際債權清算

企業透過外匯市場進行各種外匯的交易買賣，使國際間不同的貨幣得以互相兌換，其產品或勞務的買賣才能順利進行。國際間因交易、借貸或投資而產生的債務關係，透過外匯市場，使其國際收付與清算工作得以順利處理。

（三）融通國際貿易與調節國際信用

當企業從事國際貿易行為時，可藉由外匯銀行居間仲介，使進出口商的貿易行為得以順利進行。此外，進出口商可藉由外匯市場的遠期匯票交易、貼現、承兌以及開立海外信用狀等方式，以獲得國際間的信用。

（四）提供匯率波動避險與外匯套利

由於外匯市場的匯率常隨供需而變動，若匯率過度波動，將會對國際貿易或投資帶來匯率風險，因而產生匯兌損失。此時，投資人可利用遠期外匯、外匯期貨、外匯選擇權與貨幣交換等交易方式，來規避匯率風險，亦可進行外匯套利活動。

四、國際外匯市場

全球匯率每日不停的變動著，所以全世界各國的外匯市場，須無時不刻的交易運轉中。全球的匯率變動，主要以歐元、日圓、英鎊、澳幣、瑞士法朗以及人民幣等幣別相對美元的波動為主。由表 2-1 得知：交易幣別以美元交易量最大，其次分別為歐元，日圓和英鎊。

目前全球約有 30 幾個國家的外匯市場頗具規模，其中以倫敦、紐約、新加坡、香港與東京，這五個市場較具代表性與影響性，其交易額幾乎佔全世界的八成。以下將介紹這幾個世界主要的外匯市場。

排名	貨幣	代碼	日交易量占比（註）
1	美元	USD（$）	88.3%
2	歐元	EUR（€）	32.3%
3	日元	JPY（¥）	16.8%
4	英鎊	GBP（£）	12.8%
5	澳元	AUD（$）	6.8%
6	加元	CAD（$）	5.0%
7	瑞士法郎	CHF（Fr）	5.0%
8	人民幣	CNY（¥）	4.3%
9	港元	HKD（$）	3.5%
10	紐西蘭元	NZD（$）	2.1%

表 2-1　2019 年全球貨幣交易量占比前 10 名貨幣

註：日交易量占比之計算：由於每種交易涉及兩種不同的貨幣，因此所有貨幣的百分比份額總數為 200%，而不是 100%。計算日期為 2019 年 4 月。

資料來源：BIS Triennial Central Bank Survey 2019

（一）倫敦外匯市場

倫敦是全球最早成立的國際外匯市場，也是交易量最大的市場。該市場的匯率報價採用「間接報價法」，且交易貨幣種類眾多，其中以英鎊、日圓與歐元為主。基本上，倫敦外匯市場的運作，並無一個具體的外匯交易場所，乃由英國的中央銀行－英格蘭銀行，所指定的外匯銀行與外匯經紀商及商業銀行等金融機構所建構而成。該外匯市場，通常利用電訊網路設備及專線電話通訊聯絡交易。

雖然 2020 年英國確定脫離歐盟，但倫敦外匯市場長久累積下來的金融實力，短期內，並不容易被取代。因具有完善的金融監理制度與環境，所以應可繼續吸引全球最先進的金融機構和金融菁英齊集於此進行交易。因此全球外匯市場的交易霸主地位，倫敦應可繼續發揮它的影響力。

英國脫離歐盟時間將近，倫敦金融地位何去何從？

英國脫歐（2020/01/31）日期即將確定，未來將不再享有在歐盟內自由通行的權利，對於倫敦做為全球重要金融中心的地位及未來主導資本市場的影響力是否受抑制，備受關注。基於長久以來所建立的重要金融先驅角色，短期內應可繼續其領導之地位。

英國與歐盟間經貿關聯緊密

就 GDP 而言，英國為歐盟第二大經濟體，占全體歐盟產值的 15%，次於德國的 21.5%，與法國的 14.9% 相當。加計歐盟前三大經濟體（德英法）的經濟產能即達歐盟 GDP 的一半，如再加上英國在金融領域、航空科技等知識技術能力，則英國在歐盟的經濟、財政、外交、國防等政策制定上實具決定性的地位。

歐盟經濟發展所需龐大資金，也多半仰賴高效率的倫敦金融市場供應，歐盟內的重量級銀行也因自由通行權，使得倫敦成為其進入全球金融市場的重要平台。

倫敦世界金融中心優勢多

倫敦因大英帝國的歷史背景，建立了全球金融中心的地位，市場涵蓋範圍除歐洲外，尚包括非洲、中東歐、中亞以及亞洲等地區，較其他以所在地區為主要市場涵蓋範圍的金融中心都市而言，倫敦更可稱之為世界的金融中心。

就業務種類看，如「倫敦金屬交易所」（LME）或倫敦國際金融期貨和期權交易所（LIFFE）等，皆居世界領導地位；就指標性金融工具而言，以國際資本市場最主要的利率指標 LIBOR 為例，據估計以此利率為計價標準的全球金融交易總額即達 370 兆美元的規模，倫敦資本市場業務型態和金融監理制度，常成為其他金融中心的仿效對象，也使得倫敦在資本市場遊戲規則的訂定上居於優勢地位，英國以至於西歐國家得以主導資本市場的發展，進而獲得龐大利益。

歷史因素建構的霸主地位短期將不變

　　相互信賴為國際資本市場交易中最重要的關鍵元素，倫敦因歷史背景，長久以來即提供此一溝通平台，吸引了全球最先進的金融機構和金融菁英齊集於此，將是倫敦未來持續維護其金融霸主的重要條件。

　　倫敦在全球金融監理制度的制定上向來著墨甚深，在金融監理不斷朝著全球一元化的方向推進之際，包括 Basel III、MiFID II、IFRS 等金融或會計指令的制定，倫敦仍將繼續扮演重要角色。由以上分析看，脫歐後的倫敦在全球資本市場的領先地位仍具相當優勢。

資料來源：摘錄自臺灣銀行家 2020/01/30

解說

　　長久以來，英國倫敦都是全世界最重要的金融中心之一。雖然英國已確定脫離歐盟，但長久累積的金融實力卻不容易被取代，因此短期內，全球金融霸主地位，仍會繼續發揮它的影響力。

（二）紐約外匯市場

　　美國於第二次世界大戰後崛起，美元已是全球央行的外匯存底中最常持有的貨幣，所以美元是全世界通用的貨幣。紐約是美國金融交易的重鎮，其外匯市場的交易已全世界外匯清算的重要樞紐。該市場的匯率報價以「直接報價」為主，但同時也採用間接報價，交易幣別以日圓與歐元為主。

　　紐約外匯市場，無並固定的交易所，也沒有專門指定的外匯專業銀行來負責；該市場主要是美國的商業銀行、儲蓄銀行、投資證券公司、人壽保險公司、外匯經紀商、股票經紀商等機構，透過電訊網路完成交易。此外，美國中央銀行－聯邦儲備銀行（FED）也參與外匯市場的交易活動，藉以鞏固美元其全球的領導地位。

（三）新加坡外匯市場

　　新加坡外匯市場是 1970 年代初期，隨著亞洲美元市場的發展，才逐漸成為國際外匯市場。該市場交易以美元為主，現在的交易量僅次倫敦與紐約市場，為亞太地區最大外匯中心，全球第三大外匯市場。新加坡外匯市場是一個無形市場，大部分銀行間的外匯交易都透過外匯經紀人進行，且將交易和世界各金融中心聯繫起來。新加坡金融管理局為該市場的監督和管理者為，有時會干預外匯市場而加入交易。

（四）香港外匯市場

香港自 1973 年取消外匯管制後，大量的國際資本流入，使得經營外匯業務的金融機構不斷增加，市場逐漸擴大發展成為國際性的外匯市場。香港外匯市場是一個無形市場，交易者通過各種現代化的通訊設施和電腦網路進行外匯交易。香港外匯市場的參加者主要是商業銀行、存款公司和外匯經紀商三大類型。

早期該市場以交易英鎊為主，1970 年代後，隨著該市場的國際化便與英鎊脫鉤與美元掛鉤，1983 年香港政府推出與美元聯繫匯率制度，自此美元成了市場主要的交易外幣。近年來，隨著中國經濟起飛，因香港具全球貨幣自由兌換的自由港角色，提供中國取得國際資金與資本外流的方便之門；因此香港也是全球離岸人民幣最大的業務中心，全球有七成以上的人民幣支付都是經由香港來進行清算。所以現在香港外匯市場交易，主要可分為兩類：其一是港幣和外幣的兌換，以美元為主，另一是美元兌換其它外幣的交易，如：人民幣。

自從 2020 年中國通過「港版國安法」後，香港的「一國兩制」已名存實亡且美國也宣布「將取消對香港的特殊優惠地位」，包括：雙邊的貿易、投資與獨立關稅等特殊待遇。若美國進一步取消港幣與美元自由兌換的聯繫制度，將影響港幣匯率的穩定性，若將改採釘住人民幣的匯率制度，那港幣的國際化與獨立性將會受到影響。

（五）東京外匯市場

日本長久一來都是亞洲地區經濟發展，較為進步成熟的國家。東京外匯市場是亞洲地區重要的國際外匯市場，其所交易的貨幣種類較為單一，以日圓為主。東京外匯市場亦是一個無形市場，市場是由日本中央銀行－日本銀行及政府核准的外匯專業銀行、外匯指定銀行、外匯經紀商等所組成，交易者通過網際通訊設施進行交易。

國財小百科　　　　　　人民幣匯率中間價

近年來，隨著中國經濟起飛，人民幣逐漸嶄露頭角，但中國是個外匯管制國家，所以人民幣的匯率變動仍是由該國央行「中國人民銀行」所控制。中國人民銀行每天會根據前一日在岸銀行間人民幣的成交匯率，刪除最高與最低價後，將其餘成交匯價，依交易量比重算出加權平均匯率，當作今日開盤的參考匯率。

中國人民銀行會依這個參考匯率，再依據市場需求與國際主要貨幣匯率變化進行「人民幣對美元匯率中間價」之報價。當日人民幣匯率的變動僅能在這個「中間價」上下約 2% 的變動。所以如果中國人民銀行欲引導人民幣貶值或升值，它會直接就調整「人民幣匯率中間價」的報價。

 **國財快訊**

 港版國安法釀外資
大出逃？瑞銀示警
中國3大經濟風險A
股迎兩會行情？

香港將地動山搖！
港版國安法毀了國際金融中心　中國經濟也因此大難臨頭

　　2020年5月28日，中國人大通過「港版國安法」的決議，引起國際社會的撻伐，認為北京自行摧毀承諾，香港的「一國兩制」已名存實亡。美國總統川普宣布「將取消對香港的特殊優惠地位」，包括對美的貿易、投資、簽證與獨立關稅等特殊待遇。

香港要走向內地化？民眾市場信心將更萎靡

　　港府採強硬的態度回應，港府表示美港貿易佔香港總體貿易的比重並不高，加上中港之間的經濟緊密程度，認為香港仍有相當的優勢，言下之意，就是「香港並不擔心美國制裁，反而還有中國可當靠山」；確實如此，香港與中國之間經貿依存在2003年開始快速緊密發展，「香港經濟逐漸內地化」。

　　事實上，香港能維持一定的競爭力，關鍵在於法治透明、市場經濟成熟及國際化程度，其中，又以國際金融中心的地位穩坐東方之珠的美名；然而，若美國強勢對香港採取制裁，甚至使用環球金融電信協會（SWIFT）手段，那麼香港的優勢恐會喪失，港幣、市場、資本等面向的衝擊將會一一浮現。

香港國際金融地位動搖　中國經濟受損難倖免

　　回顧過去香港的國際金融中心，所仰賴的就是自由貿易、貨幣自由兌換及法治透明等條件；然而，外界質疑「港版國安法」將讓這一切被破壞殆盡，表面上香港保有特別行政區之名，但實質上已無異於「中國內地城市」，倘若美國取消過去港幣與美元自由兌換的支持，為避免港幣過度貶值，將可能會改採釘住人民幣的匯率制度，那港幣的國際化與獨立性將會迅速下滑。

　　香港作為中國與全球金融流動的核心功能是否會受到影響？對中國而言，香港具全球貨幣自由兌換的自由港角色，提供中國取得國際資金與資本外流的方便之門；相關資料顯示，中國每年吸引的外國直接投資（FDI）有將近八成通過香港流入，以及中國非金融的對外直接投資在香港有超過 6,000 億美元的存量，顯然香港是中國與全球資本流動的重要門戶。

逾五成國企都有在香港上市融資

　　一直以來，香港也是全球離岸人民幣最大的業務中心，全球有七成以上的人民幣支付是經由香港來進行清算，以及超過 50% 以上的中國國有企業在香港上市融資，主要都是看準香港國際金融地位，具有對資本流動舉足輕重的作用。換言之，當香港局勢持續惡化，金融中心地位岌岌可危，那麼將會牽動著人民幣走向國際化的步伐及造成香港資本外逃。

　　另外，習近平上台後力推的「亞投行」及「一帶一路」，近年陸續出現資金運轉、融貸失衡及國際反彈等問題，若美國對中、港採取限制以美元計價的金融活動，那麼，中資銀行透過香港來進行跨境放款的能力會大受影響，進一步削弱中國海外金融業務及國際戰略布局的的能力，值得後續持續關注。無論如何，視當前情勢，如果香港的國際金融地位地動山搖，中國經濟災禍將自此而始。

資料來源：摘錄自新頭殼 2020/06/04

解說

　　長久以來，香港金融中心的地位穩坐東方之珠的美名。近期，中國強推「港版國安法」後，使得香港金融市場逐漸與自由經濟脫鈎，那麼港幣的國際化與獨立性將會迅速下滑。香港一直中國與全球資本流動的重要門戶，倘若香港金融中心地位不保，也將牽動人民幣走向國際化的步伐及造成香港資本外逃，這將可能對中國的經濟情勢更不利。

匯率（Foreign Exchange Rate）是指兩種不同貨幣的交換比率，或是外國通貨的交易價格。匯率也是一國貨幣對外的價值，匯率的升貶值對國際資金流動、企業的進出口利潤及個人外匯投資都有莫大的影響性。以下本單元將介紹匯率的種類與報價方式。

一、匯率的種類

在外匯市場上，常見的匯率類型有下列幾種：

（一）買入匯率與賣出匯率

就銀行的立場而言，買入匯率（Buying/Bid Exchange Rate）為銀行願意買入外匯的價格。賣出匯率（Selling/Offer Exchange Rate）則表示銀行願意賣出的外匯價格。買入與賣出的價差即為銀行買賣外匯所賺的利差。

（二）基本匯率與交叉匯率

基本匯率（Basic Exchange Rate）是本國貨幣對其主要貨幣（如：美元）的匯率，該匯率為本國貨幣與其他貨幣兌換的參考依據。交叉匯率（Cross Exchange Rate）是兩種貨幣若無直接的交換比率，則透過第三種貨幣交叉求算出的匯率。

例如：東京外匯市場，美元兌日圓（US/JPY）的買賣匯率為 115.70/90；台北外匯市場，美元兌新台幣（US/NTD）的買賣匯率為 32.4310/80；故兩者可交叉求出新台幣兌日圓（NTD/JPY）的買賣匯率，其買入匯率為 3.5668 （115.70/32.4380），賣出匯率為 3.5737（115.90/32.4310）。

例題 2-1

交叉匯率

若香港外匯市場，美元兌人民幣（US/CNY）的買賣匯率為 6.7525/8505；台北外匯市場，美元兌新台幣（US/NTD）的買賣匯率為 29.4310/80。請問新台幣兌人民幣（NTD/CNY）的買賣匯率各為何？

解

(1) 新台幣兌人民幣（NTD/CNY）的買入匯率為 0.2293(6.7525/29.4380)。

(2) 新台幣兌人民幣（NTD/CNY）的賣出匯率為 0.2327(6.8505/29.4310)。

（三）即期匯率與遠期匯率

即期匯率[1]（Spot Exchange Rate）為外匯交易雙方於買賣成交日後，當日或兩個營業日內進行交割所適用的匯率。遠期匯率（Forward Exchange Rate）為買賣雙方於買賣成交日後，在一段期間內的某特定日進行交割所適用的匯率。

（四）電匯匯率與票匯匯率

電匯匯率（Telegraphic Transfer Exchange Rate, T/T）是指銀行以電子通訊方式進行外匯買賣，因電匯付款時間快，買賣雙方較少有資金的耽擱，所以電匯匯率是計算其他匯率的基礎。票匯匯率（Demand Draft Exchange Rate, D/D）又分為「即期票匯」與「遠期票匯」兩種，遠期匯率是由即期匯率求算出的。

即期票匯乃因銀行買入即期匯票後，銀行支付等值的本國貨幣給顧客，但銀行尚須將票據郵寄到國外付款銀行請求付款，因郵寄期間所產生的利息，銀行可享有，所以通常即期票匯匯率比電匯匯率要低一些。

（五）名目匯率與實質匯率

名目匯率（Nominal Exchange Rate）是指市場上，並未考慮兩國物價對幣值的影響，所直接觀察到的匯率。一般人談論的大多是名目匯率。實質匯率（Real Exchange Rate）是須將名目匯率，經由兩國的物價所調整出的匯率。實質匯率比較能夠呈現出兩國真正的匯率。其兩者的關係，計算方式如下式（2-1）：

$$實質匯率 = 名目匯率 \times \frac{外國物價指數}{本國物價指數} \qquad (2\text{-}1)$$

（六）實質有效匯率指數

上述的實質匯率，僅針對某兩國的物價水準所調整出的匯率；「實質有效匯率指數」（Real Effective Exchange Rate Index, REER），必須同時考量本國與所有主要貿易對手國的相對物價水準，且該匯率指數依據與各貿易對手國的貿易比重進行加權計算。

所以「實質有效匯率指數」比較能夠客觀的評斷出該國的貨幣價格是否具合理性。實質有效匯率指數的計算會以某一基期為基準匯率，並將基期指數定為 100。若目前指數大於 100，表示該國貨幣被高估，幣值應貶值（Depreciate）；若目前指數小於 100，表示該國貨幣被低估，幣值應升值（Appreciate）。

---

[1] 即期匯率是指銀行之間現在匯款的匯率，民眾至銀行換取外匯現鈔，是參考外幣的現鈔匯率。通常外幣的現鈔匯率會比即期匯率的價格差一些。

目前提供新台幣實質有效匯率指數，除了中央銀行之外，還有國發會、財團法人台北外匯市場發展基金會、工商時報及經濟日報等單位。由於各單位計算的基期、選擇的一籃貨幣、物價及權重都不相同。所以計算出的新台幣實質有效匯率指數會有些出入。

表 2-2 為我國「國發會」針對實質有效匯率指數，所編制指數的一籃子貨幣內容。其中該指數以西元 2000 年當基期，選取與我國雙邊貿易比重最大的 14 個國家或地區的貨幣當作通貨籃；並以雙邊貿易比重為加權乘數，再乘以雙邊國的「躉售物價指數」來進行調整。有關我國「國發會」所制定的新台幣實質有效匯率指數，其計算方式如下式（2-2）：

$$
\begin{aligned}
&實質有效匯率指數 \\
&= (\frac{美元}{台幣}匯率) \times (\frac{美國與臺灣的貿易額}{臺灣的貿易額}) \times (\frac{美國躉售物價值數}{臺灣躉售物價值數}) \\
&+ (\frac{日圓}{台幣}匯率) \times (\frac{日本與臺灣的貿易額}{臺灣的貿易額}) \times (\frac{日本躉售物價值數}{臺灣躉售物價值數}) \\
&+ \cdots\cdots
\end{aligned}
\tag{2-2}
$$

表 2-2　國發會編制的新台幣實質有效匯率指數一籃子貨幣內容表

編製單位	權數籃	基期（年）
國發會	美國、加拿大、歐元區、英國、日本、南韓、中國大陸、香港、新加坡、馬來西亞、菲律賓、泰國、印尼與澳洲共 14 個國家或地區	2000

二、匯率的報價

外匯交易的報價方式採雙向報價法（Two-way Quotation），會同時報出買入和賣出匯率。外匯的報價，有下列兩種方式。

（一）直接報價（Direct Quotation）

亦稱美式報價（American Quotation）。所謂直接報價，即指以「一單位外幣折合多少單位的本國貨幣」來表示匯率的方法，通常此處的外幣是指美元。全世界大部分的國家均採此種報價方式，我國亦不例外。例如：在台北外匯市場報價為「1 美元 = 29.4310 新台幣」，在東京外匯市場報價為「1 美元 = 110.45 日圓」即為此種報價方式。

（二）間接報價（Indirect Quotation）

亦稱歐式報價（European Quotation）。所謂間接報價，即指以「一單位本國貨幣折合多少外幣」來表示匯率的方法。全世界採間接報價的貨幣為歐元、英鎊、南非幣、澳洲幣、紐西蘭幣與特別提款權（SDR）等貨幣。例如：在英國的外匯市場報價「1 英鎊＝ 1.35 美元」，在歐洲的外匯市場報價「1 歐元＝ 1.12 美元」即為此種報價方式。

2-3 匯率理論

一般而言，兩種貨幣之間的兌換比率應該是多少才是合理，此問題長久以來一直被學術界廣泛的討論著。有關匯率的理論學說，自 19 世紀中期以來，有相當多的學派有著不同的探究心得。以下本單元將簡要的說明兩種較常被提起的匯率理論：

一、購買力平價理論
（Purchasing Power Parity Theory, PPP）

購買力平價理論乃在說明兩國的貨幣匯率取決於兩國貨幣的購買力比例。也就是說，兩國相對物價水準的變動時，會導致對商品的供需不同，進而影響匯率的變動。例如：當本國物價上漲（下跌）時，會造成國外對本國商品的需求下降（上漲），導致出口減少（增加），外匯供給就會減少（增加），使得外國貨幣升值（貶值），相對的本國貨幣貶值（升值）。

學術界在討論「購買力平價理論」都是假設市場是處於完全競爭、且無貿易障礙與交易成本為零的情形下，去探討兩國貨幣購買力與匯率之間的關係。該學說又依在「某一時點」或「某一段期間內」的物價變動情形，可分為「絕對購買力平價理論」與「相對購買力平價理論」。

（一）絕對購買力平價理論（Absolute PPP, APPP）

指在某一時點，同一種貨幣對兩國相同的商品，應該具有一樣的購買力；也就是說兩國貨幣的匯率等於兩國貨幣的購買力比例。該理論的公式推導如下：

假設某甲商品，國內價格為 P_d，國外價格為 P_f，在國內 1 單位貨幣可購買甲商品 $\frac{1}{P_d}$ 單位，若現在兩國匯率為 E，此時將 1 單位本國貨幣可換成 $\frac{1}{E}$ 單位外國貨幣，在國外 $\frac{1}{E}$ 單位外國貨幣可購買甲商品 $\frac{\frac{1}{E}}{P_f}$ 單位。

依據絕對購買力平價，同一貨幣在不同國家具相同購買力，亦即，一單位的本國幣在兩個國家會買到相同單位的商品，因此我們將推論，用式（2-3）表示如下：

$$\frac{1}{P_d} = \frac{\frac{1}{E}}{P_f} \tag{2-3}$$

將（2-3）式整理可得兩國的匯率 E，如下式（2-4），即為「絕對購買力平價理論」公式：

$$E = \frac{P_d}{P_f} \tag{2-4}$$

以下舉一案例說明。假設甲商品在臺灣的價格為 600 新台幣，在美國價格為 20 美元，則依據「絕對購買力平價理論」公式，兩國的匯率應該為 $E = \frac{600}{20} = 30$，所以 1 美元 =30 元新台幣，也就是說，在國內新台幣 1 元可買甲商品 $\frac{1}{600}$ 單位，在美國 1 美元可買甲商品 $\frac{1}{20}$ 單位，1 美元的購買力等於 30 倍的新台幣購買力。

（二）相對購買力平價理論（Relative PPP, RPPP）

指在某一段期間內，同一種貨幣對兩國相同的商品，應該具有一樣的購買力；也就是說兩國的貨幣匯率變動大致等於兩國貨幣的購買力變動比例。該理論的公式推導如下：

根據絕對購買力平價理論公式為 $E = \frac{P_d}{P_f}$，假設在某一時點 t，兩國匯率則可表示為 $E(t) = \frac{P_d(t)}{P_f(t)}$；在另一時點 $t+1$，兩國匯率則可表示為 $E(t+1) = \frac{P_d(t+1)}{P_f(t+1)}$。因此兩時點之間的匯率變動率，則將兩時點的匯率相除，我們以下式（2-5）表之：

$$\frac{E(t+1)}{E(t)} = \frac{\dfrac{P_d(t+1)}{P_f(t+1)}}{\dfrac{P_d(t)}{P_f(t)}} = \frac{\dfrac{P_d(t+1)}{P_d(t)}}{\dfrac{P_d(t+1)}{P_f(t)}} = \frac{1+IR_d(t+1)}{1+IR_f(t+1)} \qquad (2\text{-}5)$$

其中，我們將（2-5）式之 $IR_d(t+1)$ 視為 t 時點至 t+1 時點的國內物價變動率，$IR_f(t+1)$ 為視為 t 時點至 $t+1$ 時點的國外物價變動率。

此時再將（2-5）式推導[2]整理化簡如下式（2-6）：

$$\frac{E(t+1)-E(t)}{E(t)} \cong IR_d(t+1)-IR_f(t+1) \qquad (2\text{-}6)$$

上式（2-6），即為「相對購買力平價理論」公式，由公式可以得知：在某一段期間內，兩國的貨幣匯率變動大致等於兩國物價變動率的差額。

以下舉一案例說明。假設在某一段期間內臺灣的物價上漲 3%，美國的物價上漲 1%，則依據「相對購買力平價理論」公式，美元的匯率應該為上漲 2%（3% – 1%）左右，也就是說，美元應該相對新台幣升值 2%。

---

[2] 有關將（2-5）式推導至（2-6）式，說明如下：

$$\frac{E(t+1)}{E(t)} = (1+\frac{E(t+1)-E(t)}{E(t)}) = \frac{1+IR_d(t+1)}{1+IR_f(t+1)} \Rightarrow \frac{E(t+1)-E(t)}{E(t)} = \frac{IR_d(t+1)-IR_f(t+1)}{1+IR_f(t+1)}$$

$$\Rightarrow \frac{E(t+1)-E(t)}{E(t)} \times [1+IR_f(t+1)] = IR_d(t+1)-IR_f(t+1)$$

$$\Rightarrow \frac{E(t+1)-E(t)}{E(t)} + \frac{E(t+1)-E(t)}{E(t)} \times IR_f(t+1) = IR_d(t+1)-IR_f(t+1)$$

若當上式中的 $\dfrac{E(t+1)-E(t)}{E(t)} \times IR_f(t+1)$ 並不是很大時，可忽略不計，則上式可簡化為下式：

$$\frac{E(t+1)-E(t)}{E(t)} = IR_d(t+1)-IR_f(t+1)$$

例題 2-2

購買力平價理論

假設現在某一籃子商品價格，臺灣為 5,000 元新台幣，在美國價格為 160 美元；若預期 1 年之後，臺灣一籃子商品價格將上漲 2%，美國則將上漲 4%。若購買力平價理論成立下：

(1) 請用絕對購買力平價說明，現在新台幣的匯率為何？

(2) 請用相對購買力平價說明，新台幣的匯率將如何變動？

(1) 若依據絕對購買力平價理論：

$E = \dfrac{P_d}{P_f} = \dfrac{5,000}{160} = 31.25$，也就是現在新台幣匯率為 1 美元 = 31.25 新台幣。

(2) 若依據相對購買力平價理論：

$\dfrac{E(t+1) - E(t)}{E(t)} \cong IR_d(t+1) - IR_f(t+1) = 2\% - 4\% = -2\%$，表示美元應貶值 2%，新台幣應升值 2%。

二、利率平價理論（Interest Rate Parity Theory）

利率平價說理論乃在說明兩國的貨幣匯率變動與兩國的利率水準，具有一定的關係存在。一般而言，我們常用「拋補（Covered）的利率平價理論[3]」，來解釋兩國的利率的差異，將造成遠期和即期匯率的差異。

通常民眾去銀行買賣外匯，以即期交易為主；但大部分的進出口商，與國外進行生意往來，會收到遠期的支票、匯票與信用狀等信用票據，所以廠商必須利用遠期匯率來避險。因此影響遠期與即期匯率之間的差異，可用兩國利率差額（Interest Differential）來衡量。以下將說明「拋補的利率平價理論」的假設與推導：

---

[3] 「利率平價說」是假設在無風險套利的情形下，投資人在即期匯率市場買賣外匯，又同時在遠期外匯市場進行預先買賣（或說拋補）外匯，以進行避險。因這種預先拋補外匯的行為，所以又稱為「拋補利率平價說」。

假設在無風險、無套利的機會下，兩國的資產報酬率相同，則相同的金額分別投資於兩國資產，期末資產報酬率應該是沒有差別。若投資於兩國的報酬有差異時，則兩國的利率差距應該會等於遠期外匯的升貼水[4]。

我們現在試舉一例說明之。假設現在美元兌新台幣之即期匯率為 s，遠期匯率為 f，現在新台幣與美元一年期存款利率分別為 r_d 與 r_f。若現在將新台幣 1 元，存入銀行一年後可得本利和為 $(1+r_d)$；如果將之存入美元存款，則一年後可得本利和，以美元來計算為 $\frac{1}{s}(1+r_d)$。現在如預期新台幣會升值，為避免到期時以美元換回新台幣會有損失，故先行賣出遠期美元（匯率為 f），故一年後之本利和以新台幣計應為 $\frac{1}{s}(1+r_f)f$。若當二國的市場處於無套利均衡時，可以得到如下式（2-7）之關係：

$$(1+r_d) = \frac{1}{s}(1+r_f)f \qquad (2\text{-}7)$$

設 $p = \frac{f-s}{s}$，經重新整理，可得 $p+1 = \frac{f}{s}$；再將之代入（2-7）式，可得下式（2-8）：

$$r_d = r_f + p + p \times r_f \qquad (2\text{-}8)$$

由（2-8）式得知，右式的最後一項 $p \times r_f$，在正常情況下其值很小，因此可忽略不計，因此，我們將 $p = \frac{f-s}{s}$ 代入（2-8）式整理可得下式：

$$r_d - r_f = \frac{f-s}{s} \qquad (2\text{-}9)$$

由上式 2-9 可知：二國間利率之差距會決定二國遠期匯率的升水或貼水，當 $r_d - r_f > 0$，即代表美元遠期外匯為升水或升值；$r_d - r_f < 0$，則代表美元遠期外匯為貼水或貶值；

---

[4] 遠期匯率和即期匯率的差額稱為「遠期匯水」，如果某種貨幣遠期匯率高於即期匯率，其差額稱為，該貨幣的「遠期升水」（Forward Premium）或稱升值；如果某種貨幣遠期匯率低於即期匯率，其差額稱為，該貨幣的「遠期貼水」（Forward Discount）或稱貶值；如果兩者相等，則稱為「遠期平價」（Forward Flat）。

$r_d - r_f = 0$，則代表美元遠期外匯爲平價。若遠期外匯升水（貼水），以年利率可表示爲下式（2-10）：

$$\frac{f-s}{s} \times \frac{12}{n\,(遠期月數)} \times 100\% = r_d - r_f \qquad （2-10）$$

例題 2-3

利率平價理論

若某一出口商半年後預計可收到 100 萬美元，而現在半年期美元利率 2.5%，半年期新台幣利率 1.2%，美元兌新台幣即期匯率 29.75，試問：

(1) 半年期美元遠期匯率應爲升值或貶值？

(2) 半年期美元兌新台幣的遠期匯率爲何？

 解

(1) 依據利率平價說理論：$r_d - r_f = 1.2\% - 2.5\% = -1.3\% < 0$（美元遠期匯率爲貼水，所以美元遠期匯率應貶值）。

(2) $\frac{f-29.75}{29.75} \times \frac{12}{6} \times 100\% = 1.2\% - 2.5\% \Rightarrow f = 29.5566$

2-4　　　　　　　　　　　　　　　　　　匯率變動因素

一般而言，匯率的變動乃受到外匯供需的影響。影響外匯供需的因素有很多，其中兩國相對的物價水準、利率水準、廠商生產力、產品競爭力、貿易政策以及人們對匯率的心理預期等這六個因素，大概是比較具代表性。以下將針對這六個因素的變動對匯率影響之說明。表 2-3 爲影響匯率的因素以及之間變動關係的整理。

一、相對物價水準

兩國相對物價水準的變動會導致對商品的供需不同，進而影響匯率的變動。當本國物價上漲時，會造成國外對本國商品的需求下降，導致出口減少，外匯供給就會減少，使得外國貨幣升值，相對的本國貨幣貶值。

通常兩國的相對物價水準的變動，亦會影響兩國的貨幣購買力，使得兩國的貨幣價值產生變動，進而影響之間匯率的波動。上述的「購買力平價學說（PPP）」乃在說明當兩國物價變動時，對兩國貨幣購買力的影響，使得匯率之間產生互動的關係。

若以購買力平價學說（PPP）來分析物價與匯率關係，當本國物價相較外國物價高時，則絕對購買力平價的匯率值大於 1，相對購買力平價的匯率值大於零，此表示匯率應上揚，亦即代表外國貨幣應升值，相對的本國貨幣應貶值。

二、相對利率水準

兩國利率的差距會影響投機資金的流出與流入，將導致即期與遠期匯率的變動。當本國利率較高時，短期內會引起外國熱錢流入，導致外匯供給增加，使得外國貨幣貶值，相對的本國貨幣升值，但外國熱錢流入一段期間後，終將會把外匯再匯回原始國；根據拋補利率平價理論的觀點，廠商此時會買進遠期外匯進行避險，於是對遠期外匯需求增加，導致遠期的外國貨幣升值，相對遠期的本國幣貶值。所以當兩國利率有差距時，對即期與遠期匯率的影響，有可能會不同。

三、廠商生產力

兩國廠商生產力的差異會使得生產的成本不同，使產品的售價不同，而導致進出口量不同，進而影響匯率的變動。當本國廠商的生產效率愈高時，表示本國的產品的生產成本較外國低，使得產品價格較低廉，所以廠商的出口量會增加，導致外匯供給增加，使得外國貨幣貶值，相對的本國貨幣升值。

四、產品競爭力

兩國產品競爭力的差異會讓購買者對於較具競爭力的產品產生偏愛，而影響出口銷售量，進而影響匯率的變動。當本國產品具有愈高的競爭力，使得外國人對本國商品具有偏好性，並增加對本國產品的購買，使得本國產品出口增加，導致外匯供給增加，使得外國貨幣貶值，相對的本國貨幣升值。

五、貿易政策

一國的貿易政策是採取自由開放或限制保護的策略，會影響商品進出口的數量，進而影響匯率的變動。當本國的貿易政策採取自由開放策略時，會對國外商品的進口關稅採取低稅率，或者對進口配額的管制較寬鬆；這樣外國商品對本國進口的數量會增加，導致廠商的外匯需求會提高，使得外國貨幣升值，相對的本國貨幣貶值。

六、心理預期

　　一般民眾對匯率未來變動的心理預期，亦是影響匯率變動的關鍵因素。例如：當國內政情動盪紛擾時，民眾會出現惶恐不安，所以會預期匯率即將貶值，此時民眾會想把資金匯出國外，導致外匯需求增加，使得外國貨幣升值，相對的本國貨幣貶值。

表 2-3　影響匯率變動的因素以及之間的變動關係

因素	因素的變動	匯率的變動
相對物價水準	本國物價水準較高	貶值
相對利率水準	本國利率水準較高	即期匯率：升值 遠期匯率：貶值
廠商生產力	國家生產力較強	升值
產品競爭力	產品競爭力較強	升值
貿易政策	貿易政策較開放	貶值
心理預期	心理預期匯率看貶	貶值

 國財快訊

臺灣究竟均貧還是均富？經濟學的「大麥克指數」數字會說話

經濟學家運用「大麥克指數」，具體呈現各國購買力

　　經濟學家找到了一種商品完美符合理論跟現實，那就是麥當勞的大麥克 BigMac，而且是單點不含薯條可樂。因此，完全相同的商品，背後供應商也用同樣的水準生產，透過全球不同國家的大麥克售價，換算成美金，就能夠對照出各國的購買力（PPP），這就稱為「大麥克指數」。

臺灣也在《經濟學人》的 2019 全球大麥克指數中

　　以 2019 的統計，臺灣一個大麥克不考慮特別促銷，售價美金 2.24（約台幣 69）元，相較於美國要美金 $5.58 元，中國為美金 3.05 元。也就是說，台幣 100 元的購買力，可以吃到一個大麥克，還能喝杯可樂，但在美國就吃不起大麥克，在中國的話差不多就是買到一個大麥克。

大麥克指數通常跟國家的物價水準成正比，例如：指數最高的國家，瑞士、挪威、瑞典、美國等，都是屬於已開發國家，物價高昂。但臺灣的大麥克指數，在全球幾乎是處於最低的區間，在我們旁邊的國家，像是印尼、羅馬尼亞、南非等，生活水準都比臺灣低。

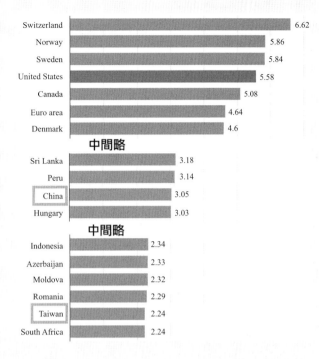

Switzerland	6.62
Norway	5.86
Sweden	5.84
United States	5.58
Canada	5.08
Euro area	4.64
Denmark	4.6
中間略	
Sri Lanka	3.18
Peru	3.14
China	3.05
Hungary	3.03
中間略	
Indonesia	2.34
Azerbaijan	2.33
Moldova	2.32
Romania	2.29
Taiwan	2.24
South Africa	2.24

將臺灣中產階級的購買力與進步國家相比，會發生什麼事？

報導中的中產階級每日支出，不是指真的花美金 $10 ～ $50元，而是指購買力。美金十元在臺灣能購買 4.46 個大麥克，但在美國只能買 1.8個大麥克，因此美國的中產階級必須要能賺更多，他的實質購買力才能夠跟臺灣相當。這樣的理解，也符合美國的薪水高，但是消費也高這傳統認知。

資料來源：摘錄自報橘 2019/06/05

解說

全球知名「經濟學人」雜誌，運用「大麥克指數」，具體呈現各國購買力，並拿來衡量一個國家匯率的高低的非正式的經濟指數。臺灣於 2019 全球大麥克指數為 2.24，若以美國為 5.58 為基準，則表示台幣被低估，也間接顯示台幣購買力較優於美國與中國。

PS：國際上，有關利用單一商品價格衡量匯率指數，除了「經濟學人」—麥當勞的「大麥克指數」，還有「華爾街日報」—星巴克的「中杯拿鐵指數」、「野村控股公司」—蘋果的「iPhone 指數」。

本章習題

一、選擇題

( )　1. 請問下列何者是指外匯？

(A) 外國債券　(B) 外幣現金　(C) 外幣支票　(D) 以上皆是。

( )　2. 通常進行不同貨幣相互兌換的市場，稱為下列何者？

(A) 貨幣市場　(B) 資本市場　(C) 外匯市場　(D) 權益市場。

( )　3. 請問下列何者外匯市場，非國際性市場？

(A) 紐約　(B) 東京　(C) 倫敦　(D) 首爾。

( )　4. 通常一般民眾出國觀光，換取外匯應至何處兌換？

(A) 中央銀行　(B) 銀樓　(C) 外匯經紀商　(D) 外匯指定銀行。

( )　5. 下列何者非外匯市場的主要參與者？

(A) 進出口商及旅行、投資者　(B) 外匯指定銀行

(C) 外匯經紀商　　　　　　　(D) 證券交易所。

( )　6. 下列何種非外匯市場功能？

(A) 提振國際股市　(B) 提供匯兌　(C) 調節國際信用　(D) 均衡匯率。

( )　7. 請問現今全球最大的外匯市場位於何處？

(A) 紐約　(B) 東京　(C) 倫敦　(D) 首爾。

( )　8. 請問兩國之間通貨交換的比率，稱為下列何者？

(A) 利率　(B) 折現率　(C) 匯率　(D) 準備率。

( )　9. 若現在 1 美元 =30 台幣，而 1 美元 =110 日圓，請問日圓兌台幣的交叉匯率
為何？　(A) 0.3333　(B) 0.2727　(C) 3.6666　(D) 以上皆非。

( )　10. 請問有關即期與遠期匯率，何者為非？

(A) 銀行均會報價　　　　　(B) 通常遠期匯率較高

(C) 遠期交易可提供避險　　(D) 即期交易可於二個交易日內交割。

( )　11. 下列敘述何者錯誤？

(A) 外匯市場主要的交易仲介者為外匯銀行

(B) 通常即期票匯匯率比電匯匯率要低

(C) 銀行間的相互拋補外匯稱為零售市場

(D) 顧客須至外匯指定銀行方才能進行外匯交易。

( ) 12. 通常衡量一國通貨價值時，如考慮到兩國間物價相對變動而加以調整所得匯率，稱為下列何者？

(A) 名目匯率　(B) 交叉匯率　(C) 均衡匯率　(D) 實質匯率。

( ) 13. 若現在新台幣的實質有效匯率指數為 102，表示為何？

(A) 台幣被高估　(B) 台幣被低估　(C) 美元被高估　(D) 美元被低估。

( ) 14. 請問現在台幣匯率約為 1 美元等於 30.25 新台幣，請問此報價方式稱為何？

(A) 直接報價　(B) 間接報價　(C) 歐式報價　(D) 以上皆非。

( ) 15. 下列何種幣別，採取直接報價方式？

(A) 歐元　(B) 日圓　(C) 澳幣　(D) 英鎊。

( ) 16. 根據絕對購買力平價理論，兩國匯率取決於下列何者？

(A) 利率　(B) 物價　(C) 消費力　(D) 股價。

( ) 17. 若本國物價上漲率低於外國物價上漲率 2%，在相對購買力平價理論成立下，匯率應如何變動？

(A) 本國幣升值 2%　　　　　(B) 外國幣升值 2%

(C) 本國幣貶值 2%　　　　　(D) 不會變動。

( ) 18. 若現在台幣與美元一年期利率分別為 1% 與 3%，若以利率平價說來判定，美元匯率將來應該如何才合理？

(A) 升值　(B) 貶值　(C) 不變　(D) 以上都有可能。

( ) 19. 承上題，若現在美元兌新台幣即期匯率 30.15，請問一年後的美元兌新台幣的即期匯率為何？　(A) 30.15　(B) 29.55　(C) 30.75　(D) 30.25。

( ) 20. 下列何者會使本國幣升值？

(A) 對外國商品課稅較高　　　(B) 本國對外國商品具有偏好

(C) 本國物價高於外國　　　　(D) 開放較多的進口配額。

( ) 21. 下列何者不會影響匯率波動？

(A) 本國物價　(B) 心理預期　(C) 外國利率　(D) 失業率。

( ) 22. 長期而言，若本國勞工的生產力增加，將會使本國貨幣相對於外國貨幣如何變動？　(A) 升值　(B) 貶值　(C) 不變　(D) 無法預測。

( ) 23. 下列敘述何者正確？

(A) 外國的支票不屬於外匯的一部分

(B) 外匯經紀商是外匯市場的資金調節者

(C) 倫敦是全球最早的外匯市場

(D) 在國內信合社是外匯市場的成員之一。

( ) 24. 下列敘述何者正確？

(A) 歐元是屬於直接報價

(B) 若某國的實質有效匯率指數（REER）大於 100 表示該國貨幣被高估

(C) 一單位外幣折合多少單位的本國貨幣是屬於間接報價

(D) 通常即期票匯匯率比電匯匯率要高一些。

( ) 25. 下列敘述何者有誤？

(A) 相對購買力平價理論（RPPP）指在某一段期間內，同一種貨幣對兩國相同的商品，應該具有一樣的購買力

(B) 若以利率平價說理論衡量，當利率較高的一國將來匯率將傾向貶值

(C) 若產品競爭力較強的國家，其該國匯率將傾向升值

(D) 若貿易政策較開放的國家，其該國匯率將傾向升值。

二、簡答與計算題

1. 請問外匯市場的主要參與者有哪些？

2. 請問外匯市場的功能為何？

3. 請問一般匯率的報價方式有哪兩種？

4. 請問下列貨幣中：A. 新台幣、B. 印尼盾、C. 歐元、D. 澳幣、E 人民幣、F. 韓圓、G. 英鎊、H. 阿根廷披索、I. 特別提款權、J. 日幣、K. 南非幣

(1) 哪些採直接報價？

(2) 哪些採間接報價？

5. 下列哪些外匯市場是屬於國際性？

A. 紐約、B. 東京、C. 台北、D. 香港、E. 首爾、F. 巴黎、G. 多倫多、H. 新加坡、I. 上海、J. 倫敦

6. 若目前美元兌新台幣之市場匯率為 30.2540/80，請問銀行的買價與賣價各為何？

7. 若現在 1 美元 =30 台幣，而 1 英鎊 =1.3 美元，請問英鎊兌台幣的交叉匯率為何？

8. 請問名目匯率與實質匯率的關係為何？

9. 請問計算實質有效匯率指數，通常需要考慮本國與貿易對手國的哪些項目？

10. 假設現在某一籃子商品價格，臺灣為 4,000 元新台幣，在美國價格為 125 美元；若預期 1 年之後，臺灣一籃子商品價格將上漲 1%，美國則將上漲 4%。若購買力平價理論成立下：

(1) 請用絕對購買力平價說明，現在新台幣的匯率為何？

(2) 請用相對購買力平價說明，新台幣的匯率將如何變動？

11. 若某一出口商半年後預計可收到 100 萬美元，若現在三個期美元利率 1.2%，三個月期新台幣利率 1.0%，美元兌新台幣即期匯率 30.15，試問：

(1) 三個期美元遠期匯率為升值或貶值？

(2) 三個月期的美元兌新台幣遠期匯率為何？

12. 請說明影響匯率變動的因素有哪些，並說明之間的變動情形如何？

CHAPTER 3

匯率衍生性金融商品

　　本章內容為匯率衍生性金融商品，主要介紹遠期匯率、外匯期貨、外匯選擇權、匯率交換與其他匯率衍生性金融商品之內容，其內容詳見下表。

節次	節名	主要內容
3-1	遠期匯率商品	介紹遠期的特性與遠期匯率的商品類型。
3-2	外匯期貨商品	介紹期貨的特性與外匯期貨的商品規格。
3-3	外匯選擇權商品	介紹選擇權的特性與外匯選擇權的運用型式。
3-4	匯率交換商品	介紹金融交換的特性與匯率交換的商品類型。
3-5	其他匯率衍生性商品	介紹其他四種常見的匯率衍生性商品。

本章導讀

　　一般而言，匯率的變動是無時無刻且無國界，因此巨幅的匯率波動會對國際企業的營業利潤與成本，帶來莫大的風險。所以有關匯率風險管理的知識，是學習國際財務管理所應具備的基本課程，本書將於第四章進行探討說明，本章先針對匯率的避險工具進行介紹。

　　企業要規避匯率的變動風險，必須仰賴匯率相關的「衍生性金融商品」（Derivative Securities）。衍生性金融商品大致可分成遠期（Forwards）、期貨（Futures）、選擇權（Options）與金融交換（Financial Swap）等四種類型。本章除了依序介紹這四種跟匯率相關的衍生性商品外，更進一步介紹幾種常見的其他類型匯率衍生性商品。

3-1　　　　　　　　　　　　　　　　　　　　　　　　遠期匯率商品

　　所謂的「遠期合約」（Forward Contract）是指買賣雙方約定在未來的某一特定時間，以期初約定的價格，買賣一定數量及規格的商品。遠期合約是所有衍生性金融商品的始祖，也是最基本的組合要素，因為其他的衍生性金融商品的設計原理，均可由遠期合約所變化而來[1]。

　　企業規避匯率風險，最早也是由「遠期外匯交易」所開始，爾後，才逐一擴展去使用其他的匯率衍生性金融商品，由於它具有量身訂作的特性，因此遠期外匯仍是跨國企業常用的避險工具之一。以下本單元首先介紹遠期的特性，其次介紹遠期匯率的商品類型。

一、遠期的特性

　　遠期合約是一種店頭市場商品，合約的交易雙方必須自己去找交易對手，所以存在著尋找對手的交易成本及交易對手的違約風險之問題。實務上，通常交易對手都是銀行（金融機構）為主，這樣比較可以省去交易成本的支出及規避違約風險。基本上，因為遠期合約仍具有獨特性，是期貨商品所無法完成取代的，因此在從事避險活動時，他仍是企業常用的商品之一，以下簡單介紹遠期合約的特性：

---

[1]　例如：「期貨合約」就是將遠期合約予以標準化而得的；「交換合約」其實就是由一連串的遠期合約所組合而成；「選擇權合約」也是運用遠期的時間概念發展而來。

（一）合約內容較彈性，可以量身訂作

遠期合約不是標準化合約，而是可以根據交易雙方特別的需求來「量身訂作」，不像期貨侷限於標準化的合約規定，所以比期貨合約更能有效地滿足某些特定的避險需求。另外，不是所有的金融資產和商品都能符合期貨合約標的物的條件，故有很多現貨商品在期貨市場上，並沒有相對應的合約，在這種情況下，避險者就可以考慮遠期合約。

（二）交易價格雙向報價，保證金具彈性

遠期合約會由銀行提供雙向報價，因此價格公開亦可議價。遠期合約不若期貨合約設置標準化的保證金制度，故不用每日結算保證金的餘額，且繳交的保證金亦較具彈性，以讓企業的資金調度更便利。

二、遠期匯率的商品類型

匯率的避險工具中，最常被使用應該是遠期合約，主要是因為它是非標準化合約，比較可以滿足企業進行國際貿易，所產生的特定外幣收支需求，且承作對象都是跟本身有業務往來的國際銀行，因此交易方便且熟悉。以下介紹兩種有關匯率的遠期合約商品：

（一）遠期外匯

遠期外匯合約（Forward Exchange Contract）是指交易雙方彼此約定在未來某一特定時日，依事先約定之匯率進行外匯買賣的合約。承作遠期外匯的主要目的，在於規避因匯率變動所造成的損失。一般而言，承作遠期匯率都是由銀行居間，銀行提供匯率的買價與賣價的雙向報價，且合約期限以半年以下居多，最長不得超過一年，必要時得展期一次。國內依據中央銀行的現行規定，銀行與客戶之間的遠期外匯買賣合約的保證金額度，由銀行與客戶彼此議定之。

承作遠期外匯的客戶，必須是有實際的外匯的供給與需求者，客戶必須提供訂單、信用狀或商業發票等相關交易文件，以茲證明其實質需要。遠期匯率報價方式，也如同即期匯率一樣，採雙向報價法[2]，且大多會採直接報出買入與賣出匯率的報價方式，並會有 10、30、60、90、120、150、180 天期的報價。表 3-1 為銀行的美元即期與遠期匯率的直接報價表。

---

[2] 遠期匯率報價方式有兩種：其一為「直接報價」（Outright Rate）：直接報出不同期限的遠期外匯交易，實際成交的買入與賣出匯率。另一為「點數報價」（Point Rate）：指報出點數來表示遠期與即期匯率之間的差額；點數的差額稱為「換匯點」。

表 3-1　銀行的美元即期與遠期匯率的直接報價表

天期	買價	賣價
即期	29.365	29.465
遠期 10 天	29.361	29.465
遠期 30 天	29.354	29.466
遠期 60 天	29.348	29.46
遠期 90 天	29.34	29.45
遠期 120 天	29.329	29.445
遠期 150 天	29.316	29.438
遠期 180 天	29.282	29.426

資料來源：臺灣銀行（2020/07/23）

（二）無本金交割遠期外匯交易

「無本金交割遠期外匯」（Non-Delivery Forward, NDF）是指交易雙方約定在未來某一特定日期，雙方依期初合約所約定的匯率、與到期時即期匯率的差額進行清算，且無需交換本金的一種遠期外匯交易。其實 NDF 與傳統的遠期外匯（Delivery Forward, DF）交易的差異在於，傳統遠期外匯交易須要有實際的外匯供給與需求者；但承作 NDF 不須提供交易憑證（即實質商業交易所產生的發票、信用狀及訂單等憑證），也無須本金交割、亦無交易期限限制。

因為 NDF 是一種十分方便的避險工具，相對的也具有濃厚的投機性質。所以 NDF 長久以來，一直被中央銀行視為國外投機客炒作新台幣的工具，也曾於亞洲金融風暴後一年（1998 年），就被央行禁止承作。近期，由於金管會鼓吹「金融進口替代政策[3]」後，現我國央行僅開放國內銀行的國際金融業務分行（境外分行）（OBU），可承作新台幣的 NDF 業務，雖可交易但仍有諸多限制。

承作無本金交割遠期外匯，銀行的報價方式如同遠期外匯，採雙向報價法，但大多數以換匯「點數報價」為主，也就是只報出遠期與即期之間的差額。由於 NDF 屬於較投機的交易工具，因此在報價上，買賣匯價的差距會較傳統遠期外匯（DF）來得寬一些。以下表 3-2 為 NDF 與 DF 利用換匯點數報價的情形。

---

[3] 「金融進口替代政策」是 2014 年由金管會所推動的金融政策，乃因近年來，國內金融業至國外投資金額甚鉅，大多透過香港、新加坡等地金融機構進行交易，若能移轉回國內進行交易，將可增廣本土金融業務與市場規模，並對金融人才培養與就業都有所裨益。

表 3-2 NDF 與 DF 換匯點數報價表

換匯點報價 天期	NDF （無本金遠期外匯）	DF （傳統遠期外匯）
一個月	0.08/0.1	0.025/0.04
二個月	0.13/0.16	0.06/0.09
四個月	0.23/0.27	0.11/0.18
六個月	0.4/0.45	0.19/0.24

註：單位（台幣/美元）

 國財快訊

國內承作NDF？
彭老：一輩子不開放

這東西彭淮南擋「一輩子」 沒有討價還價餘地

全球 14A 總裁罕見說重話！在任內最後一場立法院財委會業務報告時，明確表態 NDF（無本金交割遠期外匯）在國內「一輩子不會開放！」、「至少任內不開放！」。

NDF 被國際禿鷹當成狙擊貨幣的武器，最典型案例就是 20 年前爆發的「亞洲金融風暴」，彭淮南恰巧在這當口臨危受命、接任央行總裁，當時國際投機客大量炒作 NDF、狙擊亞幣，人民幣、韓圜與泰銖，韓國政府甚至面臨破產，臺灣也沒好到哪去，曾一天被搶購數億美元的 NDF，導致台幣連番重貶。

彭淮南接任三個月後、隨即於 1998 年 5 月連發三道外匯禁令，其中一個就是禁止國內銀行承作 NDF 業務。儘管當時質疑聲浪不斷，例如：干預匯市自由化，他也被冠上「外匯殺手」封號。但臺灣卻能在亞洲金融風暴中全身而退，該政策也算得上一大政績，備受國內外肯定。

但禁止國內銀行承作 NDF，首當其衝的就是有外匯避險需求的進口商與金融機構，必須繞道香港、新加坡等鄰近的銀行業者，拉高了交易成本；儘管仍有 DF（遠期外匯）、選擇權與換匯交易（SWAP）等外匯避險手段，但阻擋 NDF 仍被業界認為有違國際趨勢。

多年來，國內金融業只能看著數千億的 NDF 商機被外銀整碗端走。終於，在 2014 年 9 月有了轉機。在金管會「金融進口替代」政策鼓吹下，央行開了「小門」，放行本國銀行海外分行（OBU）申辦新台幣 NDF 業務，然而仍三令五申「只避險、不套利」，並設下但書，諸如「總量管控、不得超過總外匯部位 1/5 以上」，「可在海外做，但不得在國內進行拋補」。

資料來源：摘錄自遠見雜誌 2017/10/27

NDF 可讓企業以低成本、高效率進行外匯避險交易，但卻容易產生投機、炒作的可能性，導致匯率波動過劇。因此長久以來，就被央行當成違禁品，雖現在央行開放可於 OBU 承作，但仍設下許多限制，最大目的就是不要造成新台幣匯率劇烈波動，連帶引發股票與期貨市場骨牌效應。

3-2　外匯期貨商品

　　所謂的期貨（Futures）是指交易雙方在期貨交易所利用「集中競價」的方式，約定未來某一時日內，以當時成交的價格，交割某特定數量及品質的金融資產合約。但上述的定義是以「實物交割」為主，但期貨交易大都是以「現金交割」為主；也就是大部分的交易方式，都僅對期貨合約的買賣價差進行現金結算，並不會去進行合約中的實物交割之行為。

　　由於期貨合約具標準化，且採保證金交易，所以在避險的效率上，優於上述的遠期合約。因此企業在規避匯率風險時，若非特定需求，則亦常使用外匯期貨商品來進行避險。以下本單元首先介紹期貨的特性，其次再介紹常見外匯期貨商品的規格。

一、期貨的特性

　　期貨合約與遠期合約，都是由某些實體的現貨商品所對應衍生出來的金融商品。雖然它們兩者的執行日期都是在未來，但此兩種合約在特性上仍有許多不同點，以下我們將針對期貨合約的某些重要特性加以說明。

（一）集中市場交易

期貨合約是採集中市場交易制度，因設置期貨交易所，使期貨交易人在合約未到期前，若想中止合約，只要去期貨市場將原來的部位反向沖銷即可。因為期貨為標準化合約，所以合約內容具有一般性及普遍性，很容易便可將合約移轉給他人，因此流動性較佳。

（二）合約標準化

期貨將每種交易商品的合約，都予以標準化的制度規範，以利於合約的流通，此乃與遠期合約最大的不同點。期貨合約中，對商品交易的交貨時間、數量品質、地點、交易最低價格變動及漲跌幅限制等均予以標準化，使交易更具效率，且對合約買賣雙方提供保障。

（三）保證金制度

現貨與遠期交易大多是採總額的交易方式，亦即商品交割時，依合約規定的總價值進行買賣。但期貨交易則採「保證金」的交易方式，即期貨交易人在買賣合約時，不須付出合約的總價值金額，僅需投入合約總值之 3% ～ 10% 的交易保證金，一般稱為「原始保證金」（Initial Margin），以作為將來合約到期時，履行買賣交割義務的保證。因此利用期貨的避險，在資金的使用調度上，會較利用遠期合約更具彈性與槓桿效果。

（四）結算制度

遠期交易的買賣雙方必須承擔對方的信用風險，但期貨交易因有「結算所」（Clearing House）的設置，使期貨交易人在交易所從事任何交易時，結算所會對每筆交易進行風險控管，且控管方式是採取逐日結算，並要求合約每日的保證金餘額必須高於「維持保證金」（Maintenance Margin）之上，以維持交易人對合約履約的誠意。由於透過結算所的仲介，使得期貨的買賣方不必直接接觸，其合約的信用風險及履約的交割義務，均由結算所擔負，不僅可確保期貨合約的確實履行，亦提供買賣雙方信用的保障。

二、外匯期貨的商品規格

所謂的「外匯期貨」（Foreign Currency Futures）就是以各國的貨幣的交換匯率為標的期貨合約。國際金融市場的外匯期貨交易，大都以歐元（European Currency, Euro）、日圓（Japanese Yen, JPY）、瑞士法郎（Swiss Franc, SF）、加幣（Canadian Dollar, CD）、澳幣（Australian Dollar, AD）、英鎊（British Pound, BP）以及人民幣（Chinese Yuan, CNY）等七種貨幣為主。

一般外匯期貨的報價方式，大部分是採「間接報價」方式，即每單位外幣能換取多少美元，而有別於部分的外匯現貨交易是採「直接報價」方式。現今全世界主要先進國家都設有期貨市場，提供外匯期貨合約的避險，但各國期貨市場，對外匯期貨商品的規格設定並不一致。

國際金融市場中，以美國芝加哥商品交易所（CME）中的國際貨幣市場，所推出的外匯期貨商品最為著名。近年來，臺灣期貨交易所也推出幾款外匯期貨商品，提供國內投資人進行外匯避險與投機的管道。以下表 3-3 為世界知名期貨交易所與臺灣期交所推出的外匯期貨合約規格之說明。

表 3-3　世界各期貨交易所推出的外匯期貨合約規格表

交易所	商品名稱	合約單位	最小跳動值	交易月份
CME （芝加哥商業期貨交易所）	Euro 歐元	125,000 歐元	0.0001 美元 / 歐元 = 12.50 美元	3,6,9,12
	Swiss Franc 瑞士法郎	125,000 瑞士法郎	0.0001 美元 / 瑞郎 = 12.50 美元	3,6,9,12
	Japanese Yen 日圓	12,500,000 日圓	0.000001 美元 / 日圓 = 12.50 美元	3,6,9,12
	British Pound 英鎊	62,500 英鎊	0.0002 美元 / 英磅 = 12.50 美元	3,6,9,12
	Canadian Dollar 加幣	100,000 加幣	0.0001 美元 / 加幣 = 10 美元	3,6,9,12
	Australian Dollar 澳幣	100,000 澳幣	0.0001 美元 / 澳幣 = 10 美元	3,6,9,12
SGX （新加坡交易所）	Euro 歐元	125,000 歐元	0.0001 美元 / 歐元 = 12.50 美元	3,6,9,12
	Japanese Yen 日圓	12,500,000 日圓	0.000001 美元 / 日圓 = 12.50 美元	3,6,9,12
	British Pound 英鎊	62,500 英鎊	0.0002 美元 / 英鎊 = 12.50 美元	3,6,9,12

（接下表）

交易所	商品名稱	合約單位	最小跳動值	交易月份
TAIMEX （臺灣期貨交易所）	Chinese Yuan 美元兌人民幣	100,000 美元	0.0001 元 / 美元 = 10 人民幣	連續兩近月 + 接續 4 季月
	Chinese Yuan 小型美元兌人民幣	20,000 美元	0.0001 元 / 美元 = 2 人民幣	連續兩近月 + 接續 4 季月
	Euro 歐元兌美元	20,000 歐元	0.001 美元 / 歐元 = 2 美元	3,6,9,12
	Japanese Yen 美元兌日圓	20,000 美元	0.01 日圓 / 美元 = 200 日圓	3,6,9,12
	British Pound 英鎊兌美元	20,000 英鎊	0.0001 美元 / 英鎊 = 2 美元	3,6,9,12
	Australian Dollar 澳幣兌美元	25,000 美元	0.0001 美元 / 澳幣 = 2.5 美元	3,6,9,12

3-3　外匯選擇權商品

選擇權（Options）是賦予買方具有是否執行權利，而賣方需相對盡義務的一種合約。選擇權合約的買方在支付賣方一筆權利金後，享有在選擇權合約期間內，以約定的履約價格買賣某特定數量標的物的一項權利；而賣方需被動的接受買方履約後的買賣標的物義務。

選擇權主要可分為買權（Call Option）和賣權（Put Option）兩種，不管是買權或賣權的「買方」，因享有合約到期前，以特定價格買賣某標的物的權利，故須先付出權利金，以享有權利；但若合約到期時，標的物的價格未達特定價格，則可放棄權利，頂多就損失權利金。

由於大部分的選擇權交易，都在期貨交易所進行集中市場交易，但亦有些交易具特殊需求，仍有店頭市場的選擇權商品，但這些店頭式的選擇權，大都在銀行承作。因此企業在規避匯率風險時，亦常使用外匯選擇權商品進行避險，因為它可兼具效率性與客製化的需求。以下本單元首先介紹選擇權商品的特性，其次再介紹常見外匯選擇權商品的運用型式。

一、選擇權的特性

選擇權是一種依附於現貨或其他金融商品的衍生性合約，選擇權交易其合約內容與期貨一樣，大都會被標準化，且大部分在集中市場交易，與期貨合約性質相近，但兩者的特性仍有幾項不同，說明如下：

（一）權利與義務表徵的不同

期貨的買賣雙方對合約中所規定的條件，具有履約的義務與權利；但選擇權的買方對合約中所規定的條件，只有履約的權利而無義務，賣方對合約中所規定的條件，只有履約的義務，而無要求對方的權利。

（二）交易價格決定方式不同

期貨合約對未來交易的價格並不事先決定，而是由買賣雙方在期貨市場以公開競價的方式決定，所以期貨價格會隨時改變。選擇權合約內的履約價格，則是由買賣雙方事先決定，在合約期間內通常不會改變。至於選擇權市場的交易價格，則是權利金的價格，並不是合約標的物的履約價格。

（三）保證金繳交的要求不同

由於期貨的買賣雙方對合約中所規定的條件，具有履約的義務與權利，故雙方都必須繳交「保證金」。選擇權的買方對合約中所規定的條件，只有履約的權利，而無義務，故不須繳交保證金，但須繳「權利金」；選擇權的賣方對合約中所規定的條件，只有履約的義務，而無要求對方的權利，故須繳交「保證金」，以保障其未來具有履約的能力。

（四）具有時間價值

選擇權與其他金融商品最大的差異點，在於選擇權合約具有「時間價值」。這好比食品中的保存期限一般，同樣一個食品在新鮮時與快到賞味期限時，廠商會用不同的價格出售。選擇權也是有同樣的情形，不同時間點，其時間價值不同。因此選擇權的價值（權利金）是由「履約價值[4]」（Exercise Value）或稱內含價值（Intrinsic Value）加上「時間價值[5]」（Time Value）這兩部分所組合而成。所以選擇權商品的價值（權利金），既使當日所對應連結的標的物並沒有漲跌，雖不影響其履約價值，但時間價值卻每日在遞減消逝中。

---

[4] 「履約價值」就是選擇權的買方，若立即執行履約的權利，其所能實現的利得。

[5] 「時間價值」就是選擇權的存續時間，所帶給持有者多少獲利機會的價值。

二、外匯選擇權的運用型式

「外匯選擇權」（Foreign Exchange Option）是將選擇權的概念應用在外匯交易的一種合約，其主要目的乃在規避匯率變動的風險。若以買方定義的外匯選擇權，是指買方擁有在未來一段期間內，以其初約定的匯率，具有買進或賣出一定數量外匯的權利。

外匯選擇權的基本操作策略，依買賣權與買賣雙方，共可分成「買進買權」、「賣出買權」、「買出賣權」及「賣出賣權」這四種型式。以下說明這四種型式的意義與使用情形：

（一）買進買權

「買進買權」是指買權的買方在支付權利金後，享有在選擇權合約期間內，以約定的履約價格，買入某特定數量標的物的一項權利。在此種型式下，當標的物上漲，價格超過損益平衡點（Break Even Point）時，漲幅愈大，則獲利愈多，所以最大獲利空間無限；若當標的物下跌時，其最大損失僅為權利金的支出部分，而其損益平衡點為履約價格加上權利金價格。買進買權的示意圖，見圖 3-1。

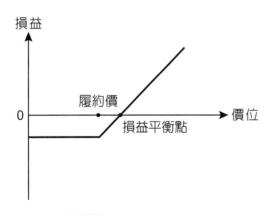

圖 3-1 買進買權示意圖

若以「買進外匯買權」而言，廠商向銀行買入一個外幣匯率的買權，必須付給銀行一筆權利金，享有契約期間內，以履約價格買進該標的物的權利。如果契約期間內即期匯率高於履約匯率，則廠商可以要求履約，所賺得的匯差再扣除權利金，即是實際獲利金額。此策略適用於廠商預期外幣匯率將來會「大幅升值」，以採取避險的措施。

（二）賣出買權

「賣出買權」是只買權的賣方，在收取買方所支付的權利金之後，即處於被動的地位，必須在合約期限內，以約定的履約價格賣出某特定數量標的物的一項義務。在此種型式下，當標的物不上漲或下跌時，其最大獲利僅為權利金的收入部分；當標的物上漲時，價格超過損益平衡點時，漲幅愈大，則虧損愈多，所以其最大損失空間無限，而其損益平衡點為履約價格加上權利金價格。賣出買權的示意圖，見圖3-2。

若以「賣出外匯買權」而言，廠商賣給銀行一個外幣匯率買權，廠商可以先收取一筆權利金，銀行享有在契約期間內以履約價格買進該標的物的權利，而廠商須盡履約的義務。在契約期間內不管即期匯率如何變動，廠商都可以先賺得權利金。此策略適用於廠商預期外幣匯率將來會「小幅貶值」或「區間盤整」，以賺取權利金收入。

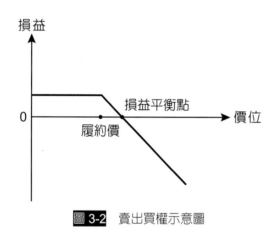

圖 3-2 賣出買權示意圖

（三）買進賣權

「買進賣權」是指賣權的買方在支付權利金後，享有在選擇權合約期間內，以約定的履約價格，賣出某特定數量標的物的一項權利。在此種型式下，當標的物下跌，跌幅超過損益平衡點時，跌幅愈大，則獲利愈多，但其最大獲利為到期時履約價格減權利金價格之差距；當標的物沒有下跌或上漲時，最大損失僅為權利金的支出部分，而其損益平衡點為標的物履約價格減權利金價格。買進賣權的示意圖，見圖3-3。

若以「買進外匯賣權」而言，廠商向銀行買入一個外幣匯率賣權，必須付給銀行一筆權利金，享有契約期間內，以履約價格賣出該標的物的權利。如果契約期間內即期匯率低於履約價，則廠商可以要求履約，所賺得的匯差再扣除權利金，即是實際獲利金額。此策略適用於廠商預期外幣匯率將來會「大幅貶值」，以採取避險的措施。

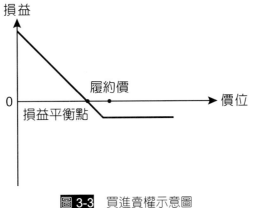

圖 3-3　買進賣權示意圖

（四）賣出賣權

　　「賣出賣權」是指賣權的賣方，在收取買方所支付的權利金之後，即處於被動的地位，必須在合約期限內，以特定的履約價格買入某特定數量標的物的一項義務。在此種型式下，若當標的物價格沒有下跌或上漲時，其最大獲利僅為權利金的收入部分，若標的物下跌時，下跌幅度超過損益平衡點時，跌幅愈大，則虧損愈多，但其最大損失為標的物履約價格減權利金價格之差距，而損益平衡點為履約價格減權利金價格。賣出賣權的示意圖，見圖 3-4。

　　若以「賣出外匯賣權」而言，廠商賣給銀行一個外幣匯率賣權，廠商可以先收取一筆權利金，銀行享有在契約期間內以履約價格賣出該標的物的權利，而廠商須盡履約的義務。在契約期間內不管即期匯率如何變動，廠商都可以先賺得權利金。此策略適用於廠商預期外幣匯率將來會「小幅升值」或「區間盤整」，以賺取權利金收入。

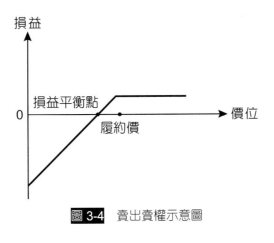

圖 3-4　賣出賣權示意圖

二元期權（Binary Option）是一種衍生性投資商品，交易雙方預先約定標的物的執行價，並「賭」一段時間後，若投資人預期標的物市價會比執行價高，就買看漲（Call）；反之，就買看跌（Put）。通常標的物可以是匯率、股票、商品價格與指數等。

二元期權到期時，只有兩種可能結果：價內與價外。若處於價內，則可得到一筆金額；反之，若處於價外，原投資金額將全部歸零或只能收回相當小的比率。例如：假設現在美元兌日圓匯價為 112 元，投資人可先繳 100 美元，賭日圓 1 個星期後高於 112 元（執行價）；若 1 星期後，日圓匯率果真高於 112 元，則投資人可獲取 1,000 美元，若低於 112 元，則 100 美元被沒入。

因市場上，常有許多網路投資平台利用虛假的投資利潤，鼓惑投資人下單交易，因此交易常只是投資人與交易平台的對賭。若投資失利，則損失投資金額；若投資獲利，也有可能被平台賴皮不認帳、甚至會發生平台利用軟體導致投資人交易失利或竊盜個資等問題，所以投資人在進行投資時，必須審慎以對。

3-4　　　　　　　　　　匯率交換商品

所謂的「金融交換」（Financial Swap）是指交易雙方同意在未來的一段期間內，彼此交換一系列不同現金流量的一種合約。一般而言，金融交換合約可以規劃一系列（多期）的現金流量，且可用於規避金融或實體商品，如：利率、匯率、股價、原油、黃金的價格波動風險。因此企業在選擇規避匯率風險時，除了可利用上述遠期、期貨與選擇權等相關匯率商品之外，亦可使用匯率交換之相關商品進行避險，因為它具有長效性、且可同時為兩種商品進行避險之特性，也逐漸受到跨國企業所運用。以下本單元首先介紹金融交換的特性，其次再介紹常見的匯率交換商品。

一、金融交換的特性

金融交換與遠期合約基本上兩者都屬於店頭市場商品，且有許多相類似的地方，但兩者仍有許多差異。以下將說明金融交換的商品特性。

（一）避險效果較具長效性

金融交換合約是由多期的遠期合約所組成，金融交換的合約期間大部分為 2～5 年，甚至 10 年以上。所以遠期合約比較屬於短期或單期使用，金融交換合約則比較偏重在長期與多期連續運用，因此避險效果較具長效性。

（二）避險種類較具多元性

金融交換可用於規避金融或實體商品，如：利率、匯率、股價、原油、黃金的價格波動風險，甚至市場上也可用來規避公司信用變動[6]所造成的風險，且也可同時規避匯率與利率兩種以上的風險。因此金融交換合約的避險功能，就較遠期合約強大。

二、匯率交換的商品類型

匯率交換的商品種類，大致可分成下列兩種：

（一）換匯交易（Foreign Exchange Swap, FX Swap）

指交易者於在外匯市場買進（或賣出）外匯時，同時約定的未來某一時日以約定的匯率，再賣出（或買進）相同金額的一種外匯商品。通常換匯交易是由兩筆交易方向相反的外匯交易組合而成，其合約的交易內容，如：期限、匯率及金額等，均於交易契約簽定時議定。一般而言，換匯交易的契約期間不會超過一年，且其間也無相關利息支付。

例如：交易雙方簽訂三個月期的換匯交易，現在雙方以美元對新台幣匯率為 1:30 的價格，將一筆美元換成新台幣，並約定三個月後，再依同樣的匯率（1:30），再將同樣金額的新台幣換回美元。由於雙方在不用承擔匯率變動風險下，進行不同幣別的資金交換使用，可便於雙方資金調度。

（二）貨幣交換（Currency Swap）

指交易雙方在不同的貨幣基礎下，雙方在「期初」與「期末」時，以當時的即期匯率，互相交換兩種貨幣的本金（或不交換本金）；並在契約約定的「期間內」交換兩組不同貨幣的利息流量。因此貨幣交換交易不僅交換利息外，也交換實質本金。所以貨幣交換合約，除了進行不同幣別的貨幣交換，也進行不同幣別的利率交換[7]。因此貨幣交換可同時規避匯率與利率的風險。

---

[6] 金融市場有一種以規避公司信用風險的交換合約稱為「信用違約交換」（Credit Default Swap, CDS），這種合約有點類似企業去買保險的意思。運作方式就是企業給願意承作 CDS 的交易對手一筆資金，以保障當企業發生信用危機時，可以從交易對手哪裡得到一筆賠償金。

[7] 利率交換是指在相同貨幣基礎下，交易雙方進行兩組不同利息流量的互相交換。

貨幣交換在彼此交換不同的貨幣基礎下，其兩組不同的利息流量，又可將貨幣交換分為下列兩種型式。

1. 普通貨幣交換（Generic Currency Swap）

在兩種不同貨幣的交換基礎下，交易雙方在「期初」與「期末」進行兩種貨幣交換；且「期中」兩種貨幣所產生的利息流量，採取「固定對固定」利率的交換交易。其交換示意圖，如圖 3-5。

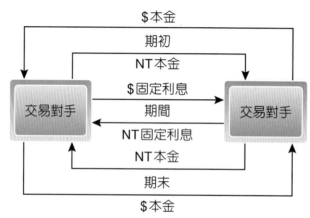

圖 3-5 普通貨幣交換示意圖

　　例如：交易雙方簽定一筆三年期的普通貨幣交換，現在以美元對新台幣匯率為 1:30 的價格，將一筆美元換成新台幣，並約定三年後，再依同樣的匯率（1:30），再將同樣金額的新台幣換回美元，且交易雙方約定每年以固定 3% 的美元利率與固定 2% 的新台幣利率互換。因此將來雙方每年僅進行兩幣利差的資金流動外，可讓本金在無匯率風險情形下，進行三年的互換使用。

2. 貨幣利率交換（Cross Currency Swap, CCS）

又稱「換匯換利」，也就是「貨幣利率交換」，乃在兩種不同的貨幣交換基礎下，交易雙方在「期初」與「期末」進行兩種貨幣交換；且「期中」兩種貨幣所產生的利息流量，採「固定對浮動」利率或「浮動對浮動」的利率交換。因此換匯換利交易的目的，乃可同時規避匯率與利率風險。其交換示意圖，如圖 3-6。

　　例如：交易雙方簽定一筆三年期的貨幣利率交換，現在以美元對新台幣匯率為 1:30 的價格，將一筆美元換成新台幣，並約定三年後，再依同樣的匯率（1:30），再將同樣金額的新台幣換回美元，且交易雙方約定每年以美元浮動利息（3 個月美元

LIBOR）與新台幣浮動利息（3 個月新台幣商業本票利率）互換，因此將來每一年，雙方必須針對浮動利息差異進行結算。此類型的貨幣交換，可自由掌控匯率變動的風險下，進行不同幣別的資金交換使用，且也規避利率風險。

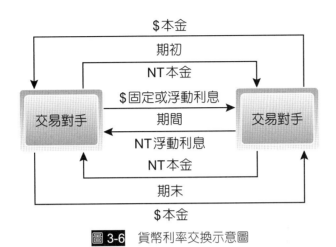

圖 3-6　貨幣利率交換示意圖

表 3-4　國內 2008 年～ 2019 年外匯市場各種交易型態的年成交量比較

| 年份 | 總交易量 | 銀行對顧客市場 | | | | | | 銀行間市場 | | | | |
		即期	遠期	換匯	保證金交易	選擇權	換匯換利	即期	遠期	換匯	選擇權	換匯換利
2008	19,367	3,698	1,029	774	139	328	62	6,108	813	5,407	911	98
2009	16,222	2,347	498	911	83	313	46	4,932	627	5,492	911	61
2010	20,232	2,734	533	1,198	73	357	58	5,938	616	7,365	1,324	36
2011	24,169	3,286	602	1,814	77	389	51	7,058	1,063	8,051	1,731	47
2012	23,408	3,168	557	1,973	78	476	44	5,766	1,064	8,190	2,014	79
2013	28,929	3,548	669	2,165	88	664	41	7,265	835	9,900	3,662	92
2014	31,290	3,906	758	2,506	82	695	74	7,571	877	10,904	3,841	76
2015	33,349	4,006	827	2,750	102	614	62	9,836	1,103	10,635	3,341	73
2016	28,918	3,975	679	3,246	71	250	102	7,326	1,260	10,699	1,208	102
2017	28,624	4,441	690	3,712	50	144	134	6,955	1016	10,604	834	44
2018	32,079	5,049	867	4,004	32	144	146	7,445	1,414	12,032	857	89
2019	32,445	5,525	1,032	3,811	26	105	98	6,942	1648	12412	760	85
平均	26,053	3,651	701	2,278	80	398	75	6,927	972	9,025	1876	72

資料來源：中央銀行（單位：百萬美元）

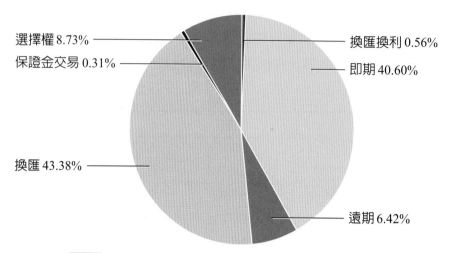

選擇權 8.73%

保證金交易 0.31%

換匯 43.38%

換匯換利 0.56%

即期 40.60%

遠期 6.42%

圖 3-7 國內 2008 年～ 2019 年各種外匯平均交易比重圖

（表 3-4& 圖 3-7 解說：國內的外匯市場總交易量逐年成長中，可見國人對外匯的投資與避險的需求，日益增加。國內外匯交易中，以換匯交易比重爲 43.38% 最高，其次爲即期外匯交易比重爲 40.60%。由此可見，外匯交易中，現貨以及避險交易，都有很高的需求。）

表 3-5 2019 年全球店頭市場的外匯交易量

外匯商品	交易金額（百萬美元）	交易佔比
即期外匯	1,987	30.15%
遠期外匯	999	15.16%
換匯（FX）交易	3,202	48.59%
貨幣交換	108	1.64%
選擇權與其他商品	294	4.46%
總計	6,590	100%

資料來源：BIS Triennial Central Bank Survey 2019

（表 3-5 解說：2019 年全球的銀行店頭外匯交易，以換匯交易占比最高爲 48.59%，幾乎是一半交易量，所以全球外匯交易中，仍以避險需求爲最大宗。其次爲即期交易爲 30.15%。）

國財快訊

換匯交易　加速貨幣流動性

　　央行在臉書的官方粉絲頁說明央行使用換匯交易（FX Swap），是為了調節外幣與新台幣的流動性，而不是用來干預匯市，而且臺灣的國家主權評等高，但臺灣的企業若借美元時卻被要求支付較高的利息。

　　為了改善此不合理的現象，央行才會使用 FX Swap 提供銀行業美元資金，以降低企業的美元借款成本，同時收回市場上多餘的新台幣資金。央行強調，FX Swap 是央行的貨幣市場工具，可以用來調節外幣及本幣的流動性，而不是用來干預匯市。

　　央行所提的換匯交易，確實是一項中性的貨幣操作工具，對很多廠商來說，也是從事進出口貿易時經常使用的匯率避險方法。但許多人會將外匯交換與通貨交換混淆，事實上，兩者間有相當的差異。通貨交換除了涉及本金的交換，且在契約存續期間內，交易雙方必須相互支付對方利息。而且，通貨交換多為較長期的契約，契約期間甚至可能長達數年。但是外匯交換則僅於交割日時交換本金，卻無相關利息支付，且其契約期間通常不會超過一年。

資料來源：摘錄自經濟日報 2020/01/31

- -

　　換匯交易是跨國企業常用的外匯避險工具，且各國央行也常運用換匯交易來調節外幣與本國貨幣的流動性。因此換匯交易幾乎是全球外匯市場最常使用的外匯交易工具。

本節將介紹幾種跨國企業常用於匯率避險或投機的衍生性金融商品。

一、外匯保證金交易

外匯保證金交易（Foreign Exchange Margin Trading）是指客戶只要存入一定成數的保證金額，利用槓桿作用，來操作買賣外匯；保證金交易是一種以小搏大，具有高報酬、高風險的外匯投資工具。

通常承作外匯保證金交易，各金融機構承作合約的限制不同，一般保證金約繳買賣金額的 10% 左右（原始保證金），當操作外匯保證金活動損失至一定成數時（約 50%，也稱維持保證金）則金融機構會發出追繳保證金通告，要求客戶需補足保證金差額至原始保證金。若保證金損失達一定成數時（約 75%），金融機構可以在不經客戶同意情況下自行將操作部位平倉，也就是俗稱的「斷頭」。以下表 3-6 為國內各金融機構之外匯保證金交易比較表：

表 3-6　國內各金融機構外匯保證金交易比較表

	最低保證金	操作信用倍數	追加保證金通知	停止損失
合庫銀行	1 萬美元	10 倍	損失 50%	損失 70%
遠東銀行	1 萬美元	10 倍	損失 50%	損失 70%
第一銀行	1 萬美元	10 倍	損失 60%	損失 75%
群益期貨	各標的外幣的 3.33% ～ 5%	20 ～ 30 倍	損失 85%	損失 50%

資料來源：各金融機構網站

例題　3-1

外匯保證金

某投資人與 A 銀行承作一筆 10 萬美元的保證金交易，存入 1 萬美元做為保證金，並下單買日圓，若當時美元兌日圓的匯率成交為 116 元，則 (1) 一個月後，日幣升值至 110 元，則獲利多少？(2) 規定維持保證金為本金之 50%，則日圓在何價位時，需補繳保證金？

解

(1) 日圓從 116 升值至 110 則獲利 $\dfrac{(116-110)\times100,000}{110}=5,454.54$ 美元

(2) 當日圓從 116 貶值至 X 價位時需補繳保證金 50%

$$-5,000 = \frac{(116 - X) \times 100,000}{X} \Rightarrow X = 122.1052$$

當日圓貶至 131.5789 元時需補繳保證金。

 **國財快訊**

陸女網友詆外匯投資能獲利！男險匯7萬警阻詐

做外匯保證金小心被騙

　　非法外匯保證金再度盛行，金管會最近接獲不少民眾反映，有非法業者招攬；金管會表示，近十年來已移送 23 件違法從事外匯保證金交易案件，民眾做外匯保證金交易要找國內合法槓桿交易商，以免被騙。

　　金管會表示，近來民眾反映，有非法業者假借財務投資公司、財務顧問公司、資訊公司等名義，招攬民眾透過所提供的外匯交易平台，從事外幣保證金交易。這些業者未經主管機關核准，擅自在國內從事外幣保證金交易業務，如有交易糾紛，交易人常有求償無門情形。

　　金管會提醒民眾，外幣保證金交易是屬於期貨交易法規範的期貨交易，應透過國內合法業者交易，以保障自身權益。金管會在 2012 年 7 月 12 日訂定槓桿交易商管理規則，開放槓桿交易商，可以經營包括外幣保證金等槓桿保證金契約交易業務；現在國內合法的槓桿交易商目前有三家。

　　近幾年，金管會每年陸續都有接到民眾反映，非法業者從事外幣保證金交易，非法業者，國內、國外都有，主要是做美元對各種幣別的外匯保證金交易。最近十年來，金管會已移送 23 件外匯保證金交易非法案件。民眾如果要透過槓桿交易商從事外幣保證金交易，可以上金管會證期局網站，點選「金融資訊」項下的「證券期貨特許事業」，查詢合法槓桿交易商名單。

資料來源：摘錄經濟日報 2020/05/28

 解說

　　長久以來，國內金融市場常有打著投資口號，卻在行投機之實的外匯投資公司，因這些業者都未經金管會核准，擅自在國內從事外幣保證金交易業務，若有交易糾紛發生時，交易人常有求償無門情形，所以請投資人謹慎選擇合格交易商進行投資。

二、可取消遠期外匯交易

可取消遠期交易（Break Forward）乃遠期契約與選擇權契約的結合。當我們利用遠期契約規避風險時，若匯率走勢反而有利當初的風險部位，避險者有可能後悔當初所作的避險，為了解決此遺憾，於是設計出可取消遠期交易。

通常可取消遠期外匯交易，乃賦予買方在承作遠期交易規避風險的同時，並享有可以沖銷部份該遠期契約的權利。若匯率走勢有利於當初的風險部位時，可減少避險所帶來的損失；若匯率走勢不利當初的風險部位時，則剛好達到避險的效果，但必須損失因擁有「可取消權利」的權利金支出。有關可取消遠期交易的示意圖，詳見圖 3-8。

可取消遠期外匯交易

某甲與銀行簽訂一個買進美元兌台幣匯率 30 的美元遠期外匯交易，但某甲擔心當市場匯率走勢對公司所持有的遠期契約的部位不利時，於是買入一個賣出外匯選擇權，以組成可取消遠期交易，並約定履約匯率為 30 元，即為解約價格（Break Price），且支付權利金 0.55 美元（如圖 3-8）。

(1) 若契約到期時，美元匯率若高於 30.55 元則某甲可依據 30.55 元買進美元。

(2) 若美元匯率低於 30.75 元則某甲可以取消遠期契約，而以當時即期匯率買進美元。

(3) 若美元匯率介於 30 元與 30.55 元之間則某甲有部份差價損失。

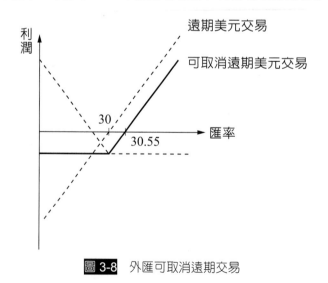

圖 3-8 外匯可取消遠期交易

三、區間遠期外匯交易

區間遠期交易（Range Forward）是由兩個選擇權所組合而成，為「買入一個履約價格較低的賣權、與賣出一個履約價格較高的買權」或「買入一個履約價格較高的買權、與賣出一個履約價格較低的賣權」。若買權與賣權的權利金相同時，會在兩個履約價格之間出現權利金淨支出為零，故又稱為「零成本選擇權」（Zero-Cost Option）。此乃提供投資人一個不必支付成本又能規避匯率風險的功能。有關區間遠期外匯交易的示意圖，詳見圖 3-9。

區間遠期外匯交易

某廠商可買入一個履約價 1 美元兌 112 日圓的賣權，同時又賣出一個履約價 1 美元兌 118 日圓的買權，而買權與賣權的權利金相同。

(1) 若到期日的匯價介於 112 ～ 118 區間，則不需支付權利金。

(2) 若到期日的匯價低於 112 日圓，則可得到匯兌收益。

(3) 若到期日的匯價高於 118 日圓，則廠商仍以 118 日圓賣出美元，還是會遭受到匯兌損失。

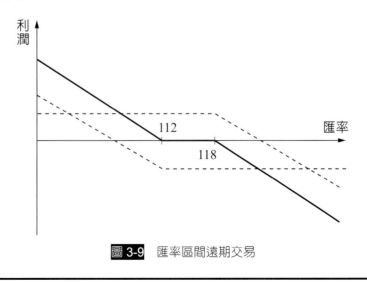

圖 3-9　匯率區間遠期交易

四、目標可贖回遠期外匯交易

其實，目標可贖回遠期（Target Redemption Forward, TRF）外匯交易，是與上述區間遠期交易的組成結構相類似，都是由兩個選擇權所組合而成；只是 TRF 在合約加上一些障礙價的設計及買賣選擇權的名目本金乘上倍數，以讓合成遠期合約具有保護價、限制價以及槓桿效果。所以 TRF 是一個設計結構較複雜的衍生性商品。以下我們進一步拆解說明 TRF 的設計：

1. TRF 是由同時「買進賣權、賣出買權」或「買進買權、賣出賣權」所組合而成，且履約價格都是 E，期將組成一個「賣出遠期合約」或「買進遠期合約」，如圖 3-10-(1) 所示（以「賣出遠期合約」為例）。

2. 將原先的賣出價格為 E 的遠期合約，加上敲入選擇權障礙價（European knock-in, EKI）的設計，也就是讓 TRF 在價格 E 與 EKI 之間，投資人並不會產生損益，所以 EKI 在 TRF 的設計中，被稱為「保護價」。但只要價格超過保護價，賣出選擇權的名目本金會加倍計算，讓損失呈現倍數增加（所以損益線較陡峭），其設計如圖 3-10-(2) 所示。

3. 再將已設有 EKI 以及槓桿名目本金的 TRF，加上敲出選擇權障礙價（Discrete knock-out, DKO）的設計，當價格觸到 DKO 時，TRF 即失效，其設計如圖 3-10-(3) 所示。

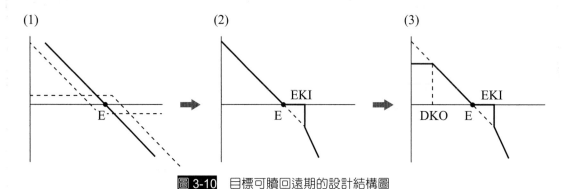

圖 3-10 目標可贖回遠期的設計結構圖

例題 3-4

目標可贖回遠期（TRF）外匯交易

　　假設某一投資人與銀行承做一筆美元兌人民幣的 TRF，名目本金為 10 萬美元履約價格為 6.55，EKI 為 6.6，DKO 為 6.5，以及設定損失時槓桿倍數為 2 倍，其損益圖如下圖所示：

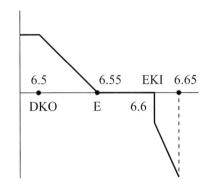

(1) 當人民幣匯率介於 6.55 ～ 6.6 之間，投資人將損益兩平。

(2) 當人民幣匯率貶破保護價 6.6 時，損益加倍計算，若匯率為 6.65 時，則投資人損失為 10,000 美元 [(6.6-6.65)×10 萬美元 ×2]。

(3) 當人民幣匯率漲至 6.5 時，TRF 即出場，此時投資人的獲利金額為 5,000 美元 [(6.55-6.5)×10 萬美元]。

損失總額高達4兆　到底TRF在鬧什麼？

TRF 的 英 文 全 名 是：Target Redemption Forward，中 文 直 接 翻 譯成：目標可贖回遠期契約。簡單來 說，TRF 就是預測未來的價值走向，現 在用一個固定的價格先買下或是賣出 的商業契約。

這次的主角價值是人民幣，也就是說如果一個中小企業主，認為中國的經濟 發展潛力無窮，人民幣升值潛力無窮，於是現在就敲定一個兌換價位，和銀行約 定在一個固定的期間，無論人民幣飆漲到什麼程度，都可以用現在已經約定好的 價位來申購人民幣。

當初會考慮和銀行打交道，或是會起心動念去簽下一個 TRF 的中小企業 者，應該都是在中國有生意往來，有對人民幣的升值幅度有定見和期待，或者是 生意上有預收或預付人民幣的需求，才有可能會被 TRF 這種金融契約產生興趣 和需要。如果真的是因應生意上對人民幣的匯率波動要有所控制，不希望有匯率 上太大的影響，那麼利用 TRF 來避險，老實依照本身商業上的交易價值來簽定 一個預買預賣的遠期外匯交易契約，再大幅的人民幣匯率變動，都不致造成什麼 鉅額虧損。

這次跳出來大喊大叫的 TRF 受災戶，都是中小企業，這並不表示大企業老 闆沒有受傷，而是大企業如果是投機亂賭人民幣走勢，賠錢也只好摸摸鼻子，不 好意思張揚自己的貪婪和對外匯市場的無知。另外一個重要因素是報載 TRF 的 損失總額高達四兆，這個金額究竟是以人民幣計價，還是換算成台幣的價格；究 竟是契約的名目本金總額，還是清算損益後的淨值，都是疑點重重。

資料來源：摘錄自今週刊 2018/03/22

解說

　　國內銀行前陣子，鼓勵中小企業承作人民幣的「目標可贖回遠期契約」（TRF），結果搞得風風雨雨。原本遠期外匯交易是要用來避險的，最後卻變成用來進行投機。所以要承作此類高風險的衍生性商品，企業財務人員必須要具有金融專業知識及交易經驗，以免釀禍。

一、選擇題

( )　1. 下列何種外匯交易工具無法提供避險？

(A) 遠期外匯交易　(B) 換匯交易　(C) 外匯期貨交易　(D) 即期外匯交易。

( )　2. 請問下列何者非遠期合約的特性？

(A) 衍生性商品的一種　　　　　(B) 店頭市場交易

(C) 標準化合約　　　　　　　　(D) 可量身訂作交易。

( )　3. 請問遠期外匯與無本金交割遠期外匯交易的最大差別為何？

(A) 報價方法的差異　　　　　　(B) 期末本金實際交割

(C) 到期日的差異　　　　　　　(D) 承作對象的差異。

( )　4. 下列何者不屬於期貨的特性？

(A) 店頭市場交易　(B) 保證金交易　(C) 結算所設置　(D) 標準化合約。

( )　5. 下列何者非外匯期貨的標的？　(A) 歐元　(B) 美元　(C) 日圓　(D) 英鎊。

( )　6. 下列對選擇權的敘述，何者正確？

(A) 買賣方都需付權利金

(B) 賣方通常獲利有限

(C) 買方所承擔的風險較賣方大

(D) 賣方通常擁有權利。

( )　7. 在外匯選擇權交易中，其交易價格是指？

(A) 權利金　(B) 保證金　(C) 履約價格　(D) 匯率。

( )　8. 若預期歐元會大幅升值，承作下列何種選擇權可以獲利較高？

(A) 買進歐元買權　　　　　　　(B) 賣出歐元買權

(C) 買進歐元賣權　　　　　　　(D) 賣出歐元賣權。

( )　9. 若預期日圓會大幅貶值，承作下列何種選擇權可以獲利較高？

(A) 買進日圓買權　　　　　　　(B) 賣出日圓買權

(C) 買進日圓賣權　　　　　　　(D) 賣出日圓賣權。

( )　10. 通常金融交換是由何種商品組合而成？

(A) 遠期合約　(B) 期貨合約　(C) 選擇權合約　(D) 即期合約。

( ) 11. 在外匯市場買進外匯時，同時賣出相同金額，但交割日期不同的同一種外匯，是指何種交易？

(A) 遠期外匯交易　　　　　　(B) 無本金交割遠期外匯交易

(C) 外匯保證金交易　　　　　(D) 換匯交易。

( ) 12. 下列何種交易可以同時規避利率與匯率風險？

(A) 外匯選擇權交易　　　　　(B) 換匯換利交易

(C) 換匯交易　　　　　　　　(D) 利率交換交易。

( ) 13. 下列對外匯保證金的敘述何者有誤？

(A) 集中市場交易　　　　　　(B) 通常至銀行承作

(C) 保證金約承作金額的 10%　(D) 具有以小搏大的功能。

( ) 14. 請問可取消遠期外匯交易是由哪些商品所組合而成？

(A) 外匯期貨與外匯選擇權　　(B) 換匯換利與選擇權

(C) 換匯換利與遠期外匯　　　(D) 遠期外匯與外匯選擇權契約。

( ) 15. 請問區間遠期外匯交易是由哪些商品所組合而成？

(A) 外匯現貨與匯率選擇權　　(B) 匯率選擇權與匯率選擇權

(C) 外匯現貨與遠期外匯　　　(D) 遠期外匯與外匯選擇權。

( ) 16. 下列何項為目標可贖回遠期（TRF）外匯交易的組成特性與要項？

(A) 具有保護價、限制價以及槓桿效果

(B) 具有限制價

(C) 具槓桿效果

(D) 以上皆是。

( ) 17. 下列敘述何者有誤？

(A) 遠期外匯為店頭市場商品

(B) 選擇權合約通常賣方要繳保證金

(C) 交換合約其實就是由一連串選擇權合約所組合而成

(D) 通常承做遠期合約的違約風險較期貨高。

( ) 18. 下列敘述何者有誤？

        (A) 選擇權的買方需繳保證金

        (B) 期貨的買與賣方都須繳保證金合約

        (C) 交換與遠期合約大都與銀行承作

        (D) 換匯換利可規避匯率與利率風險。

( ) 19. 下列敘述何者正確？

        (A) NDF 是一種外匯選擇權商品

        (B) CCS 是金融交換的一種商品

        (C) TRF 是一種期貨商品

        (D) 以上皆是。

( ) 20. 下列敘述何者正確？

        (A) 可取消遠期交易乃遠期契約與選擇權契約的結合

        (B) 區間遠期交易兩種遠期契約的結合

        (C) 目標可贖回遠期交易（TRF）是一種金融交換商品

        (D) 外匯保證金交易可於期貨市場交易。

二、簡答與計算題

1. 請問衍生性金融商品有哪四種類型？

2. 何謂遠期外匯交易？

3. 下列何種貨幣是國際外匯期貨市場的主要標的？

   A －英鎊、B －美元、C －歐元、D －歐洲美元、E －日圓、F －新台幣、G －人民幣、H －澳幣、I －加拿大幣

4. 一般而言，承作外匯選擇權交易，有哪四種型式？

5. 請問金融交換中，何種商品可以同時規避匯率與利率風險？

6. 請問某投資人與 A 銀行承作一筆 10 萬美元的保證金交易，存入 1 萬美元做為保證金，並下單買日圓，若當時美元兌日圓的匯率成交為 110 元，則：

   (1) 若一個月後，日幣升值至 105 元，則獲利多少？

   (2) 若規定維持保證金為本金之 50%，則日圓在何價位時，需補繳保證金？

7. 請問可取消遠期外匯交易是由那兩種商品所組合而成？

8. 請問區間遠期外匯交易是由那些商品所組合而成？

9. 請問目標可贖回遠期（TRF）外匯交易是由那些商品所組合而成？

10. 下列哪些商品需至金融機構以店頭方式交易？

    A －外匯期貨、B －遠期外匯、C －區間遠期外匯、D －外匯選擇權、E －外匯保證金、F －換匯換利、G －換匯、H －目標可贖回遠期外匯

NOTE

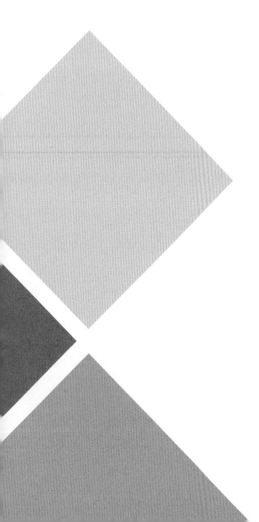

CHAPTER 4

匯率風險管理

本章內容為匯率風險管理，主要介紹匯率交易風險管理、換算風險管理與經濟風險管理等內容，其內容詳見下表。

節次	節名	主要內容
4-1	匯率交易風險管理	介紹匯率交易風險來源與避險策略。
4-2	匯率換算風險管理	介紹匯率換算風險來源與避險策略。
4-3	匯率經濟風險管理	介紹匯率經濟風險來源與避險策略。

本章導讀

　　所謂的「匯率風險」（Exchange Rate Risk）又稱外匯風險，是指在一段期間內，因匯率的波動使得以外幣計價的資產與負債產生價值變動風險。一般而言，跨國企業在從事國際經濟活動時，無論是生產、銷售、採購、融資與投資等營業活動，只要涉及外幣交易，那匯率風險就如影隨行的羈絆著。所以匯率風險管理對跨國公司而言，是一項非常重要的課題，因為它對公司的獲利具有莫大的影響。以下本章將介紹跨國公司在從事國際營業活動時，所會面臨到的三大匯率風險，分別為「交易風險」、「經濟風險」與「換算風險」。

4-1　　　　　　　　　　　　　　匯率交易風險管理

　　匯率「交易風險」（Transaction Risk）是指未預期的匯率變動，使得企業在進行國際營業活動時，所產生的外幣應收或應付款項，面臨到價值變動的風險。通常匯率變動所產生的交易風險，對企業而言是頻繁且顯而易見的，舉凡產銷、融資與投資等營業活動，只要涉及外幣就免不了產生匯率的交易風險。因此企業必須熟稔風險來源與學習如何避險，對企業而言是一項重要的工作。以下本單元首先介紹匯率交易風險來源，其次介紹規避匯率交易風險的策略。

一、交易風險來源

　　國際企業的營業活動所涉及的外幣交易風險，對企業影響比較屬於一次性且短期，但會產生交易風險的活動繁多。一般而言，大致可從企業以下三項的營業活動產生。

（一）國際營運活動

　　國際企業的日常營運活動，因國際銷售與採購行為所產生的應收與應付外幣帳款，若匯率變動將導致營業利潤受到影響。例如：三個月後企業有一筆美元的應收帳款，若將來美元貶值，將產生匯兌收入減少的風險；反之，三個月後，企業有一筆美元的應付帳款，若將來美元升值，將產生匯兌支出增加的風險。

（二）國際融資活動

國際企業在進行籌資活動，因海外融資所產生的外幣現金流出與流入，若匯率變動將導致融資成本受到影響。例如：企業至海外發行一筆美元計價的債券，若將來美元升值，將使得到期還本的本金與每期支付的外幣債息，產生匯兌支出增加的風險。

（三）國際投資活動

國際企業在進行國際投資活動，因海外投資所產生的外幣現金流出與流入，若匯率變動將導致投資收益受到影響。例如：企業投資一筆美元計價的債券，若將來美元貶值，將使得到期歸回的本金與每期回收的外幣債息，產生匯兌收入減少的風險。

二、規避交易風險策略

跨國企業所面臨到匯率交易風險，大都以外幣交易完成到外幣收支實現這段期間，匯率變動所產生的風險，通常對企業的影響是短期一次性，而非全面性。因此企業可利用金融市場的各種「金融商品」進行避險、亦可利用本身的「財務操作」進行避險。以下將介紹這兩種避險管道：

（一）利用金融商品避險

企業可利用金融市場內，各種金融現貨商品與衍生性金融商品，進行規避匯率交易風險，以下將介紹幾種常見避險方式：

1. 利用兩貨幣借貸避險

企業可同時利用外幣與本國貨幣的借貸，以規避未來外國貨幣應收帳款或應付帳款的交易風險。以下我們針對外幣應收與應付帳款的規避策略，分別說明之：

(1) 先借外幣兌換成本國幣

企業未來有外幣應收帳款，可於銀行先借入一筆外幣，並兌換成本國幣，待將來收到外幣之後，再償還給銀行，以規避外幣貶值的風險。以下我們舉例說明之：

先借外幣兌換成本國幣

　　某企業預計三個月後，將收到一筆 100 萬歐元的應收帳款，現在歐元兌新台幣匯率為 35，若企業擔心將來歐元貶值會讓匯兌收入減少，所以企業可於現在先向銀行借入一筆歐元，先兌換成新台幣，待三個月後，收到歐元帳款再歸還給銀行，就可規避歐元貶值的風險，假設現在三個月期的歐元借款利息為 2.5%。請回答以下問題：

(1) 企業現在須要借多少歐元，以應付三個月後須歸還 100 萬歐元？

(2) 向銀行借到的歐元後，並將兌換成新台幣存入帳戶，若三個月的新台幣存款利息為 1.5%，請問三個月後可得多少新台幣？

(3) 三個月後，歐元兌新台幣匯率果真貶值為 34，則此時企業可減損多少匯兌收入？

(1) 假設企業向銀行借的歐元金額為 X，三個月歐元借款利息為 2.5%，三個月後須歸還 100 萬歐元，則現在須借入 99.38 萬歐元。

$$X \times (1 + 2.5\% \times \frac{3}{12}) = 100 \text{ 萬歐元}$$
$$\Rightarrow X = 99.38 \text{ 萬歐元}$$

(2) 將銀行借入的 X 歐元，以 35：1 換成新台幣，然後存入利息 1.5% 的新台幣存款，三個月後可得 3,491.34 萬元新台幣的本利和。

$$99.38 \text{ 萬歐元} \times 35 \times (1 + 1.5\% \times \frac{3}{12}) = 3,491.34 \text{ 萬元新台幣}$$

(3) 三個月後，歐元兌新台幣匯率貶值為 34，則此時 100 萬歐元的應收帳款僅可兌換成 3,400 萬新台幣；但企業之前的避險行為，可讓企業取得 3,491.34 萬元新台幣，所以可以減損 91.34 萬元（3,491.34 － 3,400）新台幣的匯兌收入。

(2) 先將本國幣兌換成外幣

　　企業未來有外幣應付帳款，可於現在先將本國幣兌換成外幣，然後存入銀行的外幣存款帳戶，供將來要支付外幣帳款使用，以規避外幣升值的風險。以下我們舉例說明之：

 **例題 4-2**

先將本國幣兌換成外幣

　　某企業預計三個月後，有一筆 100 萬美元的應付帳款，現在美元兌新台幣匯率為 30，企業擔心美元升值會讓匯兌支出增加，所以企業可於現在先將新台幣兌換成美元，然後存入美元帳戶，待三個月後再支付，就可規避美元升值的風險，假設現在三個月期美元存款利息為 2%。請回答以下問題：

(1) 請問企業現在要多少新台幣兌換成美元，以供三個月後支付 100 萬美元使用？

(2) 企業現在將存入的新台幣，先計算三個月的資金成本，若三個月的新台幣存款利息為 2.5%，則這些新台幣部位的資金成本為何？

(3) 三個月後，美元兌新台幣匯率果真升值為 31，則此時企業可節省多少匯兌支出？

(1) 假設企業存入的新台幣金額為 X，並以 1:30 兌換成美元，然後存入 2% 的美元存款，三個月後本利和為 100 萬美元，則 X 為 2,985.07 萬新台幣。

$$\frac{X}{30} \times (1 + 2\% \times \frac{3}{12}) = 100 \text{ 萬美元}$$
$$\Rightarrow X = 2{,}985.07 \text{ 萬元新台幣}$$

(2) 企業現在存入的新台幣 X 元，若不去兌換成美元，改存在三個月期的新台幣帳戶，存款利息為 2.5%，則這筆新台幣的資金成本為 3,033.72 萬元新台幣。

$$2985.07 \text{ 萬元} \times (1 + 2.5\% \times \frac{3}{12}) = 3{,}003.72 \text{ 萬元新台幣}$$

(3) 若三個月後，美元兌新台幣匯率果真升值為 31，此時 100 萬美元的應付帳款，須用 3,100 萬的新台幣來兌換；但企業之前的避險行為，可讓企業只要用 3,003.72 萬元新台幣的資金成本就可支付，所以可以減損 96.28 萬元（3,100 － 3,003.72）新台幣的匯兌支出。

2. 利用遠期外匯避險

企業可利用遠期外匯交易策略，預先買進或賣出將來的外匯支出或收入，以規避外匯應收或應付帳款的交易風險。以下我們針對買進與賣出遠期外匯的避險策略分別說明之：

(1) 買進遠期外匯

企業未來有外幣應付帳款，可預先向銀行買進遠期外匯，以規避外幣升值的風險。以下我們舉例說明之：

例題 4-3

買進遠期外匯

假設某進口商預計三個月後，將支付一筆 10 萬美元款項給外國廠商，因預期美元將升值，於是跟銀行買進三個期的美元遠期外匯，美元兌新台幣遠期匯率為 30.25；若三個月到期時，美元兌新台幣即期匯率為 30.45，請問廠商的避險損益為何？

若三個月到期時，廠商原本須以 30.45 兌換美元，但承作買入遠期後，可以用 30.25 兌換，所以可以減少匯兌損失 (30.45 − 30.25)×100,000 = 20,000 元新台幣。

(2) 賣出遠期外匯

企業未來有外幣應收帳款，可預先向銀行賣出遠期外匯，以規避外幣貶值的風險。以下我們舉例說明之：

例題 4-4

賣出遠期外匯

假設某出口商預計三個月後，將收到一筆外國廠商支付的 10 萬歐元款項，因預期歐元將貶值，於是跟銀行承做賣出三個期的歐元遠期外匯，歐元兌新台幣遠期匯率為 35.45；三個月到期時，歐元兌新台幣即期匯率為 35.35，請問廠商的避險損益為何？

三個月到期時，廠商原本須以 35.35 兌換歐元，但承作賣出遠期後，可以用 35.45 兌換，所以可以減少匯兌損失 (35.45 − 35.35)×100,000 = 10,000 元新台幣。

3. 利用外匯期貨避險

企業可利用外匯期貨交易策略，買進或賣出外匯期貨合約，以規避外幣應收或應付帳款的交易風險。以下我們針對買進與賣出外匯期貨的避險策略，分別說明之：

(1) 買進外匯期貨

企業未來有外幣應付帳款，可買進外匯期貨，以規避外幣升值的風險。以下我們舉例說明之：

買進外匯期貨

假設三月份時，某進口商將於三個月後須付一筆 500 萬元歐元給外國廠商，現在歐元即期匯率為 1 歐元 = 1.1150 美元，但廠商擔心三個月後歐元會升值，將使買匯成本增加，故廠商決定買六月的歐元期貨合約 40 口，進行避險，若當時六月的歐元期貨合約報價為 1 歐元 = 1.1180 美元。三個月後，歐元果真升值，當時歐元的現貨匯率為 1 歐元 = 1.1270 美元，六月的歐元期貨合約價格上漲為 1 歐元 = 1.290 美元，則進口商將期貨合約平倉賣出，此進口商避險結果如何？（歐元期貨每口合約值 125,000 歐元）

(1) 不避險情況：

廠商必須多付出買匯成本 60,000 美元

5,000,000×(1.1150 − 1.1270) = − 60,000 美元

(2) 若進行避險情況：

期貨部分則獲利 55,000 美元（(1.1290 − 1.1180)×125,000×40），因此避險結果僅多付出 5,000 元（55,000 − 60,000）的買匯成本。

(2) 賣出外匯期貨

企業未來有外幣應收帳款，可賣出外匯期貨，以規避外幣貶值的風險。以下我們舉例說明之：

賣出外匯期貨

假設六月份時，某出口商將在三個月後有一筆 1 億日圓的收入，現在日圓現貨匯率為 1 日圓 = 0.009050 美元，廠商擔心三個月後日圓貶值，將使匯兌收入減少，故決定先賣出九月的日圓期貨合約 40 口，進行空頭避險，當時九月的日圓期貨報價為 1 日圓 = 0.009040 美元。三個月後，日圓現貨果真貶值為 1 日圓 = 0.008970 美元，而九月的日圓期貨合約價格下跌為 1 日圓 = 0.008950 美元，則出口商將期貨合約平倉買入，則此出口商避險結果如何？（日圓期貨每口合約值 12,500,000 日圓）

(1) 不避險情況：

廠商的匯兌收入減少 8,000 美元

$100,000,000 \times (0.008970 - 0.009050) = -8,000$ 美元

(2) 若進行避險情況：

所以廠商在現貨部份收入減少 8,000 美元，但期貨部分則獲利 9,000 美元（$(0.009040-0.008950) \times 12,500,000 \times 40$），因此避險結果反而增加 1,000 美元（$9,000 - 8,000$）的匯兌收入。

4. 利用外匯選擇權避險

企業利用外匯選擇權交易策略，買進或賣出外匯買權或賣權，以規避外幣應收或應付帳款的交易風險。以下我們針對外匯之「買進買權」與「買進賣權」的避險策略，分別說明之：

(1) 買進外匯買權

企業未來有外幣應付帳款，可買進外匯買權，以規避外幣大幅升值的風險。通常企業因擔心外幣將來會大幅升值，將使買匯成本增加，此時企業可買進外匯買權

以鎖住外幣成本，但企業必須支付權利金，因此企業必須衡量避險成本（權利金支出）與匯率波動可能產生的匯兌損失孰大，來決定是否採取避險。以下我們舉例說明之：

買進外匯買權

假設某廠商三個月後，有一筆 100 萬美元的應付帳款，現在美元兌新台幣即期匯率是 32 元，廠商因擔心美元將來會大幅升值，將使買匯成本增加，於是廠商向銀行買進三個月期的美元買權合約 100 萬美元，履約匯價為 32 元，廠商須先支付權利金 10,000 美元給銀行。若將來出現以下兩種情形，則廠商的避險損益如何？

(1) 若三個月後，美元升值 33 元價位。

(2) 若三個月後，美元並無升值，匯率維持於 32 元價位以下。

(1) 三個月後，美元升值 33 元價位，此時廠商仍可以用 32 元價位買入 100 萬美元，此避險為廠商省下 68 萬元新台幣 [(33 − 32) ×1,000,000 − 32×10,000 ＝ 680,000] 的匯兌支出。

(2) 三個月後，如果到期時美元不升反貶，美元兌新台幣匯率維持在 32 元以下，則廠商反而因避險動作損失已支付的權利金費用 10,000 美元（32 萬元新台幣）。

(2) 買進外匯賣權

若企業未來有外幣應收帳款，可買進外匯賣權，以規避外幣大幅貶值的風險。通常企業因擔心外幣將來會大幅貶值，使匯兌收入大幅縮水，此時企業可買進外匯賣權以鎖住外匯收入，但企業必須支付權利金，因此企業必須衡量避險成本（權利金支出）與匯率波動可能產生的匯兌損失孰大，來決定是否採取避險。以下我們舉例說明之：

例題 4-8

買進外匯賣權

假設某廠商三個月後,有一筆 100 萬美元的應收帳款,現在美元兌新台幣即期匯率是 33 元,廠商因擔心外幣將來會大幅貶值,使匯兌收入大幅縮水,於是廠商向銀行買進三個月期的美元賣權合約 100 萬美元,履約匯價為 33 元,廠商付出權利金 10,000 美元給銀行。若將來出現以下兩種情形,則廠商的避險損益如何?

(1) 若三個月後,美元貶值 32 元價位。

(2) 若三個月後,美元並無貶值,匯率維持於 33 元價位以上。

解

(1) 若三個月後美元貶值到 32 元價位,此時廠商仍可以用 33 元價位賣出 100 萬美元,此避險為廠商減少損失 67 萬元新台幣 [(33 − 32) × 1,000,000 − 33×10,000 = 670,000] 的匯兌收入。

(2) 若三個月後,如果到期時美元不貶反升,新台幣匯率在 33 元以上,則廠商反而因避險動作損失已支付的權利金費用 10,000 美元(33 萬元新台幣)。

---

5. 利用匯率交換避險

企業可利用匯率交換策略,承作「換匯交易」或「換匯換利(貨幣交換)交易」,以規避匯率的交易風險。以下我們針對「換匯交易」與「換匯換利(貨幣交換)交易」兩種避險策略,分別說明之:

(1) 換匯交易

企業利用換匯交易,乃在外匯市場預先買進(或賣出)外匯時,同時賣出(或買進)相同金額本國幣的遠期合約,以規避外幣應收或應付帳款的交易風險。以下我們舉例說明之:

換匯交易

假設某公司現在有 100 萬元美元的需求，但一個月後才有 100 萬美元的應收帳款入帳，此時公司可與銀行承做一筆買入即期美元，並同時賣出遠期美元的換匯交易。如果現在美元兌台幣匯率為 33.0，一個月後換匯點為 0.06 元，則公司一個月後的避險結果為何？

公司現在以新台幣 3,300 萬元向銀行換入 100 萬元美元，一個月後，換匯點為 0.06 元，亦即美元匯率為 33.06，因此當公司一個月後還給銀行 100 萬元美金，並可換回新台幣 3,306 萬元，即可獲得 6 萬元價差。所以換匯交易，除了可規避匯率風險外，亦可套利保值。其交易示意圖如下：

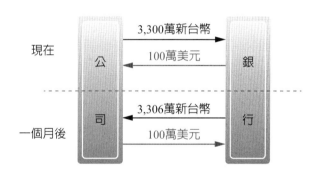

(2) 換匯換利（貨幣交換）交易

企業利用換匯換利（貨幣交換）交易，規避未來一系列外幣現金流量的匯率與利率風險。通常公司與銀行會先約定交換合約的「期初」與「期末」，雙方以當時的即期匯率，互相交換兩種貨幣的本金，並在合約約定的「期間內」交換兩組不同貨幣的利息流量。因此換匯換利（貨幣交換）交易，除可規避匯率的交易風險外，亦可規避利率風險。以下我們舉例說明之：

換匯換利（貨幣交換）

假設某公司發行三年期，金額 1 億美元的海外公司債，因預期台幣將來會貶值，三年後償還公司債時會產生匯兌損失，因此為規避匯率風險，於是公司與銀行承作換匯換利交易。雙方約定三年內，公司每年支付台幣固定利息 2.5% 給銀行，銀行則每年支付浮動利息為一年期美元 LIBOR 給公司，且雙方約定期初與期末的匯率均為 1 美元兌 30 台幣，則公司的避險狀況如何？

解

此換匯換利（貨幣交換），公司與銀行約定，「期初時」電子公司把原先的 1 億美元，轉換 30 億新台幣；「期末時」再將 30 億新台幣，轉換成 1 億美元，所以先鎖住「期初」與「期末」本金的匯率風險。「期間內」，以支付台幣固定利息換取美元浮動利息，同時規避匯率與利率風險。因此貨幣交換讓公司，同時鎖定本金與利息的匯率與利率風險。其交易示意圖如下：

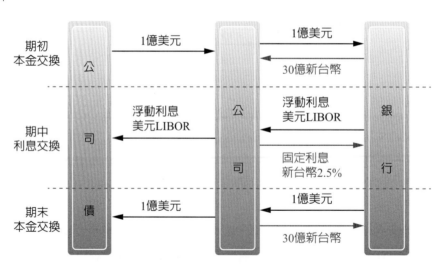

　　　　　　　　利率交換

利率交換（Interest Rate Swap, IRS）是指交易雙方在「相同貨幣」基礎下，同意在合約期間內（通常為 2 年至 10 年），以約定的名目本金，各自依據不同的指標利率，定期（每季、半年或一年）交換彼此的利息支出。通常利率交換交易，只交換彼此的利息部分，並不涉及本金的交換，雙方利息收支，均以名目本金為計算基礎，每期僅針對利息收支相抵後的淨額進行交易。

利率交換雙方的兩組不同利息流量的互換，若兩組利息流量為「固定對浮動」的交換，則稱為息票交換；若兩組利息流量為「浮動對浮動」的交換，則稱為基差交換。下圖為利率交換示意圖。

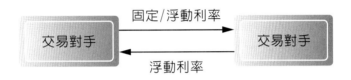

（二）利用財務操作避險

當企業無法尋找到合適的金融商品避險或者其避險成本太高時，此時企業可以利用公司本身的各種財務操作，以降低匯率的交易風險。以下將介紹幾種公司內部財務操作的避險方法：

1. 調整幣別報價

跨國企業可以在進行銷售或採購時，可採行不同貨幣的報價，以降低貨幣升貶對經營利潤與成本的影響。例如：當企業進行國際銷售時，對將來的應收款項，可採取強勢幣別的報價，當強勢幣別升值時，可以增加匯兌的收入。相反的，當企業進行國際採購時，對將來的應付款項，可採取弱勢幣別的報價，當弱勢幣別貶值時，可以減少匯兌的支出。

2. 利用浮動報價

跨國企業可以將商品銷售價格，採浮動報價，以降低貨幣升貶對經營利潤與成本的影響。例如：當企業進行國際銷售時，若報價幣別傾向貶值，可以適度提高銷售價格，以減輕將來報價幣別貶值時，所帶來應收帳款匯兌收入減少的影響；同理，若報價幣別傾向升值，可以適度降低銷售價格，以減輕將來報價幣別升值時，讓產品的價格繼續維持競爭力，才不至於影響產品銷售量，以讓應收帳款的匯兌收入不受到影響。

3. 調整收付時間

跨國企業可以調整應收與應付帳款的收付時間，以降低貨幣升貶對經營利潤與成本的影響。例如：當企業進行國際銷售時，將來應收款項的幣別，若傾向升值，應採取延後收款（Lagging Receivables）；相反的，傾向貶值，應採取提前收款（Leading Receivables），以降低貨幣升貶，對應收帳款的影響。當企業進行國際採購時，將來應付款項的幣別，若傾向升值，應採取提前付款（Leading Payables）；相反的，傾向貶值，應採取延後付款（Lagging Payables），以降低貨幣升貶，對應付帳款的影響。

4. 利用收付相抵

跨國企業可以利用相同（或不同）貨幣的應收與應付帳款進行相互抵銷，以降低貨幣升貶對經營利潤與成本的影響。例如：當企業擁有 50 萬美元的應收帳款及 40 萬美元的應付帳款，則有 40 萬美元的應收與應付帳款可相互抵銷，不用進行避險。又如：當企業擁有 50 萬美元的應收帳款及 40 萬歐元的應付帳款，若兩種貨幣相對新台幣都傾向升值或貶值，也可進行美元應收與歐元應付帳款的相抵，這樣也可降低外幣升貶值，對公司營收的影響。

 **國財快訊**

台幣強勁升值　央行建議出口業避險

新台幣強勁升值，較 2019 年 9 月升幅已達 6.07%，若新台幣長期走升，確實會讓中小企業的訂單競爭力疲弱；但大廠商多已做避險，且已全球化布局，應能適當因應。

中央銀行總裁楊金龍過去多次提醒貿易廠商，應做好匯率避險工作；匯銀主管指出，包括遠期外匯、換匯交易（SWAP）、換匯換利（CCS）與匯率選擇權等，都是企業可運用、降低匯率風險的避險工具。央行表示，全球金融危機之後，各主要貨幣對美元的波動度擴大，企業應強化避險操作，並提高產品競爭力，以降低新台幣匯率波動的影響。

至於新台幣遠期外匯相較於無本金交割遠期外匯（NDF）的價格波動度低，成交量也大，滿足避險需求者所需的成本低廉與流動性佳的商品特性。另外，新台幣換匯交易、換匯換利與匯率選擇權等商品成交量不僅龐大且持續成長，足以提供避險需求者匯率避險。長期而言，出口廠商宜持續提升技術能力及產品競爭力。

資料來源：摘錄自經濟日報 2020/10/21

 解說

- -

2020 年全球受肺炎疫情影響，各國經濟大都呈現大幅衰退。國內防疫得宜，使經濟受到較小的衝擊，因此造就新台幣強勁升值，國內出口業大喊吃不消。央行建議，企業宜透過避險操作，例如：利用遠期外匯、換匯交易（SWAP）、換匯換利（CCS）與匯率選擇權等避險工具，降低匯率風險。

4-2 匯率換算風險管理

所謂匯率「換算風險」（Translation Risk）又稱會計風險（Accounting Risk），是指未預期的匯率變動，對欲將國外子（分）公司的會計項目合併編制換算成本國幣時，所面臨到帳面價值變動的風險。

匯率變動所產生的換算風險，對企業而言，只會反映在會計的帳面上，並不會實際影響到企業的現金流量，但企業須每季公布財務報表，仍會對公司盈餘之計算產生莫大的影響，因此企業必須知悉風險來源與學習如何避險，是經營公司所必須瞭解的課題。以下本單元首先介紹匯率的換算風險來源，其次介紹規避匯率換算風險的策略。

一、換算風險來源

由於換算風險僅會影響會計帳面，並不會直接影響國際收支現金流量的實際匯兌損益，這是與交易風險比較大的差別。通常換算風險會從財務報表上，各會計項目所採的匯率基礎（如：現行與歷史匯率）不同而有所差異。當公司在編製財務報表時，各會計項目的計算，牽扯外幣的金額，若以現在編製當時的匯率或以過去一段時間的平均匯率當作計算標準，則會計報表所呈現的損益就會有所不同，當然對公司盈餘高低就產生影響，並對公司的股價產生變動的風險。因此各會計項目，所採的匯率基礎不同，對公司經營利潤會產生不同的結果。因此採不同匯率基礎的換算法，會對公司帳面價值產生變動的風險。

通常各會計項目所採的匯率基礎，比較常見的可分成以下兩種換算法：

（一）時序法（Temporal Method）

利用時序法，去編制跨國企業的財務報表時，乃將海外子（分）公司的「財務狀況表」中，現金、應收帳款、應付帳款、存貨、長期負債等按現行匯率換算；非貨幣性資產如：固定資產、普通股股本，採歷史匯率換算。對海外子（分）公司的「損益表」之各項目，通常按會計期間的平均匯率換算。

（二）現行匯率法（Current Rate Method）

利用現行匯率法，去編制跨國企業的財務報表時，乃將海外子（分）公司的「財務狀況表」中，一般資產與負債項目，採現行匯率換算；但普通股股本，採歷史匯率換算。對海外子（分）公司的「損益表」之各項目，通常採現行匯率或會計期間的平均匯率換算。目前該方法已成為美國公認的會計習慣做法，並逐漸為西方其他各國所採納。

二、規避換算風險策略

上述得知，匯率的換算風險來源主要來自財務報表內，各種資產與負債所採行的匯率基準不一致所造成，並不會直接影響公司實際運作的現金流量，因此有人認為不用去規避換算風險，甚至有人認為規避風險不當，反而徒增交易風險。但也有人主張仍必須避險，因為仍會影響財務報表內的盈餘計算，間接影響投資人信心及公司的股價表現。所以若要規避換算風險，一般較常見的避險策略，如下說明：

（一）調整資產與負債金額

跨國企業可以藉由調整公司財務狀況表內，各項以外幣計價之資產與負債兩者的金額讓其相等，使匯率的換算風險，盡可能因資產與負債部位相等而相互抵消。例如：跨國公司的財務狀況表內，外幣計價的資產大於負債時，若未來外幣傾向貶值，會造成會計上的換算風險，此時公司可以減少外幣資產（如：外幣現金部位）、並同時增加外幣負債（如：外幣融資借款），使外幣計價的資產與負債金額大致相同，以相互抵消匯率變動的風險。

（二）利用衍生性金融商品

跨國企業可以將公司財務狀況表內，外幣計價之資產與負債的部位相抵後，所曝露風險的淨差額，利用衍生性金融商品（如：遠期外匯、外匯期貨等）的操作，以規避會計上的換算風險。例如：通常跨國公司要先預測期底，財務狀況表要進行結算時的即期匯率，再去估算預計會產生多少匯兌損失，然後在建立適當的遠期外匯（或外匯期貨）部位，以規避換算風險。

4-3 匯率經濟風險管理

所謂匯率「經濟風險」（Economic Risk）又稱經營風險（Operating Risk）是指由於國內外經濟市場結構發生變化時，使得匯率發生未預期的變動，讓企業在未來的一段期間內的收益與現金流量受到影響，導致企業價值面臨到變動的風險。通常匯率變動所產生的經濟風險，對企業的影響是長期且全面性，所以對企業的經營績效具有莫大的影響。因此企業必須熟知風險來源與學習如何避險，是經營者所必須清楚瞭解的議題。以下本單元首先介紹匯率的經濟風險來源，其次介紹規避匯率經濟風險的策略。

一、經濟風險來源

經濟風險所涵蓋的範圍較之前的交易風險廣泛，且交易風險對企業的影響比較屬於一次性，但經濟風險對企業的影響較長期性，且較側重企業整體未來一段時間內所發生的現金流量變化，因此經濟風險對企業的影響是全局的。它不僅影響企業在國內的經濟行為與效益，而且直接影響企業在海外的經營效果與投資收益。因此，經濟風險一般是被認為三種外匯風險中最重要的。通常匯率的經濟風險來源，大致可從企業以下三項活動產生。

（一）國際營運活動

　　跨國企業的營運活動，因銷售、採購與生產等營業行為，在未來的一段期間內，產生一系列的外幣款項，若國內外經濟結構發生變化，導致匯率變動，使得經營成本與利潤受到長期影響。例如：英國的脫離歐盟事件，導致英鎊有長期趨於貶值的機會，若企業在英國設廠銷售，則未來英鎊銷貨收入，將產生匯兌收入減少的風險。

（二）國際投資活動

　　國際企業在進行投資活動，在未來的一段期間內，因海外投資所產生一系列的外幣現金流出與流入，若國內外經濟結構發生變化，導致匯率變動，使得投資收益受到長期影響。例如：若企業投資一筆人民幣計價的債券，但中國發生武漢肺炎疫情蔓延嚴重，導致中國境內經濟衰退，人民幣有趨於貶值的機會，將使人民幣計價的債息的收益，產生匯兌收入減少的風險。

（三）國際融資活動

　　國際企業在進行籌資活動，在未來的一段期間內，因海外融資所產生一系列的外幣現金流出與流入，若國內外經濟結構發生變化，導致匯率變動，使得融資成本受到長期影響。例如：企業至海外發行一筆美元計價的債券，由於美國與中國貿易戰的談判結果，假設對美國經濟情勢相對有利，導致美元有趨於升值的機會，將使美元債息的支付，產生匯兌支出增加的風險。

二、規避經濟風險策略

　　匯率的經濟風險對企業的影響是長期且全面性，因為經濟風險涉及企業所有的營業活動（如：銷售、採購、生產、投資與融資等活動），因此企業須針對所有的營業活動擬訂避險策略。通常規避匯率的經濟風險，大致可利用以下三種避險策略：

（一）分散營運

跨國公司可採取分散營運策略，乃將生產、銷售、採購、融資與投資等營業活動分散至世界各地，且應收支帳款的計價幣別，可採多種幣別報價，以分散匯率經濟風險。例如：跨國公司可以將海外的生產、銷售、採購等營運應收支帳款採美元計價，將海外融資款項採日圓計價，將海外投資款項採歐元計價，讓多元的外幣收支，使匯率的變動風險相互抵消，這樣就可規避匯率經濟風險。

（二）營運調整

跨國公司可將營運方針採取彈性、差異與整合等多面向的調整策略，以規避外幣匯率的經濟風險。例如：跨國公司可調整生產基地或原物料的來源地，或將生產的商品更具獨特性，並採差別定價、調整外幣應收支帳款的時間，或成立「再發貨中心」（Re-invoicing Centers）將全球各地不同採購或銷貨收支對沖整合後，再重新集體進行管理等等活動。上述策略可讓公司的營業成本降低、收入增加，間接的減輕匯率變動，對公司整體獲利的影響，這樣就可規避匯率的經濟風險。

（三）金融操作

跨國公司可持續性的透過各項金融商品的操作，長期性的規避匯率經濟風險。例如：跨國公司可將外幣應收或應付帳款，利用遠期外匯、外匯期貨、外匯選擇權等商品，進行連續性的滾動避險；或將外幣的長期借款或投資，利用貨幣交換進行長期性的避險，這樣就可規避匯率經濟風險。

國財快訊

「財務長的內心話」匯率風險無所不在

國內中小企業經過多年發展成長，逐步接觸到國際市場，但是龐大商機中也伴隨著許多風險，中小企業可能因為人才不足或經驗有限，在面對匯率風險時，非但無法將匯率風險降低，反而使匯率風險大增而不自知，因此鉅額損失時有所聞、層出不窮！

著名的案例有某汽車零件上櫃公司 2008 年下半年因金融海嘯所導致的國際匯率大幅波動中，產生高達新台幣 6.3 億的外匯交易鉅額損失，竟超過股本 5.49 億元，也使該公司營運陷入困境。

　　另外，2011 年 8 月台南某興櫃公司，在兌換外匯交易上竟損失高達新台幣 15.49 億元，已逾七成股本，也使該公司從此一蹶不振。

　　還有許多中小企業及個人在從事外匯操作時，發生超乎預期的損失，如 2014 年到 2015 年間國內諸多人民幣 TRF 之外匯商品交易之企業及個人，其損失規模不亞於 2008 年金融海嘯期間之連動債事件，並導致多家中小企業瀕臨倒閉及個人信用破產，數十年苦心經營毀於一旦。

人才、控管、避險　方是上策

　　好好的公司怎麼會經營到如此嚴重的後果？筆者簡單歸納以下原因：

1. 企業主輕忽匯率風險：由於一般中小企業主大多是技術出身，缺乏財務金融專業及觀念，因而輕忽匯率風險之嚴重性。

2. 中小企業人才不足、經驗有限：中小企業因資源有限，所以重心都在業務、研發、生產及品管上面，匯率風險通常委由會計人員兼任管理，但傳統會計人員在匯率風險的專業及經驗皆不足，導致風險上升。

3. 誤用避險策略及金融工具：外匯避險策略及方式相當多元，需視公司整體營運狀況來規劃設計，如：業務報價、供應商採購、貸款、對外投資等營運決策。或涉及與銀行的避險交易，如：遠期外匯交易、換匯交易、外匯選擇權、TRF 等。後兩者工具因槓桿極高，若使用心態偏差或控管不慎，極可能導致嚴重損失。

4. 公司內控制度不佳：中小企業在外匯交易的內控制度設計上通常不夠周全，使高風險的外匯金融商品交易過程中漏洞百出，導致無法及時發現或阻止可能的潛在風險。

綜合上述，針對有匯率風險控管需求的中小企業，有三點建議。第一、善用專業人才，如經大學財務金融相關科系訓練或有財務金融交易相關經驗者來擔任此重任，避免由其他非相關專業的人員兼任。第二、建立書面的交易內控制度，如規定交易及交易確認人員不可同一人、規定印鑑申請使用等。第三、選擇合理的避險策略及工具，切勿貪用外匯衍生性金融商品來賺取業外收入。

資料來源：摘錄自自由時報 2018/08/13

 **解說**

外匯避險是一件專業技能，對臺灣以出口為導向的中小企業而言是一項重要課題。根據報導建議，若匯率避險需求的中小企業，必須「善用專業人才」、「注意內控」及「善用避險工具」，才能將匯率風險者控得宜。

本章習題

一、選擇題

( ) 1. 下列何項非跨國企業所會面臨到的匯率風險？

     (A) 交易風險　(B) 換算風險　(C) 經濟風險　(D) 商品設計風險。

( ) 2. 下列何者活動不至於發生匯率交易風險？

     (A) 以外幣銷售商品　　　　(B) 以外幣採購商品

     (C) 以本國幣銷售商品　　　(D) 以外幣買進公司的股票。

( ) 3. 若企業將來有一筆美元應收帳款，為了防止美元貶值，下列何者避險操作不適合？

     (A) 賣出美元遠期　　　　　(B) 買進美元買權

     (C) 買進美元賣權　　　　　(D) 賣出美元期貨。

( ) 4. 若進口商將從美國購入一批產品，為了防止美元升值對公司造成不利，下列避險操作何者不適合？

     (A) 產品採美元報價　　　　(B) 產品採台幣報價

     (C) 提早支付美元貨款　　　(D) 買進美元遠期。

( ) 5. 下列何者無法規避匯率的交易風險？

     (A) 美元預期貶值，國際採購以美元計價

     (B) 日圓預期升值，提早支付日圓帳款

     (C) 人民幣預期升值，延後收回人民幣貨款

     (D) 歐元預期貶值，國際銷售以歐元計價。

( ) 6. 下列對匯率交易風險的敘述，何者有誤？

     (A) 通常匯率交易風險都是一次性為主

     (B) 買進遠期外匯，以防止外匯貶值

     (C) 若人民幣預期貶值，應該提早收回人民幣貨款

     (D) 通常承作換匯換利交易，可同時規避匯率與利率風險。

( ) 7. 通常匯率換算風險，又稱為何者？

     (A) 交易風險　(B) 會計風險　(C) 經濟風險　(D) 流動性風險。

( ) 8. 下列對匯率換算風險敘述何者有誤？

(A) 又稱會計風險

(B) 只會影響公司的帳面價值

(C) 會直接影響國際收支現金流量的匯兌損益

(D) 可能因採行匯率的基準不一致所造成。

( ) 9. 通常跨國公司要規避換算風險，下列利用何種避險方式較不合適？

(A) 調整外幣資產與負債金額　(B) 利用遠期外匯

(C) 利用外匯期貨　　　　　　(D) 利用發行股票。

( ) 10. 通常跨國企業所會面臨到的匯率風險中，何者的影響層面較大？

(A) 交易風險　(B) 換算風險　(C) 經濟風險　(D) 會計風險。

( ) 11. 下列何者不屬於匯率經濟風險？

(A) 以外幣銷售產品　　　　(B) 以外幣換算成本國幣的財務報表

(C) 以外幣購買本國股票　　(D) 以外幣購買外國債券。

( ) 12. 下列何者非規避匯率經濟風險的範疇？

(A) 調整公司股價　　　　　(B) 調整海外商品定價

(C) 利用貨幣交換避險　　　(D) 成立再發貨中心，帳款統一管理運作。

( ) 13. 下列敘述何者有誤？

(A) 跨國公司的營運活動就會有匯率交易風險存在

(B) 跨國公司可利用各種商品操作規避匯率交易風險

(C) 當跨國企業進行銷售時，若報價幣別傾向貶值，可以降低銷售價格，以
減輕應收帳款匯兌收入減少的影響

(D) 當跨國企業進行銷售時，將來應收款項的幣別，若傾向升值，應採取延
後收款，以降低應收帳款的影響。

( ) 14. 下列敘述何者有誤？

(A) 通常匯率換算風險又稱經濟風險

(B) 利用現行匯率法編制跨國企業的財務報表是世界各國普遍採納

(C) 可調整財務報表的資產與負債金額，規避匯率換算風險

(D) 可利用遠期外匯規避匯率換算風險。

( ) 15. 下列敘述何者有誤？

(A) 通常匯率經濟風險又稱經營風險

(B) 通常匯率經濟風險較交易風險影響長久

(C) 跨國公司的應收支帳款的計價幣別，應以強勢幣別報價，可分散匯率的經濟風險

(D) 跨國公司可將外幣應收或應付帳款，利用遠期外匯進行連續性的滾動避險。

二、簡答與計算題

1. 一般而言，跨國企業在從事國際經濟活動時，所產生的匯率風險，大致可分為哪三種類型？

2. 何謂匯率交易風險？

3. 若某企業預計六個月後，將收到一筆 10 萬英鎊的應收帳款，現在英鎊兌新台幣匯率為 40，若企業擔心將來英鎊貶值會讓匯兌收入減少，所以企業可於現在先向銀行借入一筆英鎊，先兌換成新台幣，待六個月後，收到英鎊帳款再歸還給銀行，就可規避英鎊貶值的風險，假設現在六個月期的英鎊借款利息為 1.5%。請回答以下問題：

(1) 若企業現在要借多少英鎊，以應付六個月後須歸還 10 萬英鎊？

(2) 若向銀行借到的英磅後，並將兌換成新台幣存入帳戶，若六個月的新台幣存款利息為 2.0%，請問六個月後可得多少新台幣？

(3) 若六個月後，英鎊兌新台幣匯率果真貶值為 39，則此時企業可減損多少匯兌收入？

4. 假設某出口商預計六個月後，將收到一筆外國廠商支付的 1,000 萬日圓款項，因預期日圓將貶值，於是跟銀行承做賣出六個期的歐元遠期外匯，日圓兌新台幣遠期匯率為 0.2895；若六個月到期時，日圓兌新台幣即期匯率為 0.2815，請問企業的避險損益為何？

5. 假設某年的九月份時，某進口商將於三個月後需付一筆 50 萬英鎊給廠商，現在
英鎊現貨匯率為 1 英鎊＝ 1.1450 美元，但廠商擔心三個月後英鎊會升值，將使
買匯成本增加，故廠商決定買十二月的英鎊期貨合約 8 口，進行避險，若當時
十二月的英鎊期貨合約報價為 1 英鎊＝ 1.1550 美元。三個月後英鎊果真升值，
當時英鎊的現貨匯率為 1 英鎊＝ 1.1520 美元，而十二月的英鎊期貨合約價格上
漲為 1 英鎊＝ 1.1640 美元，則進口商將期貨合約平倉賣出，此進口商避險結果
如何？（英鎊期貨每口合約值 62,500 英鎊）

6. 假設某廠商三個月後，有一筆 10 萬歐元的應收帳款，現在歐元兌新台幣即期匯
率是 36 元，廠商因擔心外幣將來會大幅貶值，使匯兌收入大幅縮水，於是廠商
向銀行買進三個月期的歐元賣權合約 10 萬美元，履約匯價為 36 元，廠商付出權
利金 1,000 歐元給銀行。若將來出現以下兩種情形，則廠商的避險損益如何？

(1) 若三個月後，歐元貶值 35 元價位。

(2) 若三個月後，歐元並無貶值，匯率維持於 36 元價位以上。

7. 假設某公司現在有 10 萬元歐元需求，一個月後才有 10 萬歐元的應收帳款入帳，
則公司可與銀行承做一筆買入即期歐元，並同時賣出遠期歐元的換匯交易。如果
現在歐元兌台幣匯率為 35.0，一個月後換匯點為 0.08 元，則公司一個月後的避
險結果為何？

8. 如果跨國企業有一筆每元的應收帳款，若預期歐元將貶值時，請問下列哪些操作
可以規避匯率交易風險？

A. 先向銀行借一筆歐元先換成新台幣、B. 買進歐元遠期、C. 賣出歐元遠期、
D. 買進歐元期貨、E. 賣出歐元期貨、F. 買進歐元買權、G. 買進歐元賣權、H. 提
早收款、I 延後收款

9. 何謂匯率換算風險？

10. 假設若跨國公司的財務狀況表內，外幣計價的資產大於負債時，若未來外幣傾向
貶值，請問將如何調整財務狀況表內的資產與負債，才能規避換算風險？

11. 何謂匯率經濟風險？

12. 請問下列哪些操作比較可讓跨國企業規避匯率經濟風險？

A. 統一用美元向世界各國採購、B. 同一產品，在各國採差異訂價、C. 在世界各國，以當地幣別融資、D. 僅投資人民幣計價的債券、E. 買進日本與美國存託憑證、F. 持續的買賣歐元期貨

第 2 篇

國際金融篇

國際金融乃為跨國公司管理者欲進行募資、投資與避險所會涉及的事務。一般而言，國際金融範疇中，跨國企業須瞭解各種國際金融市場的特性與業務商品種類，並須明瞭各種國際金融機構的組織型態及所承辦的國際業務或所扮演角色。

本篇內容包含兩大章，分別說明國際金融市場與機構，以提供讀者學習國際金融領域時，所必須瞭解的基本架構與常識。

田 CH5 國際金融市場

田 CH6 國際金融機構

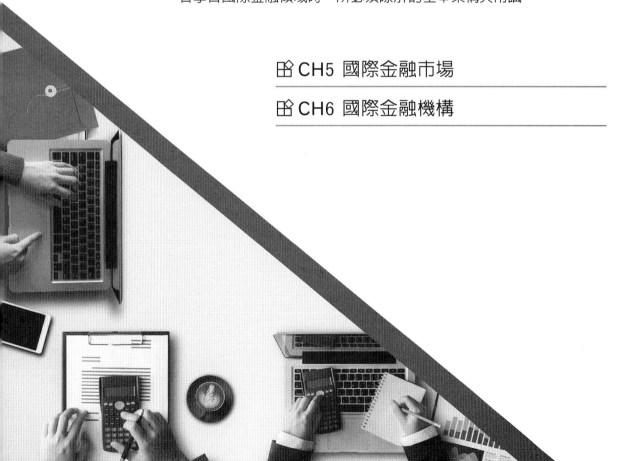

CHAPTER 5

國際金融市場

本章內容為國際金融市場,主要介紹國際金融市場概論、國際資本市場、國際衍生性商品市場與歐洲通貨市場等內容,其內容詳見下表。

節次	節名	主要內容
5-1	國際金融市場概論	介紹傳統國際金融市場與歐洲通貨市場。
5-2	國際資本市場	介紹國際股票市場、國際債券市場與全球主要證券市場。
5-3	國際衍生性商品市場	介紹全球主要的期貨市場。
5-4	歐洲通貨市場	介紹歐洲通貨市場的特性與業務種類。

本章導讀

　　一般而言，跨國企業欲進行募資、投資、購併與避險時，大都還是會先選擇在國內的金融市場運作，但基於比較利益、分散風險與增加國際知名度等因素的考量，也會將這些金融活動移往國際金融市場進行，所以國際金融事務是跨國企業所必須涉及的領域。

　　本章內容首先介紹國際金融市場概論，其次，介紹與跨國企業籌資與投資較密切相關的「國際資本市場」，再者，介紹提供跨國企業多元的避險或投機管道的「國際衍生性商品市場」，最後再介紹國際金融市場中，代表著真正國際金融市場的「歐洲通貨市場」。

5-1　　　　　　　　　　　　　　　　　　　　國際金融市場概論

　　若一國的金融交易活動並不侷限於國內，而擴及國外，使資金在國際上流動與轉移所形成的市場，即為「國際金融市場」（International Financial Market）。通常國際金融市場也是指國際間資金借貸與金融商品交易流動的場所。跨國企業的營業活動都必須透過國際金融市場的運作，才能正常的運行。

　　全球大部分的國家或地區，都有其當地的國際金融市場，但政府對市場管制的鬆緊程度不同，又可區分成「傳統國際金融市場」與「歐洲通貨市場」。

一、傳統國際金融市場

　　所謂的「傳統國際金融市場」乃允許非本國居民參與當地的金融市場，但從事金融活動仍受當地貨幣發行國，有關法令與交易制度種種的限制與管轄。

　　通常傳統國際金融市場的經營範圍，會以當地國的貨幣為交易標的，並以那些貨幣相關的金融商品交易為主，交易對象僅限當地的交易人，且必須符合當地的交易制度與法令限制。例如：臺灣的公司至美國發行債券，此債券須受到美國當地稅法及交易制度的限制，且以發行美元為主，並僅提供美國境內的投資人購買。

全球幾乎每個國家（或地區），都有其當地的金融市場。跨國企業須要資金時，可透過間接金融方式，跟當地的銀行進行借貸，就會形成「國際銀行存放款市場」；亦可透過直接金融的方式，發行當地幣別的短期票券籌資，以形成「國際貨幣市場」或利用股票與債券獲取長期資金，形成「國際資本市場」。

當然，每個國家也會有其「國際外匯市場」，提供跨國企業進行匯兌以及匯率避險的業務；還有些國家內也有「國際衍生性商品市場」以提供跨國企業多元的避險或投機的管道。

此外，國際上各國的外匯存底都會以黃金當作儲備之一，因此黃金既可當成貨幣交易、亦可當作一般的現貨商品進行交易，所以「國際黃金市場」也是國際金融市場的一環。

二、歐洲通貨市場

所謂的「歐洲通貨市場」（Euro-currency Market），又稱「境外國際金融市場」（Offshore Financial Market）或稱「離岸國際金融市場」，乃允許非本國居民參加的當地金融市場，但從事金融活動不受當地貨幣發行國，有關法令與交易制度種種的限制與管轄。

通常歐洲通貨市場的經營範圍，會以世界主要貨幣為交易標的，並以這些貨幣相關的金融商品交易為主，交易對象並不限當地的交易人，且不用完全符合當地的交易制度與法令限制。例如：臺灣的公司至歐洲「盧森堡」發行債券，此債券不用受到該國法令、稅法的限制，亦可發行歐元、美元、英鎊等國際貨幣，更不受限該國境內的投資人才可購買，境外投資人亦可投資。

一般而言，並不是每個國家（或地區）的金融市場之法令與制度，都可吸引足夠的境外投資人來參與當地的金融活動，通常要成為「歐洲通貨市場」，該國政府都要有相當程度的大力支持與協助，讓其金融足夠自由化。

若某國（地區）的金融市場，具有「歐洲通貨市場」的條件，當跨國企業須要資金時，可透過間接金融方式，跟當地的銀行進行借貸，就會形成「歐洲通貨銀行存放款市場」；亦可透過直接金融的方式，發行當地幣別的短期票券籌資，以形成「歐洲通貨貨幣市場」或利用股票與債券獲取長期資金，形成「歐洲通貨資本市場」。有關國際金融市場的架構，詳見圖 5-1 的說明。

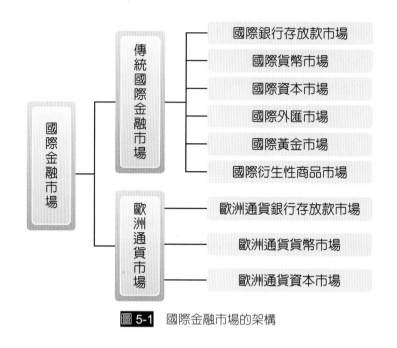

圖 5-1 國際金融市場的架構

5-2 國際資本市場

　　跨國公司至傳統國際金融市場進行籌資活動，最常利用海外國當地的資本市場，也就是「國際資本市場」（International Capital Market）。所謂的「國際資本市場」是指國際金融市場中，期限在一年以上的各種資金交易活動所形成的市場，該市場主要的交易工具就是股票與債券等有價證券。

　　通常全球各國的資本市場，都會設置有證券交易所提供股票與債券的發行與交易，以協助跨國企業籌集當地資金。以下將介紹國際資本市場內的「國際股票市場」、「國際債券市場」與「全球主要證券市場」。

一、國際股票市場

　　國際股票市場乃提供跨國企業在國外以發行股票的方式，籌集資金的場所。通常世界各國都設有股票市場，提供跨國公司利用發行股票或存託憑證的方式，以籌措股權資金。以下說明這兩種方式：

（一）發行股票

　　跨國企業可至當地國的股票市場，以發行新股且採第一次上市的方式，至該國股票市場掛牌籌集資金。此種方式，跨國公司須經過當地證券承銷商的輔導，並經由該國

證券主管機關的核准，才可至該國發行新股上市。例如：中國電子商務龍頭阿里巴巴（Alibaba）至美國直接發行新股上市，或外國的公司直接至臺灣發行第一次上市的新股（KY 股）。

（二）發行存託憑證

跨國企業亦可至外國的股票市場，以發行「存託憑證」（Depository Receipt, DR）方式，向當地投資人籌集資金。此種方式，跨國公司須提供一定數額的股票寄於發行公司所在地的保管機構（銀行），而後委託外國的一家存託機構（銀行）代為發行表彰該公司股份權利憑證，使其股票能在國外流通發行。例如：臺灣的晶圓製造龍頭台積電公司至美國發行美國存託憑證（ADR），或外國的公司直接至國內發行臺灣存託憑證（TDR）。有關臺灣存託憑證（TDR）的發行示意圖，請詳見圖 5-2 說明。

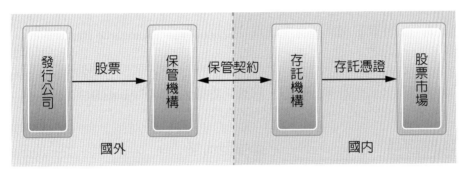

圖 5-2 臺灣存託憑證（TDR）的發行示意圖

跨國企業至海外利用發行存託憑證（DR）的方式籌集資金，較發行新股普遍常見。一般而言，DR 依據發行地的不同，存託憑證會有以下幾種名稱：

1. 若發行地在美國市場發行，稱為「美國存託憑證[1]」（American DR, ADR）。

2. 若發行地在歐洲市場，稱為「歐洲存託憑證」（European DR, EDR）。

3. 若發行地在日本市場，稱為「日本存託憑證」（Japan DR, JDR）。

---

[1] 美國存託憑證（ADR）分成四級，分別為第 1 級存託憑證（Level I DR）、第 2 級存託憑證（Level II DR）、第 3 級存託憑證（Level III DR）及 144A 存託憑證（Rule 144A DR）。通常第 1 級至第 3 級的存託憑證可以對一般投資人發行，隨著等級提高，發行條件漸趨嚴格。144A 存託憑證只能以私募方式對機構投資人發行。此外，發行第 1 級與第 2 級存託憑證的公司，只能利用舊股發行，但發行第 3 級與 144A 存託憑證的公司，可利用新股發行，具有籌資功能。

4. 若發行地在新加坡市場，稱為「新加坡存託憑證」（Singapore DR, SDR）。

5. 若發行地在香港市場，稱為「香港存託憑證」（Hong Kong DR, HDR）。

6. 若發行地在臺灣市場，稱為「臺灣存託憑證」（Taiwan DR, TDR）。

7. 若發行地在中國市場，稱為「中國存託憑證」（Chinese DR, CDR）。

二、國際債券市場

國際債券市場乃提供跨國企業在國外以發行債券的方式，籌集資金的場所。債券的發行以發行當地幣別為主，並限境內投資人買賣所形成的市場。通常跨國企業至全球各國發行外國債券（Foreign Bonds），都有以下特殊名稱。

1. 在美國發行以美元計價的債券，稱為「洋基債券」（Yankee Bonds）。

2. 在英國發行以英鎊計價的債券，稱為「鬥牛犬債券」（Bulldog Bonds）。

3. 在澳洲發行以澳幣計價的債券，稱為「袋鼠債券」（Kangaroo Bonds）。

4. 在日本發行以日圓計價的債券，稱為「武士債券」（Samurai Bonds）。

5. 在中國發行以人民幣計價的債券，稱為「貓熊債券」（Panda Bonds）。

✎ **國財小百科**　　　　　　　　**證券型代幣**

證券市場除了股票與債券兩種有價證券外，近期全球金融科技興起一股亦可利用「證券型代幣」（Security Token）籌資風潮。證券型代幣乃由發行機構利用「區塊鏈」（Blockchain）技術所發行的虛擬代幣，並以有價證券型式表徵發行機構的資產或財產，很類似公司的股票或債券之有價證券。

證券型代幣大致可分為兩種類型，其一為「分潤型」乃投資人可以參與發行人經營利益，此類似股權；另一為「債務型」乃投資人可以領取固定利息的權利，此類似債權。發行公司可透過「證券型代幣發行」（Security Token Offering, STO）向投資人募集資金，並可於虛擬貨幣交易所進行買賣。

三、全球主要證券市場

全球主要的證券市場中，以美國的規模最大；歐洲地區以英國與歐盟區的交易所為代表；亞洲地區以日本與中國較具規模。以下將介紹這些國家的證券市場。

（一）美國

美國是全世界證券市場最發達的國家，其對全球金融市場也最具影響性。美國的證券市場中，有兩個主要的證券交易所－「紐約證券交易所」（New York Stock Exchange, NYSE）與「那斯達克股票交易所」（NationalAssociation of Securities Dealers Automated Quotations, NASDAQ）。這兩個交易所以上市美國政府或當地公司，所發行的股票與債券爲主；且亦提供國外公司股票與債券，至此掛牌交易。且這個兩交易所所編製的道瓊工業指數（DowJones Industrial Average, DJIA）、標準普爾 500 指數（Standard & Poor's 500Index, S&P 500）與那斯達克指數（NASDAQ）都是全世界知名的股價指數。

紐約證交所是現今全世界市值最大的交易所，主要的上市公司以美國中大型股票爲主。那斯達克股票交易所，主要的上市公司以高科技爲主。截至 2019 年 12 月，這兩交易所分別有超過 2,100 與 3,100 檔的公司股票，在此掛牌上市；且市值分別超過 23 兆美元與 13 兆美元（見表 13-1 說明），爲全球股市規模的前兩強。

國財小百科　　　　　　　　美股代號

美國證券市場是全球的龍頭老大，在該國兩大交易所掛牌的公司不計其數，證交所爲交易便利每檔股票都有其代號。在國內我們會以 4 個數字當代號，如：台積電股票代號：2330；在美國則以英文字當代號，且可由代號的英文數目，大概可以知道它在哪一交易所掛牌交易。

在 NYSE 掛牌的公司，股票代號會用 1～3 個英文字：如：花旗集團（Citigroup；代號 C）、波音（Boeing；代號 BA）、奇異（General Electric；代號 GE）、嬌生（Johnson& Johnson；代號 JNJ）、3M 公司（3M；代號 MMM）等。

在 NASDAQ 掛牌的公司，股票代號會用 4~5 個英文字：如：微軟（Microsoft；代號 MSFT）、雅虎（Yahoo；代號 YHOO）、蘋果電腦（Apple；代號 AAPL）、特斯拉（Tesla；代號 TSLA）、亞馬遜（Amazon；代號 AMZN）等。但也有少數例外：如：臉書（Facebook；代號 FB）。

美國證券交易委員會爲了讓股票代號簡明的傳達給投資人，掛牌公司的財務狀況，若股票代號後面被加入 LF 或 E，表示公司未能準時交出財務報表（如：原本公司代號爲 ABC 變成 ABCLF、ABCE），若被加入 Q，表示公司破產（如：ABCQ）。

（二）歐洲

　　歐洲交易所（Euronext）是歐洲首家跨國交易所，起初分別由法國的巴黎證交所、荷蘭的阿姆斯特丹證交所、比利時的布魯塞爾證交所合併而成。隨後，又收購了葡萄牙里斯本證券交易所和倫敦國際金融期交所。歐洲交易所為歐洲第一大證券交易所、世界第二大衍生性商品交易所，並於 2007 年，與紐約證券交易所合併組成紐約－泛歐交易所（NYSE Euronext）。歐洲交易所可同時進行證券和衍生性商品的交易平台可，供交易的品種包括：股票、債券、基金以及各種衍生性金融商品（包括：期貨、選擇權、權證等）。歐洲交易所為歐元區提供籌資、避險的管道，現已是全球重要的證券市場之一。

（三）英國

　　英國是歐洲地區資本市場較為活躍的國家，該國境內以「倫敦證券交易所」（London Stock Exchange, LSE）為主，它是歐洲第一大的證券交易所。該交易所主要上市英國政府或當地公司，所發行的股票與債券，且其所編製的金融時報 100 種股價指數（Financial Times Stock Exchange 100 Stock Index, FTSE-100）為全世界知名的股價指數。

（四）日本

　　日本自從第二次世界大戰後，政府努力振興經濟發展，讓日本很迅速成為全球第二大經濟體，也造就資本市場的市場規模。日本的證券市場主要有兩個交易所分別為「東京證券交易所」（Tokyo Stock Exchange, TSE）與「大阪證券交易所」（Osaka Stock Exchange, OSE），但此兩交易所已於 2013 年合併成為「日本交易所集團」（Japan Exchange Group, Inc.）。

　　日本交易所集團將原本兩家交易所的股票現貨市場，現由東京證券交易所負責經營；而兩家的原本的金融衍生性商品市場，現由大阪證券交易所負責經營。該交易所集團主要上市日本政府或當地公司所發行的股票與債券，且其所編製的日經 225 指數（Nikkei 225）為全世界知名的股價指數。

（五）中國

　　由於近年來中國經濟快速起飛，企業須要大量的資本，才能繼續推動營運的成長，也造就了資本市場的蓬勃發展。中國的證券市場裏主要有三個交易所，分別為「上海證券交易所」（Shanghai Stock Exchange, SSE）、「深圳證券交易所」（Shenzhen Stock

Exchange, SZSE）與「香港交易所」（HongKong Stock Exchange, HKEx）。這三個交易主要上市中國政府或當地公司所發行的股票與債券。該國的證券市場中，上市的股票有分 A 股[2]、B 股[3]與 H 股[4]三種主要類型，分別提供不同幣值的股票，給不同類型的交易人投資買賣。

有關世界各主要證券交易所的概況表，請參閱表 13-1 之說明。

表 13-1 世界各主要證券交易所的概況表

交易所	紐約	那斯達克	倫敦	東京	香港	上海	深圳	韓國	新加坡	臺灣
檔數	2,143	3,140	2,410	3,708	2,449	1,572	2,205	2,183	723	941
市值	23,327	13,002	4,182	6,191	4,899	5,105	3,409	1,484	697	1,153

註：市值是以 10 億美元為單位。

資料來源：臺灣證券交易所（2019/12）

 **國財快訊**

 美國制裁24家中國大陸企業 「中國交建」恐淪華為命運

讓中國企業由美國市場下市？ 智庫：此舉將徒勞無功

在美中兩國緊張關係升級之際，參議院通過法案，有意阻止多數中國企業前往美國掛牌上市，川普也呼籲監管機構，要加強對這些企業的審查，甚至於讓他們從美國交易所下市。

據智庫彼得森國際經濟研究所（PIIE）報告認為，就算法案推出，中國企業仍可透過多種方式，從美國投資人那裡籌集資金，包括透過私募股權市場和香港股市。最關鍵的原因，在於資本市場是全球性的，「將中國企業拒之門外，並不能阻止這些公司獲得美國資本」。

---

[2] A 股表示人民幣普通股票，供中國境內的投資人買賣。

[3] B 股表示人民幣特種股票，它是以人民幣標明面額，但以外幣供中國境內的投資人買賣。

[4] H 股表示公司註冊地在中國內地、但在香港交易所掛牌上市，供香港投資人買賣。

報告指出，在美國上市的中國公司約有 230 家，總市值近 1.8 兆美元。除此之外，美國私募股權公司一直在收購已在美上市的中國公司。此外，愈來愈多已經在美國上市的中國企業，正尋求在香港第二市場，例如：阿里巴巴、京東及網易都已順利掛牌。美國投資人想要參與，只需要在香港市場購買，因為這是對全球開放的。

PIIE 表示，儘管川普警告，指「與中國完全脫鉤」仍然是一項政策選擇，但這並不會改變整合的趨勢，尤其是在金融領域。中國正逐步放寬金融業的外資管制，也是值得注意的發展。PIIE 指出，在此發展之下，將使美國和中國之間的金融脫鉤「愈來愈不可能」。

資料來源：摘錄自聚亨網 2020/07/04

 解說

　　美國擁有全球最大的資本市場，世界各國的跨國企業都至當地籌資。近年來，有許多中國企業至美國股市掛牌，但由於美中關係惡化，欲將讓中資企業從美國下市，因全球的資本市場是相聯結的，所以此舉並無法讓美中兩國之間的金融市場完全脫鉤。

5-3　　　　　　　　　　　　　　　　　國際衍生性商品市場

　　跨國企業在進行國際營業活動中，最常遇到的風險就是匯率風險，其次就是與公司營運相關的原物料（如：原油、黃豆、銅、咖啡、糖等）價格波動的風險，若要進行避險就必須利用各種衍生性商品（包括：遠期、期貨、選擇權、金融交換）。在國際衍生性商品市場中，除了期貨與大部分的選擇權商品，可至設有集中交易的期貨交易所，進行交易外，其餘大致上都是至銀行以店頭議價方式進行交易。所以本節所介紹的國際衍生性商品市場，將以全球的期貨交易市場為主。

全世界的期貨交易市場中，各類的商品交易均是以美國為交易重鎮；此外，歐洲以及亞洲地區也都有重要的期貨市場。以下將分別介紹美國、歐洲以及亞洲地區的期貨市場。

一、美國

美國是目前全世界最大的期貨市場，也是最早成立期貨交易所的國家。目前在美國交易的期貨商品有上百種，包括外匯、利率、股價指數、農畜產品、金屬、能源及軟性等多項期貨商品，其中不少商品皆由美國期貨市場，最早推出交易。早年美國商品期貨交易委員會共核准 13 所交易所，近年來全球期貨業吹起整併風潮，雖多家交易所整併為同一集團，但雖然保留原有的交易廳。以下我們將介紹幾個美國較重要與知名的期貨交易所。

（一）芝加哥商業交易所集團（CME Group）

旗下有芝加哥商業交易所（CME）、芝加哥期貨交易所（CBOT）、紐約商業交易所（NYMEX）與美國商品交易所（COMEX）等 4 家交易所。現該集團為全球最大的交易所集團。

1. 芝加哥期貨交易所（Chicago Board of Trade, CBOT）

設立於 1848 年，是現在全世界最早的交易所，其成交量亦曾經稱霸於全世界。該交易所的契約商品包括各種穀物、美國國庫券、美國中長期政府債券、股價指數、黃金、白銀及選擇權等。其中以穀物交易為最大宗，交易量曾約佔全球穀物交易量 80% 以上。

此外，CBOT 基於選擇權的交易需求，於 1973 年成立芝加哥期權交易所（CBOE），CBOE 是世界第一家以期權產品為主的交易所，對於期權類產品的開發不遺餘力。另外，全球新興的特殊期貨商品，例如：氣候期貨（如：雨量、溫度）、特殊指數期貨（如：運費費率指數、波動率指數），CBOT 都有提供交易合約，以供避險者使用。近年來，金融科技所興起的虛擬貨幣交易熱潮，也讓 CBOE 順勢的推出全球第一個比特幣（Bitcoin）期貨，以因應虛擬貨幣的投機與避險所需。

2. 芝加哥商業交易所（Chicago Mercantile Exchange, CME）

設立於 1874 年，為全世界最大的金融期貨交易所，該交易所的契約商品以金融期貨及農畜產品為主。CME 於 1972 年成立國際貨幣市場部門（InternationalMonetary

Market, IMM），從事各種外幣及利率期貨的交易，其中該交易所推出的外匯期貨為全世界最早的金融期貨。且 1982 年成立指數與選擇權市場部門（Index and Option Market, IOM），為專門從事股價指數及選擇權的交易，其中以 S&P500 股價指數期貨，是全世界交易量最大的股價指數期貨。

3. 紐約商業交易所（New York Mercantile Exchange, NYMEX）

成立於 1872 年，該契約商品以能源為主，是目前世界最大的能源期貨交易所。該交易所的主要負責原油、汽油、燃油、天然氣、電力、煤、丙烷等能源類。

4. 紐約商品交易所（New York commodity Exchange, COMEX）

成立於 1933 年，是目前全球最大貴金屬期貨交易所。該交易所的契約商品以黃金、白銀及銅等金屬期貨為主。

（二）美國洲際交易所集團（Intercontinental Exchange Group, ICE Group）

成立於 2000 年，主要經營網路的期貨交易平台，該集團以能源衍生性商品市場起家，現為全球最大的「能源類」期貨交易所。該集團經過這幾年的整併擴大發展，現擁有 14 間跨國的證券及期貨交易所及 5 家結算機構，且提供超過 9,700 種上市證券及衍生性商品的交易，現為全球第三大交易所集團。

ICE 其旗下主要知名的交易所，包括：美國地區－紐約證券交易所（NYSE）、紐約交易所（NYBOT）；歐洲地區－紐約泛歐交易所（NYSE-Euronext）、倫敦國際金融期貨交易所（LIFFE）、倫敦國際石油交易所（IPE）及亞洲地區－新加坡商品交易所（SMX）。

（三）美國其他期貨交易所

美國除了芝加哥商業交易所（CME）集團及新成立的洲際交易所（ICE）集團，尚有以下幾個知名且重要的期貨交易所，分布於美國各地，以下分別介紹之。

1. 紐約交易所（New York Board of Trade, NYBOT）

成立於 1998 年，其交易所是有兩家具歷史之交易所合併而來，分別為紐約棉花交易所（New YorkCotton Exchange, NYCE）與咖啡、糖及可可交易所（Coffee ,Sugar & CocoaExchange, CSCE）。但此交易所已於 2007 年被ICE 集團所收購。

NYCE 成立於 1870 年，主要契約內容包括棉花期貨與冷凍濃縮橘子汁期貨爲主。CSCE 成立於 1882 年，乃是咖啡商人爲了規避咖啡現貨價格波動所成立，並於 1979 年與紐約可可交易所合併，正式稱爲 CSCE，交易契約以咖啡、糖及可可等熱帶經濟作物爲主，爲全世界最大的「軟性商品」期貨交易所。

2. 堪薩斯期貨交易所（Kansas City Board of Trade, KCBT）

成立於 1956 年，是全世界硬紅冬麥交易最活絡的交易所。該交易所於 1982 年推出價值線綜合股價指數期貨，爲全世界最早推出股價指數期貨的交易所。

 國財快訊

油市崩盤　美原油期貨價首跌破0美元　油價拖累!美股下跌近600點

史上首見負油價！免費送都沒人要，美國油市爲何一夕崩盤？

美國期貨原油價格在 2020/4/20 出現前所未見的現象：油價變成負的。作爲美國油價標的西德克薩斯中間基原油（WTI），價格一度掉至每桶 -40.32 美元，並且當日價格收在 -37.63 美元，是原油期貨市場誕生以來空前的狀況。

至於交易商連忙出售原油的原因，主要是因爲 5 月份的原油期貨即將到期，他們擔憂將無處可存放這些滯銷的原油，屆時倉儲成本反倒成爲最大負擔，才會不顧成本在此時倒貼出清。兩個原因解釋爲什麼美國油價這麼慘？

美國 2018 年的石油產量占全球 16.2%，高居產油國中首位，新冠狀病毒（COVID-19，俗稱武漢肺炎）爆發的影響，令美國成爲各個產油國中，受創最爲嚴重的國家。武漢肺炎在世界各地造成廣泛的影響，人們大幅減少外出、旅遊業表現慘淡，能源需求也因此銳減，市場對原油的需求量比往常衰退約 30%。研究公司就指出，人們因此開始擔心，美國已經快沒有地方儲存更多石油了。

另外，前陣子沙烏地阿拉伯、俄羅斯與美國之間的油價大戰，對原油市場更是雪上加霜。沙國因與俄羅斯協商破局，宣佈大舉增產原油、並調降對主要客戶報價，對全球油價帶來衝擊。

資料來源：摘錄自數位時代 2020/04/21

解說

2020 年 4 月 20 日美國 WTI 原油期貨居然跌至負值，這是原油期貨市場前所未見的現象。一般認為主要有兩個原因造成，其一：因美國受「武漢肺炎」影響甚鉅，導致美國經濟活動大減，原油使用減少，又面臨原油期貨即將到期，擔憂無處可存放這些滯銷的原油，只好壓低價格出清存貨。另一：就是美、俄、沙的油價大戰，就使得油價先猛然崩跌一波，且之前三方無意減產，使得油價每況愈下。

二、歐洲地區

歐洲主要國家的期貨交易以英國最為發達，其次為歐盟整合歐洲各國所成立的期交所。以下將分別介紹之。

（一）德意志交易所集團（Deutsche Borse Group, DBAG）

成立於 1993 年，此集團現為世界第二大交易所集團，集團內最重要的期貨交易所，為歐洲期貨交易所（The Eurex Deutschland, EUREX）是全球重要的期貨市場。

該交易所乃為了應對歐洲貨幣聯盟的形成及歐元（Euro）交易的需求所產生，所以其主要交易合約，都以歐元為設計基礎，包括：德國、法國與義大利的公債期貨（如：歐元德國、法國、義大利的 10 年公債）、歐元區的股價指數期貨（如：歐元藍籌 50 指數（Euro STOXX 50）、德國指數（DAX））為主。

（二）紐約泛歐交易所（NYSE-Euronext）

乃由美國紐約證券交易所（NYSE）和泛歐交易所（Euronext）於 2007 年合併而成。該交易所又於 2013 年被納入成為美國洲際交易所集團（ICE）的一員。

原先的泛歐交易所（Euronext），是 2000 年由荷蘭阿姆斯特丹證券交易所、法國巴黎證券交易所、比利時布魯塞爾證券交易所與葡萄牙里斯本證券交易所合併而成立的；Euronext 交易所是歐洲首家跨國交易所、歐洲第一大證券交易所，其主要交易商品為歐元區的短期利率期貨、股價指數期貨與部分的軟性商品（如：咖啡、糖、可可）。

（三）英國

英國最早的期貨交易歷史可追溯自 1570 年的皇家交易所，最初交易商品為咖啡及可可等經濟作物，隨後商品內容逐漸擴大，英國國內的交易所也隨之增加，目前已成為世

界重要的金屬、能源及金融期貨的交易中心之一，英國現有重要的期貨交易所都集中在倫敦。以下介紹幾個較出名的期貨交易所。

1. 倫敦國際金融期貨交易所

（London International Financial Futures & Option Exchange, LIFFE）

於 1982 年成立，是歐洲最早從事金融期貨交易的交易所。該交易所於 1996 年將倫敦商品交易所併入，該交易所的契約商品以各國的外匯、利率、股價指數期貨及其選擇權爲主。該交易所於 1984 年後推出金融時報 100 種股價指數期貨（FT-100），爲一重要的指標商品。此外，該交易所已於 2002 年被泛歐交易所（Euronext）被收購，現均納入成爲美國洲際交易所集團（ICE）的一員。

2. 倫敦金屬交易所（London Metal Exchange, LME）

成立於 1877 年，目前爲全世界最重要的金屬期貨交易中心，該交易所的金屬期貨交易價格，爲世界金屬買賣交易者的重要參考依據。其主要的契約商品爲鋁、銅、鉛、鋅、錫和鎳。此外，LME 已於 2012 年被香港交易所（HKEx）收購，LME 想藉由中國龐大的一般金屬的現貨交易量，積極的擴展亞洲地區的一般金屬的交易契機，並持續在全球一般金屬期貨交易居於領先的地位。

三、亞洲地區

亞洲地區的期貨市場發展較歐美國家晚，其主要的市場以日本、中國（包含香港）、新加坡等。以下將分別介紹之：

（一）日本

日本的期貨市場規模雖然無法與歐美期貨市場相比擬，但其期貨交易歷史悠久，早在 17 世紀就有交易的記載，當時是以堂島的稻米期貨爲主。日本的期貨市場經過多年的發展，在亞洲地區具有一定的影響性。以下我們介紹幾個日本較出名的期貨交易所。

1. 東京國際金融期貨交易所

（Tokyo International Financial Futures Exchange, TIFFE）

成立於 1989 年，主要契約內容爲短期利率、外匯期貨及其選擇權，目前最成功的契約爲三個月期的歐洲日圓利率期貨。

2. 東京商品交易所（Tokyo Commodity Exchange, TCE）

東京商品交易所成立於 1988 年，主要契約內容爲黃金、白金、白銀、鋁、鋁、生膠、棉紗、橡膠等。目前是日本最大貴金屬交易所，尤其白金與橡膠期貨的交易量曾領先全球。

3. 日本交易所集團（Japan Exchange Group, JPX）

已於 2013 年將日本的證券市場，主要有兩個交易所分別為「東京證券交易所」（Tokyo StockExchange, TSE）與「大阪證券交易所」（Osaka Stock Exchange, OSE）合併。

日本交易所（JPX）集團將原本兩家交易所的股票現貨市場，現由東京證券交易（TSE）所負責經營；而兩家的原本的金融衍生性商品市場，現由大阪證券交易所（OSE）負責經營。該交易所集團主要上市日本政府或當地公司所發行的股票與債券，且其所編製的日經 225 指數（Nikkei 225）、東京證券指數期貨（TOPIX）為全世界知名的股價指數。

（二）中國

中國期貨市場發展較晚，初始階段是從 1990 年鄭州糧食批發市場成立開始。鄭州糧食批發市場從成立起就以期貨市場為目標，引入了交易會員制等期貨市場機制。中國期貨市場經過 1996 至 2000 年的整頓清理之後，現在以鄭州、大連與上海三個商品交易所為主。2000 年以來，中國的經濟快速崛起，對於金融證券的投資與避險日趨重要，於是於 2006 年於上海成立中國金融期貨交易所（CFFE），為中國的第四家期貨交易所。此外，1997 年後香港回歸中國治理，直到 2020 年實施「港版國安法」，香港就正式納為中國市場的一環。以下將介紹中國的這五大交易所。

1. 鄭州商品交易所（Zhengzhou Commodity Exchange, ZCE）

源起於鄭州糧食批發市場，成立於 1993 年，是中國第一個從事糧食交易的期貨交易所。目前交易標的物以小麥、綠豆、棉花、白糖油菜籽油與油菜籽粉為主，其中油菜籽粉的交易量。近年來，已居全世界最大的農產品期貨。

2. 大連商品交易所（Dalian Commodity Exchange, DCE）

成立於 1993 年。目前交易標的物以玉米、黃豆與黃豆油、黃豆粉、棕櫚油、蛋為主。其中黃豆類的相關商品的交易量，近年來在全球已具有領先地位。

3. 上海期貨交易所（Shanghai Futures Exchange, SHFE）

於 1999 年由上海金屬交易所、上海商品交易所與上海糧油商品交易所合併成立，現在以銅、鋁、天然橡膠與燃料油等商品期貨為交易對象。

4. 中國金融期貨交易所（China Financial Futures Exchange, CFFE）

為中國的第四家期貨交易所，也是中國第一家金融衍生品交易所。主要交易商品為股價指數期貨與中國政府公債為主。其中較知名的股價指數期貨如：滬深 300 指數期貨、上證 50 指數期貨等。

5. 香港交易所（Hong Kong Stock Exchange, HKEx）

由香港聯合交易所、香港期貨交易所、香港中央結算有限公司於 2000 年合併而成。其中，香港期貨交易所（Hong Kong Future Exchange, HKFE）為負責期貨交易部分，該交易所前身為 1976 年成立的香港商品交易所，初期交易的期貨商品為棉花、糖、黃豆及黃金等，1985 年改名為香港期貨交易所。

HKFE 於 1986 年推出恆生指數期貨，交易十分熱絡，為此交易所最受歡迎的合約。1990 年推出三個月香港銀行同業拆款利率（HIBOR）期貨，1991 年推出香港工商指數期貨，並於 1993 年推出恆生指數期貨選擇權。此外，該交易所於 2012 年成功收購英國倫敦金屬交易所（LME），引起國際期貨市場的關注。港交所希望透過 LME 在全球基本金屬期貨的領先地位，以擴展對全球定價的影響性。

（三）新加坡

新加坡交易所（Singapore Exchange Limited, SGX）是亞太地區首家集證券及金融衍生性商品交易於一體的交易所。新加坡交易所的前身為新加坡證券交易所（Singapore Exchange Limited, SEX）與新加坡國際金融交易所（Singapore International Mercantile Exchange, SIMEX）。這兩家交易所於 1999 年合併成立了現在的新加坡交易所。原先 SIMEX 成立於 1984 年，是亞洲地區第一個金融期貨交易所。長久以來，SIMEX 與 CME 有互相簽訂共同沖銷協定，投資者可在兩交易所間轉移或沖銷其部位。

目前該交易所所交易商品有外匯、利率、股價指數、能源與黃金期貨等，其中交易較熱絡的契約為日經 225 指數（Nikkei 225）、三個月歐洲美元、歐洲日圓及摩根台股指數期貨。該交易所 1989 年推出燃油期貨合約，為亞洲第一個上市的能源期貨。也於 2014 年底推出電力期貨，為亞洲的一個上市的新興期貨商品。

　　歐洲通貨市場是一種「境外國際金融市場」的概念，此概念起源於歐洲市場，所以才以「歐洲」一詞稱之，其實際上是「境外」的意思。其意義乃在某國金融市場所從事的金融交易活動時，並不受該國金融當局相關法令（如：稅法、交易幣別、交易人）的管轄與限制。例如：日本的企業至「新加坡」發行「美元」債券籌集資金，此債券除可出售給當地的境內投資人外，亦可出售給非居住於當地的境外投資人，且買賣債券也不一定要符合當地的交易制度或稅法的相關規定。

　　歐洲通貨市場的運行，最早起源於「歐洲美元存款」（Eurodollar Deposit）。由於1950 年代末期起，因美歐貿易關係及美國對外國經濟援助等等緣故，使得大量的美元資金，在歐洲地區流通。投資人將這些美元存放於美國境內銀行的歐洲分行或歐洲各國的本地銀行；隨後又將這些美元貸放給國際組織或各國政府與跨國企業，使得歐洲地區的美元資金產生流動，而形成了「歐洲美元」的存放款市場。爾後，1960 年代末期，隨著日本的經濟發展，亦有相當大量的日圓經過國際貿易在歐洲地區流通，所以也逐漸發展出「歐洲日圓」的存放款市場。

　　原先歐洲通貨市場的運作，逐由傳統間接金融的歐洲美元或歐洲日圓等通貨的借貸，慢慢擴大至利用直接金融的方式，以發行境外債權或股權的方式來融通資金，並提供跨國企業一個籌資與投資的全球化市場。所以現行的歐洲通貨市場是一個資金流動頻繁、且規模龐大的國際市場，其對全球經濟與金融交易，具有重大的影響性。以下本節將進一步說明歐洲通貨市場的特性與業務種類。

一、歐洲通貨市場的特性

　　歐洲通貨市場與傳統國際金融市場之所以不同，乃在於歐洲通貨市場有以下幾點特性。

（一）突破境內藩籬

　　傳統國際金融受限於境內的規定，必須受限於當地的交易制度、稅法、發行幣別以及交易人種種限制。歐洲通貨市場突破境內的藩籬，既使在某國境內從事交易，並不受當地交易上述的種種限制。例如：在盧森堡發行海外可轉換債（ECB），並不一定要發行歐元，可以發行英鎊、日圓等貨幣；也不用受限當地法令限制，且可開放給全球的任一投資人購買，並不設限須是盧森堡境內的居民。

（二）藉由網路經營

因為歐洲通貨市場的交易方式已經突破境內的藩籬，所以交易方式大概以全球各大金融市場的銀行為仲介，利用網際網路串起交易平台，以利於全球投資人進行交易，且投資人大都以法人為主，單筆交易金額皆較大。

（三）獨特利率體系

因為歐洲通貨市場的資金，並不受限於境內，因此市場自由開放且競爭。所以市場的借貸利率有別於當地境內的利率水準，具有獨特的利率體系。歐洲通貨市場的借貸利率，若以美元報價，則以英國倫敦銀行同業拆款利率（London Inter Bank Offer Rate, LIBOR）為代表、若以歐元報價，則以歐元區銀行間隔夜貸款利率（Euro Short-term Rate, ESTR）為代表。

國財快訊

LIBOR將退場　三對策因應

全球最重要的聯貸訂價指標LIBOR即將走入歷史，英國金融監理局（FCA）日前宣布自2022年1月1日起，將不再規定會員銀行必須提供LIBOR報價，亦即LIBOR可能2021年底退場。中央銀行昨與金管會籲請金融機構審慎評估相關影響，並提出「尋求替代利率指標」等三點因應之道。

LIBOR退場因應重點	
項目	內容
替代利率指標	● 尋求替代利率指標，研擬轉換計畫 ● LIBOR五種報價幣別（美元、歐元、英鎊、日圓及瑞士法郎）的各貨幣主管機關，已提出可供轉換的基準指標，以利市場參與者應用
檢視契約	檢視以LIBOR為訂價指標的存續契約，積極與可能受影響的客戶及交易對手溝通，協商相關合約修改
辨識可能風險	辨識LIBOR停用與轉換可能造成的風險，包括對業務流程、會計及稅務作業、風險性資產與資本計提模型、資訊系統等影響，訂定調整方案並定期檢視

首先，金融機構應尋求替代利率指標，研擬轉換計畫。LIBOR 五種報價幣別（美元、歐元、英鎊、日圓及瑞士法郎）的各貨幣主管機關，已提出可供轉換的基準指標，供市場參與者應用。例如：美元的替代利率指標為 SOFR（擔保隔夜融資利率）、日圓為 TONA（東京隔夜平均利率）等。

第二，檢視現行以 LIBOR 為訂價指標的存續契約，積極與可能受影響的客戶及交易對手溝通，協商相關合約修改。

第三，辨識 LIBOR 停用與轉換可能造成的風險，包括對業務流程、會計及稅務作業、風險性資產與資本計提模型、資訊系統等影響，訂定調整方案並定期檢視。

目前全球金融商品主要以 LIBOR 作為訂價基準指標，包括衍生性金融商品、企業貸款、浮動利率債券、證券化產品等，面對 LIBOR 退場風險，央行與金管會提前籲請金融機構審慎評估相關影響，並妥為因應。

資料來源：摘錄自經濟日報 2020/02/25

 解說

全球知名的基準利率—LIBOR，由於 2012 年發生被操縱事件，因此逐不受全世界金融機構所信任，將於 2021 年底退場。近期，全球將尋找新的替代利率，並對現今仍以 LIBOR 作為訂價的金融商品，須盡快評估如何因應，以免產生風險。

二、歐洲通貨市場的業務種類

歐洲通貨市場的業務種類，大致可分為經營間接金融的「歐洲通貨銀行存放款市場」及經營直接金融的「歐洲通貨貨幣市場」、「歐洲通貨資本市場」。以下將分別介紹之：

（一）歐洲通貨銀行存放款市場

歐洲通貨銀行（Euro- Bank）所承作的歐洲通貨存放款業務，早期只接受美元；即為歐洲美元（Euro-Dollar），現在已逐漸擴展為日圓與英鎊；即為歐洲日圓（Euro-Yen）與歐洲英鎊（Euro-Sterling）等幣別。有關歐洲通貨存放款業務，如下說明：

1. 歐洲通貨存款市場

歐洲通貨銀行主要靠短期的存款或中長期的定期存款來吸收存款；且銀行可發行「浮動利率可轉讓定期存單」（Floating Rate Certificate of Deposit, FRCD）來吸收存款。

2. 歐洲通貨放款市場

歐洲通貨銀行的放款業務可分成「個別放款」與「聯合放款」（Syndicated Loans）兩種。「個別放款」乃單一家歐洲通貨銀行，針對各國企業進行放款。「聯合放款」乃由一家銀行擔任「主辦銀行」，並邀請多家「參加銀行」組銀行團，聯合放款以減輕放款風險。

（二）歐洲通貨貨幣市場

歐洲通貨貨幣市場，又可分成「歐洲通貨票券市場」與「銀行間同業拆放市場」。

1. 歐洲通貨票券市場

在歐洲通貨票券市場中，跨國企業可以發行「歐洲商業本票」（Euro-commercial Paper, ECP）、「歐洲通貨短期債券[5]」（Euronote），或銀行可發行「浮動利率可轉讓定期存單」（FRCD）來籌措短期資金。

2. 銀行間同業拆放市場

歐洲通貨銀行之間可藉由銀行間同業拆放市場來融通資金。一般而言，此市場，若以美元拆借，則以英國倫敦銀行同業拆款市場為代表，若以美歐元拆借，則以歐元區銀行間隔夜貸款市場最具代表性，其所形成的拆款利率分別稱為「英國倫敦銀行同業拆款利率」（LIBOR）、「歐元區銀行間隔夜貸款利率」（ESTR）。此外，全球其他金融市場，亦發展相關的歐洲通貨銀行拆放利率，較知名的利率，例如：「新加坡銀行同業拆款利率」（Singapore Inter Bank Offer Rate, SIBOR），以美元為主。

（三）歐洲通貨資本市場

歐洲通貨貨幣市場又可分成「歐洲通貨股權市場」與「歐洲通貨債券市場」。

---

[5] 「歐洲通貨短期債券」的發行期限大都 3~6 個月，有時會以短期票券包裝成「短期票券循環信用融資工具」（Note Issuance Facility, NIF）。NIF 乃由銀行提供企業一個長期間票券發行額度的承諾，企業可在銀行承諾期間內的任何時點，發行短期票券，以籌措資金，因應短期營運資金之需求。

1. 歐洲通貨股權市場

在歐洲通貨股權市場中，跨國企業可以發行全球存託憑證（Global DR, GDR），利用股權的方式籌集資金。現今全球發行 GDR，大致都在「盧森堡」與「倫敦」的證券市場，掛牌交易為主。

2. 歐洲通貨債券市場

在歐洲通貨債券（Euro Bonds）市場中，跨國企業可以發行境外債券，利用債權的方式籌集資金。跨國企業會發行「海外可轉換公司債」（Euro Convertible Bond, ECB）、「歐洲通貨中期債券」[6]（Euro-medium Term Note, EMTN）、「雙元貨幣債券」[7]（Dual Currency Bonds）等這幾種類型債券為主。

通常歐洲債券在世界各國發行時，因發行幣別為非本地的貨幣，所以為了與以發行當地幣別的外國債券有所區分，都各自有其不同的債券名稱。例如：臺灣－「寶島債券[8]」（Formosa Bonds）、日本－「將軍債券」（ShogunBonds）、韓國－「泡菜債券」（Kim Chi Bonds）、香港－「點心債券」（Dim sum Bonds）、亞洲地區－「小龍債券[9]」（Dragon Bonds）等。

---

[6] 歐洲通貨中期債券中，若以浮動利率計息，稱為浮動利率債券（Floating Rate Note, FRN）。

[7] 雙元貨幣債券是以某一種貨幣發行，但支付利息與償還本金是用另一種幣別的債券。

[8] 「寶島債券」乃起源於 2006 年國內成立「國際板債券」市場，最早由美元計價掛牌的「福爾摩莎債券」（寶島債的前身）；爾後，2013 年，國內開放發行以人民幣計價的債券，才稱為「寶島債」，至今「國際板債券」市場，已有美元、歐元、英鎊、日圓、人民幣、新加坡幣、澳幣、紐西蘭幣、南非幣等多種幣別。

[9] 「小龍債券」乃起源於亞洲開發銀行（Asian Development Bank, ADB）在亞洲各會員國內，所發行的外幣債券，以作為各會員國向亞銀貸款的資金來源。

國巨擬發GDR和ECB，估募資可達340億元

被動元件大廠國巨決議將發行海外存託憑證及海外可轉換公司債，對外募資金額 11.3 億美元（約合新台幣 340 億元），並決議分開發行海外存託憑證（GDR）及海外可轉換公司債（ECB）。

其中 GDR 暫定發行股數 4,000 萬股到 7,000 萬股，並視市場狀況在發行額度內調整。若依今日國巨收盤價新台幣 418.5 元換算，預計可募資金額約 9.3 億美元。此外，國巨在轉換股數上限 1,000 萬股額度下，將發行海外可轉換公司債，發行期間 5 年，票面利率 0%，預計發行總額約 2 億美元，溢價幅度 30% 到 50%。

國巨指出，公司同步發行海外無擔保轉換公司債及海外存託憑證，可提供國際投資人以不同投資方式參與國巨長期營運發展及全球性購併策略，強化股東結構及提升國際市場能見度。

資料來源：摘錄自財經新報 2020/03/02

 解說

- -

國內被動元件大廠—國巨，前陣子，於歐洲通貨市場，同步發行海外無擔保轉換公司債（ECB）及海外存託憑證（GDR）籌集資金，藉以強化股東結構及提升國際市場能見度。

本章習題

一、選擇題

( )　1. 下列對傳統國際金融市場的敘述，何者有誤？

(A) 交易幣別以當地國爲主　　(B) 受當地國法令的限制

(C) 投資人須爲境外　　　　　(D) 交易制度須符合當地。

( )　2. 下列對歐洲通貨市場的敘述，何者有誤？

(A) 起源於歐洲市場　　　　　(B) 境外的意思

(C) 交易幣別須爲歐元　　　　(D) 投資人可爲境內。

( )　3. 通常至臺灣股票市場發行的存託憑證稱爲何者？

(A) 亞洲存託憑證　　　　　　(B) 臺灣存託憑證

(C) 寶島存託憑證　　　　　　(D) 小龍存託憑證。

( )　4. 請問國際債券市場中，若在英國發行英鎊債券被稱爲何種名稱？

(A) 洋基債券　(B) 鬥牛犬債券　(C) 歐元債券　(D) 騎士債券。

( )　5. 請問國際債券市場中，若在臺灣發行人民幣債券被稱爲何種名稱？

(A) 點心債券　(B) 洋基債券　(C) 臺灣債券　(D) 寶島債券。

( )　6. 請問國際債券市場中，若在香港發行人民債券被稱爲何種名稱？

(A) 點心債券　(B) 貓熊債券　(C) 小龍債券　(D) 騎士債券。

( )　7. 下列何者非美國證券市場所推出的股價指數？

(A) 道瓊工業指數　　　　　　(B) 標準普爾 500 指數

(C) 那斯達克指數　　　　　　(D) 金融時報 100 指數。

( )　8. 若跨國企業欲進行外匯買賣的避險，應選擇下列哪一個期貨交易所？

(A) CME　(B) TCE　(C) LME　(D) NYCE。

( )　9. 若跨國企業欲進行原油買賣的避險，應選擇下列哪一個期貨交易所？

(A) NYMEX　(B) CBOT　(C) LME　(D) TIFFE。

( )　10. 若跨國企業欲進行金屬買賣的避險，應選擇下列哪一個期貨交易所？

(A) CME　(B) CBOT　(C) LME　(D) TIFFE。

( )　11. 請問亞洲地區第一個成立金融期貨交易所爲何？

(A) TIFFE　(B) HKFE　(C) TOCOM　(D) SIMEX。

( ) 12. 歐洲通貨市場有其獨特的利率系統，請問何者以美元的銀行同業拆放市場
為主？ (A) 巴黎 (B) 日內瓦 (C) 盧森堡 (D) 倫敦。

( ) 13. 下列何者為跨國企業可以用股權發行的商品？
(A) GDR (B) ECP (C) ECB (D) EMTN。

( ) 14. 下列何者為短期的歐洲貨幣市場商品？
(A) FRN (B) ECP (C) ECB (D) EMTN

( ) 15. 下列何者為長期的歐洲貨幣市場的債權商品？
(A) FRN (B) ECP (C) FRCD (D) GDR。

( ) 16. 下列敘述何者有誤？
(A) 歐洲通貨市場又稱境外國際金融市場
(B) ADR 屬於境外國際金融市場商品
(C) 臺灣的金融市場較屬於傳統國際金融市場範疇
(D) 新加坡的金融市場較屬於歐洲通貨市場範疇。

( ) 17. 下列敘述何者有誤？
(A) 武士債券屬於境外國際金融市場商品
(B) GDR 屬於境外國際金融市場商品
(C) 美國證券市場的市值為全球之冠
(D) 中國的 A 股，僅供中國境內投資人買賣。

( ) 18. 下列敘述何者有誤？
(A) 全球第一個推出虛擬貨幣期貨的交易所為芝加哥期權交易所（CBOE）
(B) 倫敦金屬交易所（LME）為全球最重要的金屬期貨交易所
(C) 新加坡期貨交易所（SIMEX）是亞洲地區第一個金融期貨交易所
(D) 香港交易所（HKEx）與芝加哥商業交易所（CME）有互相簽訂共同沖
銷協定。

(　) 19. 下列敘述何者正確？

    (A) GDR 是債券的一種型式

    (B) 臺灣的國際板債券市場較屬於歐洲通貨市場的樣貌

    (C) ECB 是股權的一種

    (D) 小龍債券是以人民幣發行的一種債券。

(　) 20. 下列敘述何者正確？

    (A) LIBOR 是以歐元報價的一種利率

    (B) FRCD 是一種長期的債券

    (C) 在香港以非港幣發行的債券稱為點心債券

    (D) FRN 是股權的一種。

二、簡答題

1. 請問國際金融市場依金融管制鬆緊程度，又可分成哪兩種？

2. 請問在美國發行的存託憑證與外國債券各稱為何？

3. 請問在臺灣與香港發行的以人民幣計價的外國債券分別稱為何？

4. 請問全球市值最大的證券交易所為何？

5. 請問目前全世界最大金融期貨交易所為何？

6. 請問目前全世界最大能源期貨交易所為何？

7. 請問歐洲通貨市場獨特的利率系統，以美元與歐元報價各為何種利率？

8. 下列哪些商品屬於歐洲通貨市場？

    (A) GDR、(B) ADR、(C) FRCD、(D) TDR、(E) FRN、(F) ECP、(G) ECB

9. 承第 8 題，哪些商品屬於股權型式？

10. 承第 8 題，哪些商品屬於債權型式？

CHAPTER

6

國際金融機構

本章內容為國際金融機構,主要介紹國際銀行、投資銀行與私募基金等內容,其內容詳見下表。

節次	節名	主要內容
6-1	國際銀行	介紹國際銀行的組織型態及所承辦的國際業務。
6-2	投資銀行	介紹投資銀行的經營型態及所承辦的國際業務。
6-3	私募基金	介紹私募基金的經營型態及在國際金融所扮演角色。

本章導讀

通常跨國企業欲進行匯兌、募資、投資、購併、避險與避稅時，必須透過各種國際金融機構的協助，才能順利完成。由於國際金融事務會比單純的國內金融事務繁雜，所以進行國際金融活動時，需要多種國際金融機構（如：國際銀行、投資銀行與私募基金）的協助參與，才能使活動進展順利。以下本章將介紹國際銀行、投資銀行與私募基金的組織型態（或經營型態）及在國際金融的所承辦的業務（或所扮演之角色）。

6-1　　　　　　　　　　　　　　　　國際銀行

國際銀行（Transnational Bank）是指從事國際金融事務的商業銀行機構。跨國企業處理國際金融事務，最常往來的金融機構，就是國際銀行，舉凡進出口的匯兌、信用狀的開立、融資、投資或避險等，都少不了它的身影。以下將介紹國際銀行的組織型態及所承辦的國際業務。

一、組織型態

基本上，國際銀行的組織型態乃以國內銀行為基礎的海外延伸，其組織型態有以下幾種類型：

（一）代理銀行（Correspondent Bank）

全球各國的金融機構彼此間，都有密切的往來關係，所以既使某些銀行在國外未設立任何的營業單位，可先與當地的銀行先建立起「代理銀行」（或稱聯行）的關係，將金融服務延伸至海外。

所謂的代理銀行是指兩家分屬不同國（或地區）的銀行，彼此開立存款、代為支付或處理其他金融交易的帳戶，然後藉由此帳戶延伸本身在海外對原有客戶的金融服務，所以兩家銀行都屬於代理商的角色。例如：臺灣的「兆豐銀行」與泰國「盤谷銀行」，相互開立代理帳戶，這樣兆豐銀行可藉由在泰國盤谷銀行所開立的帳戶，對泰國當地的台商進行金融服務。同樣的，泰國盤谷銀行也藉由臺灣的兆豐銀行所開立的帳戶，對臺灣當地的泰國企業進行金融服務。

代理銀行制度或稱「聯行制度」，對銀行而言，可以不用海外設實體分行，較省營運成本，但對海外客戶所提供的金融服務較有限，基本上，是協助跨國的企業客戶完成跨國匯款、換匯、成對信用狀或在當地取得融資等服務。

（二）代表辦事處（Representative Office）

代表辦事處乃由母銀行在外設立一辦事處，並派駐一些人員於代理銀行內，協助母銀行處理海外客戶的金融事務。通常上述的代理銀行制度對母銀行的經營成本最低，因為它不用派駐任何行員至海外，但設立代表辦事處時，就必須要有行員進駐。

此種型式除了可完成上述代理銀行所能完成的金融服務，亦可以幫助本身的跨國企業客戶取得當地的商情與經濟資訊，並為本身預備開立海外分行先進行預備。

（三）分行

國外銀行分行（Foreign Branch Bank）是指國內銀行的母（總）行，在海外設立的分支機構，其營運模式與國內銀行相同，在法律上，它是母銀行的一部分。國外分行必須受到母國與當地國的雙重法令規範。例如：臺灣的銀行至美國設立分行，除了受臺灣銀行法的規範外，同樣也要符合美國國際銀行法（International Banking Act, IBA）的規範，如：外國銀行至美國營業，須與美國當地銀行同樣接受法定準備的要求，且也要向美國「聯邦存款保險公司」（Federal Deposit Insurance Corporation, FDIC）購買保險，才可營業。

母銀行至海外設立分行，可為跨國企業客戶提供較全方位的金融服務。例如：跨國企業至海外分行申請貸款時，可用母銀行的資本額當基礎，所以可以進行貸款的額度較高，且分行與母行都是同一家，這樣在進行票據清算或匯款都會較代理銀行的模式迅速。

表 6-1　國內境外銀行的分行與辦事處一覽表

境外銀行	駐地分行	瑞穗、美國、盤谷、菲律賓首都、紐約梅隆、大華、道富、法國興業、德意志、東亞、摩根大通、星展、法國巴黎、渣打、新加坡華僑、東方匯理、瑞士、安智、富國、三菱日聯、三井住友、巴克萊、花旗、香港上海匯豐、西班牙對外、法國外貿、中國、交通、中國建設銀行。
	駐地辦事處	蒙特婁、德國商業、菲律賓金融、瑞典商業、恒生、美國國泰、美西、華美、菲律賓土地、香港大眾、法國聯合銀行。

資料來源：中央銀行（2020/08）

（四）子銀行（或聯盟銀行）

子銀行（或聯盟銀行）的形式，都是在海外當地國註冊的銀行，在法律上，是獨立的公司，且都須遵循當地銀行法令的規範與管制。但兩者仍存在差異，「子銀行」（Subsidiary Bank）模式為乃母銀行擁有或部分擁有其股權，且母銀行對其具有主控權；「聯盟銀行」（Affiliate Bank）模式則為母銀行僅擁有部分股權，但母銀行對其不具有主控權。

子銀行（或聯盟銀行）的營業項目大致和國外銀行分行相近，但由於子銀行（或聯盟銀行）是獨立個體公司，所以有些跨國企業欲進行當地股權募資時，它們可以承做證券承銷的工作，但若是分行可能就無行進行此業務，因此可承做的業務較分行型態寬廣。

實務上，常由母銀行至海外成立分行後，待業績穩定須再進一步擴展業務時，就會傾向改制成子銀行（或聯盟銀行）型態。例如：原本美國的「花旗銀行」來台營運，也是先採分行制度，爾後，一段時間後就成立子銀行為「花旗（臺灣）銀行」。其他，國內如：香港的「匯豐（臺灣）銀行」、新加坡的「星展（臺灣）銀行」也都循此模式。

（五）境外金融中心

境外金融中心（Offshore Banking Center），在國內亦稱為「國際金融業務分行」（Offshore Banking Unit, OBU），其營運模式類似母銀行於境外設立國外分行或子銀行的模式，但 OBU 可設在與母銀行所在地的境內，因此可被視為是設置在境內的海外分行。

此外，國內政府單位也於 2013 年，核准國內證券商參照「國際金融業務分行（OBU）」相關規定，特許證券商得在境內設立「國際證券業務分公司」（Offshore Securities Unit, OSU），以經營屬證券商專業之業務範圍，以吸引海外資金回流，有效運用本國證券母公司資本及信用，擴大國際金融及證券業務參與之規模。另外，國內政府單位也於 2015 年，核准保險公司成立得在境內設立「國際保險業務分公司」（Offshore Insurance Unit, OIU），讓境外人士得以購買外幣計價的保險商品，以提供全方位的保障及多元的資產配置與投資理財管道。

通常一國的政府放寬金融管制時，大都會採取租稅減免或優惠措施，以吸收設籍於境內（外）的國外法人（企業）[1]的外幣資金，讓銀行參與該國的境外金融業務。因此，跨國企業可在第三國（如：免稅天堂－開曼群島、百慕達群島等）設立「境外公司」（Offshore Company），或稱「空殼公司（紙上公司）」（Shell Company），並藉由與OBU 的往來，讓國外資金可自由出入不受外匯管制條例的約束，並享有優惠利率以及節稅的好處。

在臺灣成立的「國際金融業務分行」（OBU）將不受外匯條例、銀行法及中央銀行法等有關規定限制，可以享有下列優惠：

(1) 免提存款準備金、

(2) 免徵營業稅與印花稅、

(3) 利率（存款及授信），由銀行與客戶自行約定，利率無上限之限制、

(4) 所得免徵營利事業所得稅、

(5) 客戶免繳存款利息所得稅、

(6) 免提呆帳準備（除另有規定外）、

(7) 對第三人無提供資料義務（除另有規定外）。

國財小百科　國際證券業務分公司（OSU）與國際保險業務分公司（OIU）

國際證券業務分公司（OSU）主要經營國際證券業務，其業務包括：辦理外幣有價證券或外幣金融商品之經紀、財富管理、承銷、自營業務、並可代理客戶辦理外幣間買賣，以及經主管機關核准辦理之其他與證券相關即期外匯業務。

國際保險業務分公司（OIU）主要經營業務範圍包含可辦理外幣計價的保險業務、再保業務及主管機關核准的保險相關業務。

---

[1]　通常至 OBU 開戶的都是以境外的法人或公司為主，但國內已於 2020 年 10 月開放設籍於國內的公司，就可在 OBU 開戶，此可省去國內企業以往須先至境外先開設海外公司，再繞回臺灣的不便性，並更有助於企業資金調度。

 無須繞道境外！境內企業OBU開戶放行最快10月底上路

9萬台商利多　OBU可直接開戶

DBU外匯帳戶與OBU授信帳戶比一比

項目	DBU外匯帳戶	OBU授信帳戶
開戶資格	本國人或有居留證者	境外企業、個人，第四季開放境內企業開戶
開戶方式	現金開戶或匯入款開戶	只能以授信款匯入開戶
利息給付	有，併入所得課稅	原則不計息
帳戶用途	不限制，可用於理財	限與授信相關八大用途，不得理財
匯款限制	一定金額以上要填申報書	無
金額及停泊時間	不限	各銀行要自行限制

　　金管會鎖定9萬多個具台商背景的OBU境外企業帳戶，開放可以國內企業身分，直接在銀行的OBU開立外幣授信目的相關帳戶，但此帳戶不能給利息、不能理財，有一定金額及停留期間限制，但好處是不用繞道境外成立紙上公司，省下相關成本，將臺灣作為台商資金調度中心。

　　目前OBU只能接受境外企業開戶，所以不少企業為了開外幣帳戶，支應海外資金需求或投資，就會繞道香港、避稅天堂等地區開立紙上公司，銀行局副局長表示，國際間實施共同申報及應行注意事項（CRS，俗稱全球肥咖條款、全球大追稅），及各避稅天堂紛紛制訂經濟實質法案，即企業要有實質經濟活動的反避稅措施，企業在海外若要設紙上公司，成本將提高，風險也會增加。

　　企業若在OBU開授信衍生帳戶，會限制只有八大功能，一是授信的資金撥付；二是授信的還本付息；三是資本支出；四一般營運週轉金；五為貿易融資；六是授信相關的外幣匯兌、即期交易及避險操作（但限180天內）；七是貨款或勞務收支的資金支付；八為對境外子公司直接投資。

　　該帳戶除了限資金用途，還有六大限制，一是必須用授信資金匯入方式開戶，不得以其他匯入款來開戶；二是帳戶往來對象限OBU帳戶、國銀境外分支機構、境外金融機構帳戶，不得與銀行境內的外匯帳戶往來；三是帳戶資金往來限外幣對外幣，不得兌換為新台幣。四是帳戶運用必須與授信相關，不得用在金融商品投資；五是授信帳戶原則上不計息；六是各銀行要控管資金停泊在帳戶的時間及金額上限，不能無限期停泊不動，或累積過高金額。

資料來源：摘錄自工商時報 2020/09/23

國內的金融制度將變革，允許國內企業直接可至國際金融業務分行（OBU）開戶，以後資金就不用再透過海外的「紙上公司」繞一圈，將有助於企業資金調度，也利政府掌控資金流向。

二、承辦的國際業務

基本上，國際銀行是國際金融市場上的主要參與者，其業務性質大致跟商業銀行的類似，但有些大型國際銀行亦扮演投資銀行的角色。基本上，其經營項目以存款、放款、匯兌與投資與避險等幾項為主。

（一）存款業務

國際銀行的外幣存款業務，主要吸收境外的個人與法人的外幣資金（以美元、歐元、日圓、人民幣等幣別為主）。國際銀行可藉由國外分支機構，吸收大額的外幣資金，以提供給跨國企業放貸使用。

（二）放款業務

國際銀行可提供境外個人與法人的外幣放款與保證業務，除了針對境外的個人與法人進行基本的短期、中長期放款，亦參與跨國企業的國際銀行團聯貸案。通常放款利率會以 LIBOR、SIBOR 為主。

（三）匯兌業務

跨國企業跟國際銀行，最常往來的活動就是匯兌業務。國際銀行所承辦的匯兌業務，有以下幾個項目：

1. 辦理境外客戶匯兌，包括匯出及匯入匯款業務。
2. 簽發境外客戶信用狀及辦理境外客戶信用狀通知。
3. 辦理境外客戶進、出口押匯之相關事宜。
4. 辦理境外客戶進、出口託收業務。

（四）投資與避險業務

國際銀行可提供給境外個人與跨國企業各種投資與避險的相關服務，也可進行如同投資銀行進行直接金融業務。國際銀行所提供的投資業務，大致爲提供跨國企業的證券包銷、購併與諮詢、信託業務及金融商品的操作（如：外幣保證金）等。國際銀行所提供的避險業務，大致爲提供各種金融商品的避險（如：利率、貨幣交換等）。

表 6-2　全球大型國際商業銀行的總資產排名（2019 年）

排名		銀行名稱	總資產（十億美元）	會計準則
1		中國工商銀行	4,324.27	IFRS
2		中國建設銀行	3,653.11	IFRS
3		中國農業銀行	3,572.98	IFRS
4		中國銀行	3,270.15	IFRS
5		三菱日聯金融集團	2,892.97	Japanese GAAP
6		豐控股有限公司	2,715.15	IFRS
7		摩根大通集團	2,687.38	U.S. GAAP
8		美國銀行	2,434.08	U.S. GAAP
9		法國巴黎銀行	2,429.26	IFRS
10		法國農業信貸銀行	2,256.72	IFRS
11		郵貯銀行	1,984.62	Japanese GAAP
12		三井住友金融集團	1,954.78	Japanese GAAP
13		花旗集團	1,951.16	U.S. GAAP
14		富國銀行集團	1,927.26	U.S. GAAP
15		瑞穗金融集團	1,874.89	Japanese GAAP
16		桑坦德銀行	1,702.61	IFRS
17		法國興業銀行	1,522.05	IFRS
18		巴克萊銀行	1,510.14	IFRS
19		法國 BPCE 銀行集團	1,501.59	IFRS
20		中國郵政儲蓄銀行	1,467.31	PRC GAAP

註 1：資料來源：S & P Global Market Intelligence（2020）

註 2：本表銀行總資產計算基礎日期爲 2019/12/31。

註 3：世界上大多數國家計算銀行資產採用國際財務報導準則（International Financial Reporting Standards；IFRS），然而美國與日本採用的是一般公認會計準則（Generally Accepted Accounting Principles；GAAP），所以在計算資產上並不一致。

投資銀行（Investment Bank）雖被稱為銀行，但基本上是不能從事商業銀行所能經營的間接金融業務，而投資銀行卻是以經營直接金融的業務為主。一般而言，投資銀行的稱法，主要流行於美國華爾街，世界其他各國還有許多種不同的稱謂，在臺灣、日本與中國等亞洲國家都以「證券公司」稱之，在歐洲的英國則稱為「商人銀行」，法國則稱為「實業銀行」，但事實上，在歐洲獨立採上述兩種的經營方式並不多，大多採取「綜合性銀行」或「全能性銀行」的型式，亦即同時兼備商業銀行和投資銀行的角色。

由於近年來，全球國際金融自由化的發展，使得跨國企業在國際金融市場的融資、投資與避險等活動，除了需透過國際銀行的協助外，更需要投資銀行的支援。因此投資銀行在國際金融所扮演的角色，日顯重要。以下本節將介紹投資銀行的經營型態及所承辦的國際業務種類。

一、經營型態

一般而言，投資銀行的經營型態有以下有四種：

（一）獨立型的專業投資銀行

此類型的機構較多，且分行遍布世界各國，各家都有各自擅長的業務方向，在美國以位於紐約華爾街的投資銀行最為出名，例如：美國的摩根斯坦利（Morgan Stanley）、高盛（Goldman Sachs）等。

（二）商業銀行擁有的投資銀行

此類型主要是商業銀行通過購併與收購其他投資銀行，或以入股方式建立成為附屬公司，以從事投資銀行業務。這種形式在歐洲地區較常見，例如：瑞士的瑞銀集團（UBS）、英國的匯豐集團（HSBC）等。

（三）綜合性銀行直接經營投資銀行

此類型主要出現在歐洲地區，綜合性（或全能性）銀行可同時從事投資銀行與商業銀行業務。例如：德國的德意志銀行（Deutsche Bank）、英國的巴克萊銀行（Barclays Plc）。

（四）投資公司成立的精品投資銀行

此類型主要由資深銀行家自行創立的投資公司，所成立的精品（Boutique）投資銀行，由於規模並不如大型的國際銀行，所以大都只經營特定業務或只為特定行業提供服務。例如：註冊在百慕達群島的拉扎德公司（Lazard）、位於美國的艾維克公司（Evercore）、莫理斯公司（Moelis）、森特爾維友合夥公司（Centerview Partners）等。

二、承辦的國際業務

跨國公司在進行國際金融活動時，在間接金融的融資與資金的匯兌必須透過傳統的國際商業銀行，其餘，如須透過證券籌資或進行國際購併與投資等事務，大致會找投資銀行協助，所以投資銀行的國際業務可與國際商業銀行互補。以下說明投資銀行所承辦的國際金融業務：

（一）提供國際證券承銷服務

跨國公司欲到國際金融市場，以股票、債券與票券等有價證券或利用特殊金融操作（如：證券化資產交換）籌集資金時，投資銀行常扮演證券承銷或特殊媒介的角色，協助跨國企業規劃與銷售海外的釋股或發債案件，以讓國際證券承銷能夠募資順利。

（二）提供國際金融投資服務

跨國公司欲進行跨國的重大金融投資時（如：欲投資海外股票、債券或衍生性商品等），常必須藉由投資銀行提供市場資訊與諮詢服務或居間仲介協調，才能使國際金融投資或避險進展順利。

（三）提供跨國資產配置服務

跨國公司欲進行跨國性的企業資產收購、併購、重組、股權轉讓或資產剝離[2]等配置管理活動時，常必須藉由投資銀行居間仲介協調與提供諮詢，才能使跨國企業的資產配置達到效率化。

---

[2] 資產剝離（Asset Stripping）為了提高股權投資者的收益，先入主一家公司後而出售公司資產的做法。

表 6-3　根據 2020 年 Vault Banking 50 公布前 10 大與國際知名投資銀行排名

排名	名稱	排名分數
1	森特爾維友合夥（Centerview Partners）	8.586
2	艾維克（Evercore）	8.507
3	高盛（Goldman Sachs）	8.244
4	摩根史坦利（Morgan Stanley）	8.098
5	古根海姆證券（Guggenheim Securities）	7.886
6	美銀美林銀行（Bank of America Merrill Lynch BAML）	7.792
7	拉扎德（Lazard）	7.791
7	佩雷拉・溫伯格合夥（Perella WeinbergPartners）	7.791
9	PJT 合夥（PJT Partners）	7.766
10	莫理斯（Moelis）	7.753
15	PJ 所羅門（PJSOLOMON）	7.010
17	野村（Nomura）	6.277
19	瑞銀集團（UBS）	6.207
21	摩根大通（JP Morgan）	3.240
22	瑞士信貸銀行（Credit Suisse Group）	2.470
23	巴克萊投資銀行（Barclays Investment Bank）	2.408
24	花旗銀行（Citigroup）	2.299
30	麥格理集團（Macquarie Group）	1.870
32	富國銀行（Wells Fargo）	1.833
35	巴黎國民銀行（BNP Paribas）	1.667
36	匯豐銀行（HSBC）	1.654
37	德意志銀行（Deutsche Bank）	1.653

註：Vault Banking 50 對投資銀行的排名，乃將以下條件加權而得，條件與權重分別為，40% 的信譽，20% 的企業文化，10% 的薪酬，10% 的業務前景，10% 的整體滿意度，5% 的工作／生活平衡、5% 的培訓。

資料來源：Vault（2020/8）

歐洲投行比美投行更脆弱　恐釀新一波整併潮

由於新冠肺炎（COVID-19）疫情在歐美延燒，有最新報告指稱，在最樂觀的情況下，今年投資銀行獲利仍可能下跌100%；其中歐洲投行的處境比美國投行更為脆弱，恐引發全球投資銀行間的「整併潮」。

報告指出，即使是在最樂觀的經濟快速反彈情況下，全球在6個月或更短時間內恢復常態，今年投資銀行獲利仍可能下跌100%。在更為悲觀的「全球深度衰退」模型中，經濟衰退持續1年或更長時間下，投行收益可能暴跌277%，其中一些實力較弱的銀行可能會面臨巨大虧損。

報導提到，獲利的最大驅動因素是規模。這顯示，利潤較高的美國投行像是美國最賺錢的摩根大通（JPMorgan），可能會會利用這場危機，從較小的歐洲投行中奪取更多市場份額。

在大銀行中，以德意志銀行（Deutsche Bank）和德國商業銀行（Commerz Bank）為處境最糟糕，本已陷於困境的它們，幾乎沒有利潤來吸收一波貸款違約；而瑞信（Credit Suisse）和瑞銀（UBS）則是處於最有利地位的歐洲投行，在很大程度上得益於它們從投行業務轉向理財和資產管理。

資料來源：摘錄自自由時報 2020/04/13

解說

　　2020年全球各行各業均受到「武漢肺炎」疫情嚴重衝擊，紛紛出現倒閉潮。由於經濟衰退嚴重，投資銀行業績也大受影響，在歐洲規模較小的投資銀行可能被較大的投資銀行所整併。

6-3 私募基金

近年來，國際金融市場最引人注目之發展，就是私募基金的積極入市。所謂的「私募基金」（Privately Offered Fund）是指由一群少數投資人，以私人（或說非公開）的名義，私下募集資金，成立以投資為主的基金，再將資金用於特定的投資機會與標的。投資的標的若是以公司的股權（Equity）為主，又稱為「私募股權基金」（Private Equity Fund, PE）。

由於全球私募基金的蓬勃發展，讓基金的規模已走向大型化，其所挾帶的巨額資金，逐漸滲透跨國企業的國際籌資與投資活動，因此私募基金對跨國企業的經營已具有重要的影響力。且近期，跨國企業也用本身的內部資金，設立私募基金，利用私募基金的名義，協助跨國公司進行節稅等活動。以下本節將介紹私募基金的經營型態及在國際金融所扮演的角色。

一、經營型態

私募股權基金會針對跨國企業在不同的時期，提供融通資金，協助公司擴業或轉型的發展，並使基金本身能獲取高額的報酬為目標。以下將介紹幾種私募基金對跨國企業提供各類資金協助的經營型態。

（一）創業投資基金（Venture Capital, VC）

創業投資基金最傳統的業務就是提供公司創業投資資金。當公司剛草創時期需要創業資金，此時私募基金提供被稱為「風險資本」的資金。雖然大部分的跨國企業都已脫離創業投資階段，但它可能會轉投資其他公司尚屬初創階段，此時私募股權基金就可介入，以提供創業初期的資金。

（二）直接投資基金（Direct investment Fund）

直接投資基金乃當跨國企業欲擴展國際版圖，須要大量的股權資金時，此時該類型的私募股權基金，會直接將資金提供給急於擴大規模的跨國公司，不僅帶給公司發展所需要的資金，也會帶來了有效的管理機制和豐富的人脈資源，有時這些附加的資源對於跨國企業的重要性遠大於資金。

（三）過橋基金（Bridge Fund）

過橋基金會在跨國企業，欲即將在海外或國內上市上櫃前，因法令規定須要某部份股權流通在外，所以此時該類型私募基金，會提供過水資金買入該公司股票，以佔有公司某部份股權，以方便公司度過特別時期；待跨國上市櫃後，過橋基金再將持股賣出，取回之前投資的資金，因此此資金又被稱為「夾層投資基金」（Mezzanine Fund）。

（四）收購基金（Buyout Fund）

對跨國公司進行私下收購，並提供資源以進行調整重組改造，讓公司去蕪存菁，且優化公司資產結構，以逐步提升公司經營績效與企業的價值，待公司價值大幅提升後，再幫公司給找一個買主或再次公開上市，以便於退出該項投資，並從中獲取高無報酬。通常收購基金所需的金額較大，所以若以此業務為主的私募基金，財力要相當雄厚。

二、在國際金融所扮演角色

近年來，國際大型的私募基金活動頻繁，常常介入跨國公司的募資與購併案，它們除了著眼本身的獲利外，也對跨國公司的公司財務狀況或經營結構產生質變，因此私募基金對跨國企業的影響性，日趨重要。此外，跨國企業常藉由自行籌設私募基金，讓公司內部資金調度更具隱蔽性與彈性。以下介紹私募基金在國際金融所扮演角色。

（一）提供股權資金

私募基金的資金的組成都是來自少數的資產大戶，所以它們可以很迅速且精準的對跨國公司提供股權資金，以協助它們進行擴展版圖，且它們所提供的資金較一般的國際銀行來得有彈性且可客製化，因此跨國企業，若要進行規避政府法令管制的投資，可以尋求私募基金的協助。例如：它可提供跨國企業私人股權資金，以便突破政府外匯的管制措施。

（二）擔任特殊任務

私募基金的組成份子，大都是來自於具有豐富投資經驗與熟捻國際金融的銀行家，他們會善用其國際市場的經驗和資源，協助跨國企業在特定場合較特殊的協助，以便讓跨國公司財務狀況或經營結構產生改變，並讓公司經營策略更具彈性。例如：它可以擔任公司要上市上櫃前的過水角色或擔任私下融資收購，再重組公司的轉型機構。

 **國財快訊**

黑石以23億美元購買武田大眾藥品業務

日本製藥大廠武田藥品工業將出售大眾藥品業務予美國私募股權投資基金－黑石集團（Blackstone），武田製藥官方證實，公司同意以近 23 億美元的金額出售大眾藥品業務予黑石集團。

武田製藥表示，將以價值為 22.9 億美元的非處方籤藥物與保健品出售給美國投資基金黑石集團，詳細出售價格將在計算債務和其他因素後確定。

本次武田製藥大眾藥品業務的出售為競標所敲定，於 2020 年春天展開一系列競標流程，據路透社（Reuters）報導，參與競標者包含了日本國內的製藥公司及外資私募股權基金，如：貝恩資本（Bain Capital）、CVC Capital Partners 與大正製藥等，而黑石集團則成為其中最終的競標者。

資料來源：摘錄自聚亨網 2020/08/24

 **解說**

近期，國際大型私募股權基金「黑石集團」（Blackstone），以近 23 億美元收購國際知名製藥公司－武田藥品的大眾藥品業務，並預計於五年內將此事業掛牌上市。所以國際大型私募基金，常扮演收購跨國企業之角色，並介入經營或重整後，讓公司增值後，再重新上市或售出。

（三）協助企業節稅

　　跨國企業也運用本身的內部資金，自行籌設私募基金，藉由私募基金的隱蔽性，以便利公司內部資金調度彈性，且可協助公司進行節稅。例如：跨國企業在租稅天堂申設私募股權基金，由於有些境外免稅天堂如：開曼群島，並不將私募基金納入經濟實質規範，因此跨國公司可藉由私募基金進行資金調度或投資獲利，並可享有免稅之優惠。

表 6-4　國際知名的私募基金一覽表

名稱	營業項目
凱雷集團 （Carlyle Group）	管理服務、房產管理、財務規劃、資本募集
黑石集團 （Blackstone Group）	私募股權、投資銀行、投資管理、資產管理
貝恩資本 （Bain capital）	私募股權、風險資本、公共資產、高收益資產、夾層資本
KKR 集團 （Kohlberg Kravis Roberts）	槓桿收購、成長資本
紅杉創投 （Sequoia Capital）	風險投資
德州太平洋集團 （Texas Pacific Group）	融資買入、成長資本、風險資本
華平投資 （Warburg Pincus）	投資管理、私募股權
CVC 資本合夥 （CVC Capital Partners）	信貸管理、私募股權

國財快訊

台商開曼設點　省成本有撇步

境外免稅天堂開曼群島本月發布最新版本經濟實質法規範，會計師指出，本次最新重點，是將私募股權基金納入不必受經濟實質規範要求，節省海外管理成本。

許多台商在開曼群島設立公司，作為跨國經營或投資的海外據點，然而隨著歐盟將開曼群島列入租稅不合作黑名

法令重點	涉及面向
私募基金可豁免	●符合開曼群島《私募基金法》的基金，可豁免適用經濟實質規範，但一般基金管理公司不能豁免 ●若成立私募基金，未來仍要作年度申報、提交當地會計師簽證的財報，以及各項年度評估及紀錄等
年度申報不延長	針對2019年度經濟實質申報，雖然事前通報期從3月延長至6月，但全年申報仍維持原訂今年12月31日截止

開曼群島經濟實質法重點新規

單，開曼群島開始訂定經濟實質相關規範，要求當地企業若經營跨國金融、控股甚至是作為企業集團總部等，必須在開曼群島當地設有一定人數員工、定期召開董事會等經濟實質行為。

勤業眾信會計師表示，新版規定最大的重點，在於新增對私募基金的適用。由於開曼群島在今年初已發布《私募基金法》，細則 3.0 也規定，凡是依該法登記註冊的私募基金，可以豁免適用經濟實質規範，將成為台商減輕海外實質管理成本的新選擇。

資料來源：摘錄自經濟日報 2020/07/21

解說

全球眾多跨國企業都會選擇避稅天堂（如：開曼群島）進行避稅，但隨著各國政府實行反避稅活動，讓跨國企業避稅變得更困難。但近期，境外免稅天堂開曼群島發佈將「私募股權基金」納入不必受經濟實質規範要求。所以跨國企業可設立私募股權基金，以進行節稅。

本章習題

一、選擇題

( )　1. 請問下列何者非國際銀行的經營型式？

(A) 代理銀行　(B) 分行　(C) 代表辦事處　(D) 境內金融中心。

( )　2. 通常國際銀行要在海外開立分行前，可先設立何種單位進行預備？

(A) 聯行　(B) 子銀行　(C) 代表辦事處　(D) 境外金融中心。

( )　3. 通常國際銀行的經營，若採子銀行或聯盟銀行的模式，請問這兩者主要差別在於何者？

(A) 母銀行對其主控權的差異　(B) 母銀行佔的股權份額的差異

(C) 與母銀行的距離差異　　　(D) 與母銀行的經營結構的差異。

( )　4. 一般在國內亦稱為「國際金融業務分行」，是指下列何者？

(A) 國際代理銀行　　　　　　(B) 境外金融中心

(C) 國際銀行海外代表辦事處　(D) 國際銀行外匯辦事處。

( )　5. 下列何者非國際銀行的主要業務？

(A) 海外存放款　(B) 國際證券承銷　(C) 海外保險　(D) 國際投資管理。

( )　6. 通常投資銀行所經營的業務，在國內是指何種機構？

(A) 境外金融中心　(B) 證券商　(C) 金融控股中心　(D) 投資信託公司。

( )　7. 下列何者非投資銀行的國際主要業務？

(A) 海外存放款　　　　　　　(B) 國際證券承銷

(C) 跨國資產配置服務　　　　(D) 國際投資管理。

( )　8. 國際知名的投資銀行－摩根斯坦利（Morgan Stanley）是屬於何種經營型態？

(A) 投資公司成立的精品投資銀行

(B) 國際商業銀行

(C) 全能性銀行

(D) 獨立型的專業投資銀行。

( )　9. 下列何者非私募基金的經營型態？

(A) 過水基金　(B) 保本基金　(C) 創投基金　(D) 收購基金。

( ) 10. 下列何者為私募基金在國際所扮演角色？

(A) 提供私人資金　　　　　(B) 提供間接金融服務

(C) 提供國際匯兌服務　　　　(D) 提供國際證券承銷服務。

( ) 11. 下列敘述何者有誤？

(A) 代理銀行制度又稱聯行制度

(B) 通常開立國外銀行分行的預備會先設立代表辦事處

(C) 通常設置海外子銀行模式與母銀行都是獨立公司

(D) 境外金融中心只可設置在境外。

( ) 12. 下列敘述何者有誤？

(A) 投資銀行主要業務以間接金融為主

(B) 通常國際銀行的業務以商業銀行為主

(C) 外匯指定銀行是指國際金融業務分行

(D) 國內證券公司的業務較像投資銀行。

( ) 13. 下列敘述何者有誤？

(A) 在國內開設 OBU 可免提存款準備金

(B) 投資銀行最普遍的業務就是國際放款

(C) 國外有些投資銀行也可經營商業銀行業務

(D) OBU 也可設在境內。

( ) 14. 下列敘述何者有誤？

(A) 通常私募基金以收購其他家公司為主要業務，又稱為夾層投資基金

(B) 通常私募基金可提供跨國企業股權資金

(C) 通常私募基金可協助跨國企業節稅

(D) 私募基金最傳統業務就是提供企業剛創業的風險資本。

( ) 15. 下列敘述何者有誤？

(A) 在國內綜合券商也可成立 OSU

(B) 通常國內的商業銀行也可稱為投資銀行

(C) 私募股權基金可擔任跨國企業上市上櫃前的過水角色

(D) 投資銀行以承作間接金融業務為主。

二、簡答題

1. 請問國際銀行的經營型態，有哪些類型？

2. 請問投資銀行的經營型態，有哪些類型？

3. 請問私募基金的經營型態，有哪些類型？

第 **3** 篇

國際投資與風險篇

　　跨國企業在從事國際投資活動時，其所面臨的風險較國內投資複雜，除了必須考量匯率變動所帶來的額外風險，又須注意各國法令或制度…等，是否對投資活動帶來限制與風險，所以跨國企業的海外投資與購併等活動，讓管理者須擔負較大的挑戰。因此國際投資與風險的管理得宜，對國際企業公司而言是一項重要議題。

　　以下本篇為國際投資與風險篇，其內容包含兩大章，介紹國際投資活動時，所應瞭解的基本常識。

⊞ CH7 國際投資與購併

⊞ CH8 國際風險管理

國際投資與購併

本章內容為國際投資與購併，主要介紹國際投資與國際併購等內容，其內容詳見下表。

節次	節名	主要內容
7-1	國際投資	介紹國際投資的類型、動機、理論與評估。
7-2	國際併購	介紹國際併購的意義、類型與併購資金的資金支付方式。

本章導讀

　　既然稱為跨國公司，那就是公司一定會有國際的營運活動，通常至海外銷售是最基本的營業活動，待銷售成績斐然有成時，或許就會再進一步考量至當地設立營業據點、生產工廠或其他投資活動，使公司能夠藉由海外投資或購併活動，讓公司再度擴展營業版圖。因此國際投資與購併活動的成果，對於跨國公司的營業獲利成長性，具有重要的關鍵影響性。以下本章將介紹跨國公司的國際投資與併購等內容。

7-1　　　　　　　　　　　　　　　　　　　　　　　　　國際投資

　　跨國公司為了尋找新市場、原物料、降低生產成本、分散投資風險等因素的考量，會選擇至海外投資，希望藉由海外投資讓公司有繼續成長的機會，所以國際投資對跨國公司而言，是一項重要的營業活動。以下本節將介紹跨國公司的國際投資類型、動機、理論與評估等內容。

一、國際投資的類型

　　跨國公司在進行國際投資，大致可分成兩種模式：

（一）直接對外投資（Foreign Direct Investment, FDI）

　　指跨國企業直接到海外或至海外尋找合作夥伴，單獨或共同設立銷售據點、生產工廠或研發機構等，將實際生產資本移出海外，這是跨國公司最常見的國際投資類型。通常此種對外投資乃跨國公司欲長期經營當地市場，希望建立自己海外的衛星營業據點，所以此類型的投資金額較高，承擔的風險也較大，當然獲利也可能較豐。

（二）間接對外投資（International Indirect Investment）

　　指跨國企業至海外投資並沒將實際生產資本移出海外，僅將資金轉投資海外其他公司的股權或投資有價證券，藉由海外公司的營業或投資有價證券而獲利。此種對外投資的目的在於短期獲利，跨國公司僅將貨幣資本移入，所以要投資或退出當地市場較為簡便，承擔的風險也較低，當然獲利有可能較少。

二、國際投資的動機

　　一家企業都是由經營本土市場起步，爾後，可能為了市場需求、追求成長等因素，逐往海外擴展，通常先進行國際貿易，再漸次進行國際投資。但每家企業進行國際投資

的理由與動機不全然相同，以下說明幾點常見的動機：

（一）尋找商機

　　跨國企業為了追求營業成長會至海外尋找新商機，會先至海外投資擴展銷售據點或至海外設立生產據點，將產品或服務銷售至海外，以開發新市場商機，讓跨國企業能夠繼續維持成長動能，並創造更高的利潤。

（二）降低成本

　　跨國企業為了降低生產成本，會將銷售服務或生產製造，移往工資成本較低或生產原料的國度，藉較低的勞工工資與較低廉的原料價格，讓銷售或生產成本下降，以提高商品的競爭性，並創造更高的利潤。

（三）貼近市場

　　跨國企業會至海外設廠或成立子公司，除了可開發出符合當地民情所需要的商品或跟當地企業建立合作策略聯盟，讓生產或服務更貼近當地市場，以便滿足海外市場的需求並提高市場占有率。

（四）學習技術

　　技術層次較低的國度內的跨國企業，為了增進公司的生產流程、管理效率或欲學習較先進的技術，會選擇至技術層次較高的國度進行投資。希望藉此學習到較優良的管理與生產等技術，以提高公司未來的經營效率或形象知名度。

（五）規避限制

　　跨國企業為了規避某些商品，會被外國課以高額關稅與被限制進口配額或者規避生產某些的商品，具有環保問題等因素。此時跨國企業會將生產線移至國外當地以避免貿易障礙或移往保意識與法令較寬鬆的國家設廠生產，以規避環保安全問題所帶來的生產限制。

（六）分散風險

　　跨國企業為了避免將經營重心集中於國內或少數國家，可採取多角化投資，將於全球各地設立生產與銷售據點，以規避少數國家因天災、戰爭、政治與經濟等因素所造成的營業損失。

（七）金融獲利

當跨國企業在某國經營許久，對當地產業結構與經濟景氣變化瞭若指掌，此時企業也可藉由投資該國金融市場內的有價證券，或者轉投資當地其他公司的股權，以獲取金融利益。

三、國際投資的理論

企業為何要進行國際投資，在學理上，有許多論點來自於國際產品生產理論，以下本單元整理幾項重要論點，如下說明：

（一）相對比較利益

每個國家在基於相對比較利益下，生產該國較具優勢的商品，然後出口，再進口本身較不具優勢的商品，雙方經國際貿易而互蒙其利。因此跨國企業在相對比較利益下，會選擇在國內已處於比較劣勢，但在他國仍具有明顯或潛在的比較優勢的商品或產業，外移至國外生產製造，這樣會比在本國生產更具競爭性。例如：在相對比較利益下，台商會至越南設廠生產紡織、鞋類等勞力密集商品，因為海外生產一定比臺灣製造，更具比較利益。

（二）市場不完美

各國市場都有其不完美性（如：勞力成本、環保法令、貿易關稅等限制），讓商品不方便在該地生產與銷售，此時可移往他地進行產銷，以規避市場的不完美性，這成為驅使至國際投資的動機。

有些勞力密集或具污染性的產業，並不適合在薪資水準或環保意識較高的國度生產，必須移往勞力成本較低廉或環保規定較寬鬆的地區生產。例如：原本臺灣製鞋與成衣廠，隨著國內工資成本提高，紛紛移往勞力成本較低的中國或東南亞製造。國內較具污染性的石化業，也隨著民眾環保意識抬頭，部分移往環保法令較寬鬆的東南亞生產。

每個國家都可能為了保護當地產業的發展，都會設下許多貿易關稅措施，如：提高關稅、限制商品進口數量等。除了增加該國的稅收外，亦可避免廠產受到國外同質廠商的競爭。因此跨國企業為了突破貿易關稅障礙，將原本採進口方式至他國銷售的策略，改採至海外當地進行直接投資，便可將商品的銷售成本下降，以增強競爭性。例如：眾多日本汽車公司，為了規避美國國內對日本汽車採取高關稅與進口限額的規範，都紛紛至美國本土直接設廠投資，以規避貿易限制。

資助企業撤離中國分散風險
日本政府開第一槍

源自中國的武漢肺炎疫情蔓延全球，禍及國際經濟，促使各國開始思考如何分散企業風險避免損及供應鏈，根據德國之聲中文網（DW）報導，日本政府推出空前規模的經濟刺激方案，協助受到疫情重創的經濟，其中將撥款 22 億美元（約 662.2 億元台幣），協助日本製造商撤出中國，或轉移至其他國家，以企業分散風險，調整生產線與布局策略。

彭博引述日本經濟學家表示，部分在中國生產出口商品的日本廠商，原本就考慮要遷離中國，如今日本政府頒布補助預算後，肯定會增加企業撤離中國的動力。不只是日本另有盤算，根據美國商業雜誌《富比世》（Forbes）報導，美國企業也將加速撤離中國。報導說，由於美中貿易戰的因素，美國企業相繼離開中國，疫情的衝擊會有更多企業選擇打包走人。

報導說，預計這將使得企業更加思考分散風險，而不是僅僅依賴中國，因武漢肺炎的疫情暴露了風險；並指出美國公司出走並非放棄中國市場，而是中國是世界工廠的時代劃下句點。

資料來源：摘錄自蘋果日報 2020/04/11

 解說

近年來，中國挾著低製造成本、大消費市場的優勢，吸引全世界跨國企業紛至當地設廠投資。但 2020 年中國發生肺炎疫情，讓過度依賴中國製造曝露出缺點，也讓各企業重新思考分散風險才是投資的要點。

（三）上下垂直整合

一個產業的形成，須由上下游廠商的群聚且垂直整合，才能降低生產成本。因此當跨國企業所生產的產品，是位屬該產業供應鏈的下游時，它可以尋求至海外產業鏈的上游或原物料的生產國設廠，以降低運輸與生產成本。例如：臺灣的電子產業蓬勃發展，以形成產業供應鏈的部落，所以國內外廠商會群聚，讓產業上下垂直整合，以達經濟利益。

（四）產品生命週期

根據產品生命週期（Product Life Cycle, PLC）的論點，認為一項產品的生命週期可能都會歷經「創新」、「成長」與「標準化」三種階段。此理論可被拿來解釋產品生命週期，因在不同的三種階段中，市場需求與生產成本的差異，企業將有不同的海外投資評估：

1. 創新階段產品

當一個新產品處於研究與開發階段，須耗費高額的成本，所以大都是資金雄厚與技術發達的國度在進行投資，且製程尚未標準化，市場需求也不大，因此大都會留在開發此商品的國度內進行生產。

2. 成長階段產品

當一個新產品進入市場一段時間後，若受本國消費者的高度喜愛外，可能也會受海外市場的青睞，造成其他國家也對該產品的需求量增加，此時生產該商品的企業，可能還會留一部分在本國製造，也會將一些產能移至海外生產線，以服務當地消費者。

3. 標準化階段產品

當一個商品進入成長期的後段，大量的商品需求，會讓市場出現高度的同質性競爭，此時企業須將生產製程與商品規格標準化，並至海外尋找生產成本較低的國度進行設廠製造，以降低成本，維持競爭性。

例如：筆記型電腦（NB）的開發與生產，就歷經創新、成長與標準化三種階段。在「創新階段」時，由於開發成本高，技術尚未完全成熟，因此先留在美國本土生產，所以價格高昂，需求端亦屬商業用途為主。在「成長階段」時，技術逐漸成熟，消

費者對此商品逐漸認識，因此全球需求大增，所以此時可能採出口與海外設廠，雙管道兼行。在「標準化階段」，由於商品規格與生產製程都以成熟且進入標準化階段，市場出現其他品牌競爭，所以美國各 NB 大廠都改採直接海外設廠或至海外找代工廠合作製造。

（五）折衷典範理論

折衷典範（Eclectic Paradigm）理論，又被稱為「國際生產理論」。該理論認為跨國企業至海外進行投資時，必須對公司本身與投資地進行全面分析，若能同時符合三種優勢折衷平衡共存，就會引發海外直接投資的動機。這三種優勢分別為「所有權特定優勢」（Ownership Specific Advantage）、「地區特定優勢」（Location Specific Advantage）、「內部化優勢」（Internalization Advantage）。通常將理論取三種優勢的第一個英文母，故稱之為「OLI 理論」。以下分別說明這三種優勢：

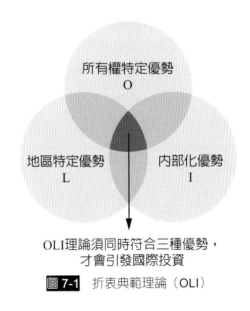

圖 7-1 折衷典範理論（OLI）

1. 所有權特定優勢

是指跨國企業須擁有其他公司所沒有的特定優勢，且這些優勢不容易被模仿而且還具有能夠移轉至海外的特性，所以跨國公司才能夠前往海外成立子公司進行投資。通常這些所有權特定優勢，包括：跨國公司擁有獨門的技術、專利權與商標權、或跨國公司所生產的商品具有獨佔性與多樣性等特質。

2. 地區特定優勢

是指跨國企業欲前往海外投資時，國外的地主國必須擁有地區性的特殊競爭優勢，才能吸引跨國企業進入當地市場投資。通常地區特定優勢，包括：地主國擁有緊鄰原物料生產地的優勢、地主國位於全球重要運輸轉運的樞紐位置、地主國擁有大量的消費人口、地主國與跨國企業具有相同的文化、語言、風俗與習慣等。

3. 內部化優勢

是指跨國企業本身擁有上述所有權特定優勢，但不想因以技術授權的間接對外投資方式，耗損其內部資源，而選擇直接對外投資，以保持競爭優勢。通常企業擁有的內部化優勢，如：跨國公司內部具有優異的研發、生產與行銷等整體性能力，將內部技術能力直接轉移至海外投資，可將公司資源充分配置，發揮內部整合的效益。

例如：目前全球最大的日用品公司－寶潔公司（Procter & Gamble, P&G），是一家美國消費日用品生產商，它至海外投資設廠，便符合 OLI 理論。在「所有權特定優勢」上，它擁有雄厚資本、技術優異以及產品多元化的優勢；在「地區特定優勢」上，它會選擇人口出生或密集度較高的地方設廠，如中國的大城市或臺灣；在「內部化優勢」上，它善用內部研發、生產、銷售的整合，將管銷研發的優勢，使公司資源配置與調度處於合理完備。

四、國際投資的評估

跨國企業在進行國際投資評估時，最重要的就是地點的選擇，其次就是該採取什麼投資模式（如：獨資或合資新設公司）才合宜？這些因素都會影響整體國際投資的成敗。以下將介紹國際投資地點與模式的選擇：

（一）投資地點的選擇

國際投資的地點選擇，所要考慮的重點很多，每一家跨國公司都有其考量因素，跨國公司必須仔細衡量地主國的各種條件，才能選擇出兼具風險與效益的最佳地點。以下介紹幾項跨國公司在選擇投資地點的考量因素：

1. 營運成本

跨國企業會選擇至海外投資首要考量因素，就是尋找可以降低營運成本的地點，通常投資地點可能擁有較低廉的工資、運輸、倉儲或物料成本等，可吸引勞力密集的

產業去當地投資。例如：眾多跨國企業爲了降低營運成本，會選擇發展中的國度，如：中國、印度與東南亞各國進行投資。美國的企業也會選擇至臺灣、新加坡等新興國家，設跨國營運據點，以降低營運成本。

2. 原料產地

通常原物料（例如：礦產、木材、原油等）的運輸成本高昂，有時從生產地輸入還須被課高額的關稅，所以有些中下游廠商會直接選擇至原物料的產地設廠加工製造後，再從當地外銷至全球。例如：許多國際大型石油公司（如：荷蘭皇家殼牌（Shell）），會選擇至中東產油國設廠提煉原油銷售至全球。臺灣與日本的輪胎廠都會選擇至橡膠原料產地－馬來西亞設置工廠，以便生產製造。

3. 地理位置

跨國企業對外投資會考慮地理位置，除了須選擇具全球重要運輸轉運的樞紐位置外，另外也須考量就近投資，因離母國總公司較近，以便各種人員調度方便，且相似的氣候環境，也是人員適應的重要因素。例如：台商會優先選擇離國內最近的中國廈門、廣東或深圳等地方投資，除了那些地方具具轉運樞紐港口（香港）較進，以利貨物運輸，且也考量人員往來便利外，當地的氣候也與國內較相似。臺灣的電子代工大廠－鴻海至歐洲設廠投資會選擇捷克，乃因爲捷克位於歐洲中部地區，具有重要運輸轉運的地理優勢。

4. 文化語言

跨國企業內部的溝通順暢，也是企業對外投資所考量的重要因素，當然雙方具有相同文化語言、風俗習慣，可讓企業內部溝通與想法較一致。例如：台商前仆後繼的至中國投資，除了考慮地緣關係最近外，且兩國有相同（似）語言文化、風俗習慣的考量。美國的大型科技公司因語言的考量，會至選擇相同語系的印度投資設立客服機構，以便利客戶諮詢服務。

5. 產業群聚

一個產業會有上中下游產業鏈，產業鏈內彼此業務往來與人員會彼此頻繁交流。若某國的特定區域形成產業群聚，將可吸引其產業鏈內上中下游的各家廠商進駐，以節省彼此的運輸與溝通成本。例如：臺灣的科學園區就有完整的電子產業供應鏈，所以吸引國外相關業者進駐投資。由於泰國土地、人力便宜，讓許多日系汽車品牌至當地設廠投資，也吸引臺灣與日本等汽車上下游零組件廠商群聚。

6. 政經穩定

若某國內部政治動亂或經濟動盪，對跨國企業的經營會有很高的營運風險。因此一個國家的政治清明，其所制定的法令有其穩定度、且經濟發展穩定，讓該國的匯率變動不至於太大，這樣才會吸引外國廠商來此進行長久投資。例如：新加坡是一個政治與經濟穩定的國度，所以可以吸引許國跨國企業至該國設立公司。臺灣一直是自由民主國度，政治較清明穩定，近年來也紛紛吸引美國大型企業（如：Google、Microsoft）至台投資建立資料中心。

7. 市場開放

一個國家對外國企業或資金愈開放，跨國企業至該國設廠投資或外國資金進入該國金融市場投資就會愈積極。因為政府管制愈少，就會越尊重市場機制，這都有利於跨國企業的營運或國際金融投資。例如：以往的香港是一個市場開放程度較高的地區，所以可以吸引許國跨國企業至該國設立公司及吸引外國資金進來當地金融市場投資。近年來，東南亞各國為了刺激經濟發展，紛紛放寬當地市場的各項管制（如：外匯管制措施、外資股權比例限制等），讓市場更為開放，以利外國至當地投資。

8. 政府獎勵

政府對某些產業實施獎勵政策（例如：資金低息貸款協助、土地取得成本低廉、補助減免等），可以吸引國外相關產業至當地投資。例如：近期臺灣積極發展綠能產業，除了鼓勵國內金融機構提供低廉資金貸款外、亦提供資金補助建置機器設備，因此吸引許多國外（如：丹麥、加拿大等）離岸風力廠商來台進行投資。全球許多知名租稅天堂國度（如：巴哈馬、開曼群島等），由於當地政府鼓勵壓低稅制，讓許多跨國企業會將營業總部登記於此，以規避稅盾。

經濟部3階段策略助風電業打國際盃

我國積極推動綠能發展，在風力部分規劃於 2025 年分別達成 6.9GW 目標。臺灣海峽擁有優質風力潛能，離岸風電更是未來風能發展的焦點，政府將定採「先示範、次潛力、後區塊」3 階段策略推動離岸風電，逐步穩健帶領臺灣風電產業躋身國際市場。

第 1 階段－離岸示範獎勵樹立實績：海洋離岸示範獎勵案已於 2019 年底在苗栗竹南外海商轉我國首座離岸風場，宣示臺灣邁入國際離岸風電市場行列。

第 2 階段－潛力場址吸引國際開發商投資臺灣：政府藉躉購機制，鼓勵綠能投資建立市場、完備基礎設施及培育本土產業鏈，已吸引多家國際知名風電開發業者來台投資開發離岸風場。

第 3 階段－區塊開發切入亞太市場：支持業者在台投資信心及提升產業價格競爭力，以支撐開發商與本土供應商共同結盟向外複製臺灣開發經驗，逐步搶攻國際商機。

資料來源：摘錄自經濟日報 2020/05/28

 解說

近年來，政府積極推動離岸風電產業，並提供獎勵及補助措施，鼓勵國內外跨國企業投資。預計不久的將來，臺灣將成為亞太離岸風電產業聚落的重要樞紐。

為什麼捷克是台廠進軍歐洲關鍵？
鴻海深耕20年曝「地理位置」優勢！

捷克參議院議長維特齊率團訪台，讓台廠進一步關注捷克投資環境；經濟部分析捷克具工業基礎深厚、工資與土地成本低、歐盟會員國身分三大優勢，產業界更認為地理位置優勢也是吸引業者前往投資的考量因素。

經濟部資料顯示，捷克為臺灣在歐洲的第 4 大投資國，投資規模僅次於德國、荷蘭與英國；累計至 2019 年 9 月，臺灣在捷克的投資案共 25 件，金額達 1 億 6048 萬美元，而台捷雙邊去年貿易額近 8.2 億美元，臺灣享有貿易順差 8,978 萬美元。

鴻海看中捷克 4 大優勢，自 2000 年投資以來已成第二大出口企業

國內代工大廠鴻海集團自 2000 年即開始在捷克投資設立據點，根據鴻海 2019 年年報資料，鴻海集團在捷克設有 9 個據點，產業人士表示，整體觀察來看，鴻海集團選擇捷克作為歐洲總部，主要有四大因素，首先捷克位於歐洲中部，具有地理優勢，捷克距離德國不遠，可節省運輸成本；同時以捷克為核心，鴻海集團在周邊的匈牙利、斯洛伐克等國，也都設有製造生產據點。

其次，捷克從 2004 年加入歐盟後，與歐元區成為一體市場，成為台廠搶攻歐盟市場的堡壘；此外，捷克工業基礎雄厚，無線通訊專業人才技術也相當扎實；加上捷克勞動力平均成本也低於其他歐盟成員國，有助鴻海集團控制人力成本。

消費性電子廠於捷克設廠，將帶來「產業群聚」效應

電腦品牌廠宏碁中歐分公司設於捷克首都布拉格，主要負責宏碁產品在中歐國家的業務及行銷事宜，在捷克扎根多年。另一家臺灣知名消費性電子大廠考量全球布局與成長，曾於 2004 年投資 2,000 萬歐元在捷克設廠，作為歐洲生產中心兼客服暨維修中心，並享有公司所得稅免稅及創造就業補助金等投資優惠。除了就近服務客戶外，消費性電子大廠在捷克設廠也有助於產生群聚效應，吸引其他資訊科技廠商前往捷克投資，對於供應鏈轉移的策略布局具有指標性意義。

資料來源：摘錄自科技報橘 2020/09/01

解說

臺灣許多電子大廠紛至東歐國家—捷克設廠投資，除了捷克具深厚的工業基礎、且工資與土地成本相對低、也具歐盟會員國身分等優勢，更認為位居歐洲中部的地理優勢，也是吸引投資的考量因素。且國內眾多電子廠進駐當地投資，也形成產業群聚效應。

表 7-1　世界銀行發布 2020 年全球經商環境指數排名前 40 名之國家

名次	國名（地區）	名次	國名（地區）	名次	國名（地區）	名次	國名（地區）
1	紐西蘭	11	立陶宛	21	泰國	31	中國
2	新加坡	12	馬來西亞	22	德國	32	法國
3	香港	13	模里西斯	23	加拿大	33	土耳其
4	丹麥	14	澳大利亞	24	愛爾蘭	34	亞塞拜然
5	韓國	15	臺灣	25	哈薩克	35	以色列
6	美國	16	阿聯	26	冰島	36	瑞士
7	喬治亞	17	北馬其頓	27	奧地利	37	斯洛維尼亞
8	英國	18	愛沙尼亞	28	俄羅斯	38	盧安達
9	挪威	19	拉脫維亞	29	日本	39	葡萄牙
10	瑞典	20	芬蘭	30	西班牙	40	波蘭

註：「經商環境指數」是世界銀行建立的評價經濟政策的一項指標。該指數以世界銀行在各國資助進行的一些調查結果為基礎，對於較簡潔的政府規章、智慧財產權的保護予以較高的評分。營商環境系列報告的目標是為政府提供客觀的數據，以制定合理的商業監管政策，以及鼓勵企業監管環境方面的研究。

（二）投資模式的選擇

企業欲至海外投資模式的選擇，可自行「獨資」成立公司或找當地業者「合資」成立公司。以下說明這兩種投資模式的特色：

1. 獨資

獨資乃是企業至海外獨立成立新公司或是利用收購外國企業大部分的股份，以取得當地的經營權。通常獨資營業的標準是取得公司絕大部分的控制權即可，不一定要100% 的擁有公司所有權。

一般而言，利用獨資進入當地市場的優點，企業可以完全掌控整個營運管銷與經營利益分配，且內部矛盾和衝突較少，也獨享大部分的經營利潤，並可保護特殊技術與商業機密不外流的風險。但缺點是必須獨自摸索海外市場的成本較高，若要擴大經營可能會遇到瓶頸，且須承擔大部分的經營風險。

例如：臺灣眾多中小企業剛至中國經商時，大都是以獨資的型態進入當地市場，雖可獨享利益，但須耗費許多成本去融入當地市場的生態，也要面對政治正確的風險，以免整家公司被該國政府充公沒收。

2. 合資

合資乃是企業與外國當地企業聯合投資，共同經營公司。通常可與海外與當地企業共同出資成立新公司或是利用購併外國企業的部分股權，以取得的當地的經營權。

利用合資的優點是較容易取得當地經營的要領，有利開拓當地市場，並可享有當地政府給予合作公司的某些優惠政策，且遇到的政治障礙較小，也與合資對象共同承擔風險。但缺點是與合資對象的經營決策與利益分配，有可能會產生衝突，導致合作失敗。而且難以保護公司的獨有技術與商業機密不外流，若流失到合作對象裡，讓它可能成為未來的競爭對手，對經營造成威脅。

例如：日本豐田（Toyota）汽車剛至美國投資時，與美國通用（GM）汽車合資成立新聯合汽車製造公司。豐田汽車取得進入美國市場的實際知識，並以此為進軍北美市場的基地，而通用汽車則取得豐田汽車的技術與管理方法，雙方資源與技術共享，但豐田的營業利潤也將與合作公司共同分享。

✏️ **國財小百科** 　　　　　　**5+2創新產業**

　　我國政府於 2016 年起，為了加速國內產業結構升級與轉型，推展「5+2 創新產業計畫」，希望藉由創新、就業與分配為核心的經濟發展模式，實現臺灣永續發展為目標。政府為了推展創新產業計畫，除了引導國內龐大的閒置資金外，亦鼓勵外國資金來台投資。其「5+2 創新產業計畫」如下：

項目		計畫重點內容
5	1. 物聯網（亞洲‧矽谷）	健全創新創業生態系、連結國際研發能量、建構物聯網價值鏈、智慧化示範場域。
	2. 生物醫學	打造臺灣成為亞太生物醫學研發產業重鎮。
	3. 綠能科技	以綠色需求為基礎，引進國內外大型投資帶動我國綠能科技產業發展，並減少對石化能源的依賴及溫室氣體排放。
	4. 智慧機械	以智慧技術發展智慧製造，提供創新的產品與服務，推動臺灣產業轉型升級。
	5. 國防產業	以衛星技術為基礎，推動相關產業發展。
+2	6. 新農業	以「創新、就業、分配及永續」為原則期建立農業新典範，並建構農業安全體系及提升農業行銷能力。
	7. 循環經濟	透過重新設計產品和商業模式，促進更好的資源使用效率、消除廢棄物及避免污染自然環境。

7-2 國際併購

在上述企業至海外投資模式的選擇，無論是用獨資或合資的方式，都可採用購併外國企業的所有或部分股權，以取得當地經營權，這樣可以在比較短的時間內，擴大公司經營範圍，進一步使公司的經營更具效益。因此併購活動是國際投資裡是一項重要模式。以下本節首先介紹併購的意義與類型，再進一步介紹併購資金的支付方式。

一、併購的意義

「併購」（Mergers and Acquisitions, M&A），從英文字的原意，其實是「合併」（Mergers）與「收購」（Acquisitions）兩種不同的行為所組成。通常將發動併購的公司稱為主併公司（Bidder Firm）或是收購公司（Acquiring Firm）；被併購的公司則稱為目標公司（Target Firm）或是被收購公司（Acquired Firm）。合併與收購這兩種行為的意義與特性並不一樣，以下我們將分別介紹之：

（一）合併（Mergers）

是由兩家或兩家以上的公司，利用合作的方式整合彼此的資源，雙方經過換股或現金交易，合法形成一家公司。一般而言，合併的行為必須由一家主併公司概括承受，所有即將被消滅的公司所有的資產與負債。通常合併的行為是雙方都是基於「善意」立場。

（二）收購（Acquisitions）

是一家收購公司直接出資買下另一家被收購公司的資產或股權，以達成收購公司策略發展或擴大營運之需要。一般而言，收購的行為僅須由收購公司出資買下被收購公司的部分資產或股權，並不一定要完全概括承受被收購公司所有的資產與負債，且收購的行為是雙方可能具有「敵對」之關係。

二、併購的類型

企業在進行合併與收購時，可依據「存續方式」、「交易方式」與「產業相關」來進行區分併購的方式，以下將分別介紹之：

（一）依「存續方式」區分

若兩家以上公司要併購成一家公司，其雙方必須研擬將來的存續方式，一般而言，存續方式可以分成以下兩種類型：

1. 吸收併購（Mergers）

又稱存續併購，是指兩家以上公司合併成一家公司，其中一家主併公司為存續公司，其餘被消滅的目標公司將被併入存續公司內。通常主併公司會保留原有公司名稱與實體，並概括承受目標公司所有的資產與負債，目標公司則消失或成為主併公司內的一個事業部門。

例如：美商花旗（臺灣）銀行購併臺灣的華僑銀行，花旗（臺灣）銀行為為存續公司，華僑銀行為被消滅公司。又如：美國兩家大型航空公司的整併案，由達美航空（Delta Air Lines）合併西北航空（Northwest Airlines），合併後，達美航空為存續公司，西北航空則走入歷史。

2. 創設併購（Consolidation）

又稱新設併購，是指兩家以上公司合併成一家公司，所有參與合併的公司均為消滅公司，並新設一家新公司。通常被消滅的公司分別成為新公司的一部份。一般而言，會進行此類型的合併案，通常是兩家實力相當的公司合併的結果。

例如：日本－住友銀行及櫻花銀行（三井集團）進行創設合併，新設公司三井住友銀行，原來的住友銀行與櫻花銀行則於市場消失。臺灣的面板大廠－達碁，合併另一家面板製造商－聯友，起初以達碁爲存續公司，之後達碁改名爲友達光電，所以達碁與聯友兩家公司都於市場消失。

（二）依「交易方式」區分

企業在進行併購時，雙方準備以何種方式進行買賣交易，以達到雙方的目的，通常雙方的交易方式，可分爲以下兩種方式：

1. 資產併購（Assets M&A）

指收購公司以購買目標公司全部或部分資產的方式，以取得目標公司的資產。由於目標公司僅轉移部分或全部資產給收購公司，並沒有概括承受目標公司的負債，因此不須承擔目標公司所有資產與負債所帶來的責任風險，這是資產收購最大的優點。

例如：美國迪士尼公司（Walt Disney），收購 21 世紀福斯（21st Century Fox）集團的部分資產，以獲得 21 世紀福斯部分資產，包括：電影、電視製片廠及一些區域體育頻道的股權。美國私募基金黑石集團（Blackstone），僅對日本武田（Takeda）製藥的大眾藥品業務資產進行收購。

2. 股權併購（Stock M&A）

指收購公司出資買下目標公司的部份或全部的股權，使目標公司成爲收購公司的一部份或轉投資事業。但透過股權收購的方式，收購公司必須概括承受目標公司所有的權利與義務。通常在進行股權併購的過程中，收購公司一開始可能會私下尋找目標公司的股東，向他們購買，也可以透過公開收購（Tender Offer）的方式進行。在收購的案例中，利用股權併購是很常見的。

例如：臺灣的晶圓代工大廠－聯電公司併購日本三重富士通半導體公司的 100% 股權。臺灣電子代工大廠－鴻海收購全球第二大數位相機代工廠普立爾全部股權。臺灣的電子公司－群創光電，曾以換股的方式購併奇美電子公司。

（三）依「產業相關」區分

通常企業之間在進行併購時，依照雙方的經濟利益與產業相關性，可分爲以下四種類型：

1. **水平併購（Horizontal M&A）**

    指的是同一產業中，兩家業務相同的公司併購在一起。雙方希望透過合併後，能夠達成共同研發、集中採購原料與整合行銷管道，使得生產上達到規模經濟效應，以降低成本，進而提高競爭能力。

    例如：全球封測產能排名第 1 與第 4 的臺灣兩家半導體封測大廠－日月光與矽品，為讓彼此研發、業務、製造、財務與採購進行整合，雙方進行水平購併，希望雙方可避免重複投資，以達綜效。德國汽車製造商戴姆勒－賓士（Daimler-Benz）收購美國汽車商克萊斯勒（Chrysler），也是希望彼此透過水平併購後，讓營業更具經濟規模。

2. **垂直併購（Vertical M&A）**

    指的是在相同產業中，具有中上下游關係的兩家公司併購。垂直併購又分成向前整合（Forward Integration）與向後整合（Backward Integration）。向前整合乃是下游購併上游，其目的是下游的公司可因而掌握上游的原料，獲得穩定且便宜的供貨來源。向後整合乃是上游購併下游，其目的是上游公司的產品可取得固定的銷售管道，降低銷貨的風險。

    例如：美國電腦系統公司－微軟（Microsoft）併購芬蘭昔日全球手機霸主－ Nokia，乃因 Nokia 的手機採用微軟的 Windows Phone 系統，也就是手機系統的軟體與硬體上下垂直整合。美國大型科技公司－ Google 曾以現金 125 億美元收購智慧型手機廠商－摩托羅拉移動（Motorola Mobility）；且 Google 曾以現金 11 億美元收購智慧型手機廠商－宏達電（HTC）旗下的 Pixel 手機代工設計團隊，這都是智慧型手機軟硬體垂直整合。

3. **同源併購（Congeneric M&A）**

    指的是在相同產業中，兩家業務性質不同進行併購。其併購的目的乃在於有些企業為追求在某個領域的全面領導優勢，可能會利用此購併的方式來達到目標。

    例如：法商家樂福量販店併購臺灣的頂好與 JASONS 超市，就是零售業異質公司的同源式併購的案例。臺灣的鴻海公司併購日本夏普公司，這兩家同屬電子產業，但所製造生產的商品不完全相同，所以也屬於異國電子業同源式併購的案例。

4. 複合併購（Conglomerate M&A）

指的是兩家公司位於不同產業，沒有業務往來的公司間的併購；此併購又稱為「集團式併購」。其併購的目的乃在於有些企業希望從事多角化經營，避免將資金過度集中於某種產業，希望能降低營運風險。

例如：美國電信巨擘－AT&T 併購媒體大亨－時代華納，此乃電信業與媒體業兩種不同產業之間的併購案例。德國化學品暨醫療保健用品製造商－拜耳（Bayer）與美國種子公司－孟山都（Monsanto）的合併，此乃醫療化學業與農業兩種不同產業之間的併購案例。

三、併購資金的支付方式

企業之間決定要進行併購案後，最後勢必須籌措資金來支應。通常可供支付的方式很多樣，常用利用現金、等值股票或其他有價證券作為工具。以下我們將分別介紹之：

（一）現金

通常利用現金為最快速與便利的併購工具，因為股權收購必須考量收購公司和目標公司的股權組成的問題，現金可以不影響雙方的股權進行收購，且現金支付可以減少法令流程的管制，所以是一項最具彈性與便利的收購工具。

例如：美國花旗銀行宣布收購臺灣的華僑銀行，就是完全以現金141億新台幣進行收購，由於現金收購可以減低兩國複雜的法令與課稅問題，因此使收購活動進行的較單純與迅速。美國電腦系統公司－微軟（Microsoft）公司曾以262億美元現金收購全球最大職業社交網站 LinkedIn。美國大型科技公司－Google，曾以21億美元現金收購智慧手表廠商 Fitbit，以強化硬體事業。美國私募基金－黑石集團（Blackstone），以23億美元收購日本武田（Takeda）製藥的大眾藥品業務事業。

（二）普通股

主併公司可以利用等值股票與被購併公司進行股票交換。通常雙方會以普通股當作交易媒介最為普遍，利用普通股換股的好處是若公司使用現有股票，就不須再募集現金，比較不會影響到主併公司的現金調度。但若主併公司以新增的增資股作為交換，公司的股本將會膨脹，使得每股盈餘被稀釋；且利用增資股須耗費募集的程序時間，時間拖延太久不一定對購併案有幫助。

例如：全球最大電子業代工廠－鴻海，收購全球第二大數位相機代工廠普立爾，鴻海就是用 1 股換普立爾 3.4 股，收購普立爾全部股權。美國大型科技公司－ Google 曾以 16.5 億美元的股票收購網路影片分享網站 YouTube。

（三）其他有價證券

若跨國企業利用有價證券進行併購活動，除了最常見的普通股外，其他常見的收購工具還包括：特別股、認股權證、可轉換債券或全球存託憑證（GDR）等。

例如：臺灣的台新金控公司曾以 365 億元資金，買下彰化銀行 22% 特別股，想入主彰化銀行的經營權。臺灣手機大廠－明基（BenQ）電通，便曾以發行全球存託憑證（GDR）的方式，併購德國西門子公司的手機部門資產。

國財快訊

盤點Google歷來十大收購！HTC、Android名列其中

Google 母公司 Alphbet 宣布，將收購智慧手錶製造商 Fitbit，以充實自家 Made By Google 品項，並在智慧手錶領域和蘋果的 Apple Watch 競爭。而該收購案的 21 億美元價金，也讓 Fitbit 成為 Google 歷來第四大的收購標的。不過除了 Fitbit，過去的 Google 還有哪些重大交易，讓 Google 從搜尋引擎平台，成為今日人們熟悉的科技巨擘？

一、125 億美元：摩托羅拉行動（Motorola Mobility LLC）

Google 曾在 2011 年，以 125 億美元的天價，收購當時 Motorola 分拆後的 Motorola Mobility，希望在智慧手機領域有更多競爭力，同時想藉由持有 Motorola 的各項行動專利，以保護發展中的 Android 生態。不過到了 2014 年，Google 便以 29.1 億美元，售出大部份的 Motorola Mobility 的資產給中國的聯想集團，僅保留部份專利，讓後者繼續推出現行的 Motorola 手機，結束了這筆 Google 歷來最大宗的收購案。

二、32 億美元：Nest Labs

「Nest Labs」由前蘋果資深副總裁創辦。Google 在 2014 年，以 32 億美元收購了 Fadell 的 Nest Labs。該公司主攻智慧家居產品，包括智慧音響、自動溫控器、智慧鎖等。目前，「Nest」也成為 Google 智慧家居產品的名稱，如即將在台上市的 Google Nest mini。

三、31 億美元：DoubleClick

2008 年併購的 DoubleClick，曾是最大的網路廣告服務商，並以 Cookies 追蹤技術成名。到了 2018 年，Google 將 DoubleClick 品牌進一步弱化，並將其廣告工具併入了新的 Google Marketing Platform。

四、16.5 億美元：YouTube

Google 在 2006 年收購了這個至今最成功的影片平台，這僅是 YouTube 創立的隔一年，眼光相當精準。目前，YouTube 每年為 Google 帶來數 10 億美元的營收，同時有著超過 15 億的活躍用戶。

五、11 億美元：宏達電「Powered By HTC」部門

HTC 收購案發生在 2017 年，該收購案亦讓 Google 獲得了 HTC 團隊的 2,000 名員工，隨後這批研發人員亦對 Pixel 3、Pixel 4 手機有所貢獻，成為 Google 智慧手機的參與者。

六、9.66 億美元：Waze

Waze 是一個來自以色列的車用社群導航軟體，上線時間甚至比 Google Maps 早 4 年。2013 年，Google 為了強化自家地圖的社群性和繪測能力，收購了這個在全球有 42 萬名地圖編輯的服務。

七、7.5 億美元：AdMob

這家 2006 年創立的公司，早在智慧手機興起前就已在經營行動網路廣告。2009 年 Google 為了拓展其 Android 廣告生態，收購了這家公司，方才正式投入行動裝置的廣告市場。

八、7 億美元：ITA Software

這個早在 1996 年創辦的軟體公司，主攻旅遊產業，比如讓用戶搜尋航班。Google 則在 2010 年收購它，以擴充相關服務的搜尋能力。

九、5 億美元：Skybox Imaging

　　這家在 2014 年被 Google 收購的公司，提供了衛星影像技術，同時也具備自製平價衛星的能力。Skybox 從 2013 年起，陸續發射了 15 顆衛星到太空進行觀測。而到了 Google 後，該團隊目前從事的也仍是一些具未來性的計畫，如希望將衛星結合 Google 的演算法，觀測港口、礦產對供應鏈的影響，或是進行災難協助。未來其工具應也會應用到 Google Maps 或 Google Earth 中。

十、5 千萬美元：Android

　　這個協助 Google 擠下微軟、並得以和 iPhone 並立智慧手機產業的系統，其實是 Google 在 2005 年收購來的。2003 年創立的 Android 公司，原本的目標是成為數位相機的作業系統，但後來更改方向，轉為智慧手機服務。原先 Google 的目標，是為了提防微軟日後在行動裝置領域複製 PC 的成功，但隨著蘋果推出 iPhone，Android 選擇放棄現有的原型機，改為觸控為主的設計，並藉由 Google 資源，打造了一個最初有 HTC、Motorola、三星、高通、德州儀器等成員的開放 Android 聯盟。且只過了 2 年，Android 便超越了十年的手機霸主 Nokia，成為最大的智慧手機平台，開啟了智慧手機的黃金時代。

資料來源：摘錄自自由時報 2019/11/20

解說

- -

　　購併可讓一家公司的規模快速成長。美國企業—Google，也是藉由眾多購併案，讓它短期間成為科技巨擘。併購對象包含軟硬體科技業，基本上，都屬於垂直與同源的購併方式，且大部分適用現金收購。收購案中，最划算的應屬只花 5 千萬美元，就收購 Android 公司，且收購後只過了 2 年，Android 便成為全球最大的智慧手機平台。

本章習題

一、選擇題

( )　1. 下列何者較屬於間接對外投資？

　　　　(A) 到海外設立銷售據點　　　(B) 到國外設立研發單位

　　　　(C) 到海外投資當地債券　　　(D) 到海外進行股權購併。

( )　2. 下列何者非企業至海外投資的主要動機？

　　　　(A) 分散風險　(B) 降低成本　(C) 金融獲利　(D) 債權稀釋。

( )　3. 根據產品生命週期理論，當產品處於何種時期最容易被移至海外生產？

　　　　(A) 成長時期　(B) 標準化時期　(C) 創新時期　(D) 以上皆可。

( )　4. 下列何種非折衷典範理論（OLI）的項目？

　　　　(A) 資本結構優勢　　　　　　(B) 所有權特定優勢

　　　　(C) 地區特定優勢　　　　　　(D) 內部化優勢。

( )　5. 下列何者為跨國企業至海外進行投資時，投資地點選擇的考慮因素？

　　　　(A) 營運成本　(B) 地理位置　(C) 政府獎勵　(D) 以上皆是。

( )　6. 當跨國企業進行海外投資時，採獨資方式，可能較不會面臨到哪種風險？

　　　　(A) 代理風險　　　　　　　　(B) 當地政治風險

　　　　(C) 商業機密外洩風險　　　　(D) 技術外流風險。

( )　7. 通常兩家以上公司進行合併，其中一家公司為存續公司，其餘被消滅併入
　　　　存續公司，稱為何？

　　　　(A) 吸收併購　(B) 創設併購　(C) 同源併購　(D) 複合併購。

( )　8. 若甲乙兩家公司進行合併，若甲乙兩公司皆為消滅公司，其權利義務全部
　　　　由丙公司概括承受，此種合併稱為何？

　　　　(A) 吸收購併　(B) 創設購併　(C) 敵意購併　(D) 善意購併。

( )　9. 下列對資產併購方式的敘述，何者有誤？

　　　　(A) 收購公司須概括承受目標公司的負債

　　　　(B) 收購公司可以僅收購目標公司的部分資產

　　　　(C) 收購公司可以收購全部目標公司的資產

　　　　(D) 併購可以利用現金交付。

（　） 10. 請問同一產業中，兩家業務性質不同的公司進行合併，稱為何者？

(A) 水平併購　(B) 垂直併購　(C) 同源併購　(D) 複合併購。

（　） 11. 若「開採鑽石公司」與「琢磨鑽石公司」進行合併，稱為何者？

(A) 水平併購　(B) 垂直併購　(C) 同源併購　(D) 複合併購。

（　） 12. 下列何種購併方式，最能發揮「規模經濟」之效果？

(A) 水平併購　(B) 垂直併購　(C) 同源併購　(D) 複合併購。

（　） 13. 通常跨國企業若要進行多角化經營，比較合適何種併購方式？

(A) 水平併購　(B) 垂直併購　(C) 同源併購　(D) 複合併購。

（　） 14. 下列何者為併購時，哪一種可以是資金的支付方式？

(A) 現金　(B) 公司的普通股　(C) 公司的存託憑證　(D) 以上皆可。

（　） 15. 下列何者為併購時，資金的支付方式中最為方便？

(A) 現金　(B) 公司的普通股　(C) 公司的存託憑證　(D) 以上皆可。

（　） 16. 下列敘述何者有誤？

(A) 國際投資中，直接對外投資較間接對外投資風險大

(B) 日本企業至中國投資的可能動機為尋找商機

(C) 臺灣企業至中國投資的可能動機為學習技術

(D) 跨國公司對外投資可以分散風險。

（　） 17. 下列敘述何者有誤？

(A) 產品生命週期理論中，標準化階段的產品會選擇海外設廠投資

(B) OLI 理論是指所有權、地區特定與外部化這三種優勢

(C) 臺灣與越南在相對比較利益下，臺灣適合資本密集的投資

(D) 產品生命週期理論中，產品可能歷經創新、成長與標準化這三階段。

（　） 18. 下列敘述何者有誤？

(A) 國際投資中，選擇獨資較合資風險高

(B) 通常國際投資，選擇政經穩定國度較可長期發展

(C) 一個市場開放性較高的國度，外匯進出限制較少

(D) 國際投資中合資模式，營業利潤通常較獨資高。

( )　19. 下列敘述何者正確？

      (A) 複合式購併是指上下游的合併

      (B) 收購乃是主併公司必須概括承受目標公司所有的資產與負債

      (C) 主併公司宣佈購併後，股價上揚，表示未來可能有綜效的情形發生

      (D) 利用股權收購方式，主併公司不用概括承受目標公司所有的權利與義務。

( )　20. 下列敘述何者正確？

      (A) 兩不同產業合併屬於複合合併

      (B) 兩相同產業合併屬於同源合併

      (C) 併購活動中，以股權交換最為方便

      (D) 通常債權也可在進行併購時，當作支付工具。

二、問答題

1. 請問跨國公司在進行國際投資，大致可分成兩種模式？

2. 請問常見的國際投資動機有哪些項目？

3. 請問折衷典範理論（OLI），是指哪三種優勢需折衷平衡？

4. 請問跨國企業至海外進行投資時，投資地點選擇的考慮因素有哪些？

5. 請問併購方式中，依據公司將來的「存續方式」可分那兩種方式？

6. 請問併購方式中，依據雙方的「交易方式」可分為那兩種方式？

7. 請問併購方式中，依據雙方的「產業相關性」可分為那四種類型？

8. 請問哪些有價證券，可以當作併購案的支付工具？

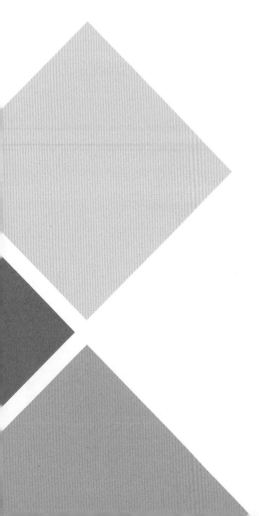

NOTE

CHAPTER 8

國際風險管理

本章內容為國際風險管理，主要介紹國家風險種類與國家風險分析等內容，其內容詳見下表。

節次	節名	主要內容
8-1	國家風險種類	介紹國家的社會、政治、經濟與自然風險。
8-2	國家風險分析	介紹國家風險的衡量與規避。

本章導讀

跨國企業在其他國家進行營業活動時，必須面臨投資國的各種國家風險的考驗，若營運要進展順利，除了要瞭解須面臨哪些類型的國家風險外，亦須對國家風險進行衡量與規避。因此國際風險管理得當，對跨國公司而言是一項重要課題。以下本章首先將介紹國家風險種類、其次再介紹國家風險分析。

8-1　　國家風險種類

「國家風險」（Country Risk）是指跨國企業在國際營業活動中，因面臨特定國家內的各種風險，而讓經營活動遭受到損失的情形。若跨國企業是進行國際貿易活動，可能因交易對方國家發生國家風險，讓出口商交貨後，收不到貨款或進口商無法進口，而遭受到損失的可能性。若跨國企業是進行直接海外投資活動，可能因地主國發生國家風險，讓在當地所投資的廠房與設備發生損失，甚至被沒收的風險。因此國家風險管控對跨國企業而言，是一項嚴肅與重要的議題。一般而言，每個國家的國家風險種類都不盡相同，大致可區分以下幾種：

一、社會風險

所謂的「社會風險」（Social Risk）是指個人或團體的特殊行為，對社會的正常運作，所造成的不確定風險。社會風險的根源，大都來自於經濟資源的分配不均所引起，所以常會造就許多階級、種族、甚至宗教上的衝突。以下將說明幾項會引起社會風險的根源：

（一）階級衝突

一個國家內，若出現貧富差距過大或出現勞資雙方不和諧等情形，都會造成階級之間的衝突，社會上常出現抗爭、甚至暴力相向，這樣會造成社會動盪不安。

例如：台商在越南設立的電子廠、鋼鐵廠、鞋廠與成衣廠，都曾經發生過勞資雙方不和諧的情形，導致勞工大規模罷工，甚至暴動，造成台商的營運受到影響。南美洲國家－智利，因當地國內貧富差距過大，弱勢者常示威遊抗議，也讓當地的外資營業活動受到影響。

（二）種族衝突

每一個國度內，可能有許多不同種族的人民所建立，各種族之間有其各自的文化信仰、生活習慣等差異，所以有時會因彼此理念的不同或在資源分配上的不平均等原因而產生衝突，並造成社會的不安定。

例如：前陣子，美國警察誤殺非裔人士，造成黑人種族的大規模暴動。馬來西亞也曾經發生排華事件，造成馬來人與華人的衝突或印度因多元種族之間，常發生資源分配不均或相互歧視，而造成種族衝突。所以跨國企業在這些易發生種族衝突的國度經商，營運績效一定會受到影響。

（三）宗教衝突

每一個國家內，可能有某些種族或團體，有其各自的宗教信仰，因不同的宗教信仰，有可能存在著生活理念與風俗習慣的差異，若彼此並不相互尊重，可能會引起衝突，對社會安定造成威脅。

例如：印尼國度內部存在著多元的宗教信仰，信奉伊斯蘭教的人民曾對信奉基督教的教徒進行攻擊迫害，所以衝突事件層出不窮。斯里蘭卡的國民眾普遍信奉佛教，但佛教極端分子，亦屢傳攻擊基督徒和穆斯林教徒，因此當地宗教信仰矛盾衝突不斷。所以跨國企業在容易發生宗教衝突的國度進行投資，營運風險一定會增加。

二、政治風險

所謂的「政治風險」（Political Risk）是指政府或政黨組織團體，因行使權利或從事某些行為，所造成的不確定風險。跨國企業在一個極權的國度內經商，較容易出現較高度的政治風險。政治風險大概是所有國家風險種類中，最大的風險，因為它有可能讓跨國企業的投資全部被當地政府沒入，一無所有，甚至還有牢獄性命的危險。以下說明幾項政治風險的來源：

（一）主權風險

每一個國家或地區，都有其當地政府組織在經營管理，但有時因某些特殊原因，讓其當地政府在行使主權時，受到干預或威脅，讓整個國家產生風險。所以跨國企業至當地投資會因政權有異動，而產生不確定風險。

例如：長久以來，我國（臺灣）的主權經常受到中國的打壓，讓我國主權在國際上，受到不平等對待，甚至常以武力威脅我國，也讓我國的主權風險增加，造成國外廠商來台投資的不確定風險。以往實施一國兩制的香港，因中國政府強行實施「港版國安法」，使香港主權自治的程度下降，讓香港的經商自由度與安全性下滑，當然就會迫使外國資金大量移出。

 國財快訊

 越南各城再掀「反華暴動」！罷工潮繼續蔓延

越南罷工頻傳台商：像感冒一樣

台商是撐起越南經濟的重要支柱，不過頻頻發生的「罷工」也成為多數台廠的頭痛問題之一，有台商表示，罷工就像感冒一樣，發燒過了後就好了，沒那麼嚴重。

以人為本深耕在地

台商自 1988 年開始投資越南，目前在越南的台商家數約達 5,000 家，其中如味丹公司、慶豐集團、中央貿易開發公司、台塑集團、幸福水泥、鴻海集團、仁寶電腦、東元集團、中鋼公司、國巨集團等，均是在越南經營有成的臺灣企業。台商是撐起越南經濟的重要支柱，也替當地創造了大量的工作機會，從台商經營的經驗，不難發現，不論身在何處，「人」才是企業經營的核心價值。

面對罷工「防範」不如「理解」

員工是公司經營最重要的資本，然而在越南，「罷工」是多數台廠會碰到的問題，也成為企業經營的不確定因子。觀察越南近 10 年的罷工情形，每年上百件的罷工案件跑不掉，2008 年罷工 652 件、2009 年 216 件、2010 年 422 件，到了 2011 年達到高峰、直逼千件；2014 年爆發 513 排華事件，更成為越南台商忘也忘不了的一年。

總歸 513 排華事件：「（台語）打細姨小孩給大老婆看。」畢竟此事件源於越南跟中國的紛爭，越南人民要出氣，卻找不到幾家中國企業，臺灣便遭波及、作為出氣對象。因此越南罷工事件頻傳，尤其許多罷工起因是企業無法操之在我的因素，根本無處喊冤，相較臺灣穩定的經營環境，難免讓有意前往越南發展的台商，心中蒙上了陰影。

　　經濟部投資業務處對於越南投資環境的報告明白指出，越南政府的立場相對偏向保護勞工，由於生活指數日益上揚，雖然越南政府，近年來幾乎年年向上調整最低基本工資，還是無法滿足勞工需求，也因此，勞工為了爭取薪資、福利、退休金等待遇而進行抗議、罷工等事件時有所聞。這份報告並建議，前往越南投資的台商，進行成本考量時，應把勞動成本、人事費等列為重要因素，勞資問題也是必須正視而且妥善因應的課題。

資料來源：摘錄自中央社 2018/08/12

 **解說**

──

　　企業至外地設廠投資，除了要擔憂政治風險外，最常碰到的風險就是罷工的社會風險。越南一直是台商對外投資首選之一，但該地卻常發生罷工事件，常困擾著欲前往發展的企業。官方建議，遵守當地法令是最基本的條件，不論勞工法令、環保法令，公司都要站得住腳，並善盡企業社會責任，才是最穩妥的作法。

（二）政府穩定

　　一個國家內政府的穩定度，來自於其施政措施與執行法令的公平與公性正。若政府組織常出現朝令夕改、貪污腐敗或執法不公的情形，會讓外國企業對當地投資信心下降，影響其投資意願。

　　例如：東南亞國家－緬甸與柬埔寨，這兩國的政府都有很嚴重的貪污腐敗情形，所以要至當地國家經商，都可能必須先賄絡政府官員，才能進行投資案的開發。長久以來，由於中國政府是一黨專政的極權國家，所以跨國企業至當地投資，有可能誤觸政治敏感議題，而遭受到法律不公平的對待。

（三）政府開放

一個政府對外開放性較高，較容易吸引外國企業至當地投資。若一國政府對外國企業實施放寬資本管制、獎勵投資或補貼、減稅等措施，會讓外國企業來當地投資的意願增加。

例如：近期，臺灣發展綠能產業，鼓勵外國從事再生能源的企業來台投資，政府除了鼓勵國內金融機構提供低廉資金貸款外、亦提供資金補助建置機器設備。前陣子美中貿易戰開打，美國政府為了鼓勵跨國公司回美投資，實施減稅措施，讓許多大型科技公司願意回美投資設廠。

 **國財快訊**

對港版國安法不安！美商會調查3成「不如歸去」？彭博：港股還有2張好牌

港版國安法引爆寒蟬效應！彭博：科技公司開始放棄香港

中國強行實施港版國安法，已經在香港科技圈引爆寒蟬效應。外媒報導，港版國安法正促使科技公司重新考慮在香港的業務。其中最為敏感是香港的新創企業，他們不是已將數據和人員遷出香港，就是正在計劃這麼做。

《彭博》報導，在本月正式生效的港版國安法，已經顛覆了香港的科技業，在港版國安法大幅增強網路監管權力的新機制下，企業家正面臨海外客戶、供應商對營運數據和網路服務會受到何種影響的擔憂，許多企業正在制定應急計劃，將業務調整到香港以外的地區。

報導指出，這些公司的行動，可能預示著臉書、谷歌、推特等科技業巨頭也會做出類似的決定，這些公司都面臨著不確定性。根據香港美國商會最近的 1 份調查，大公司正在花費時間全面評估新國安法的影響，此外，約半數的美國商業人士表示打算離開香港。

資料來源：摘錄自由時報 2020/07/21

解說

　　跨國投資最大的風險就是政治風險。長久以來，香港享有東方之珠的美譽，吸引眾多外商齊聚。但由於中國強行實施「港版國安法」，將可能讓它的政治風險提高，因此許多國際型的科技公司，都思考是否放棄香港轉往別地投資。

三、經濟風險

　　所謂的「經濟風險」（Economic Risk）是指經濟活動過程中，因市場環境的變化，讓某些商品價格發生異常變動，所導致的不確定風險。這些風險大致包括：經濟成長率、利率、匯率、物價等因素的變動。以下分別說明之：

（一）經濟成長

　　當一個國家的經濟處於高度成長階段，導致當地居民的國民所得增加，亦會帶動消費能力的增加，此時會吸引外國企業至當地投資，以搭經濟成長所帶來的業績擴展動能。

　　例如：2000年代初期，中國經濟處於高度成長階段，當地人民收入逐漸成長，且挾著全球最多的人口，讓消費動能持續增長，所以誘使全世界各大型跨國企業至當地投資，以獲取經濟成長的利益。2010年代起，東協五國（印尼、泰國、菲律賓、馬來西亞、越南）經濟快速增長，也吸引臺灣與日本等多國廠商赴當地進行開發投資。

（二）利率

　　一國利率的水準高低，代表著在當地的融資成本。當一個利率水準較低的國度，讓跨國企業在當地的融資成本較低，就較能吸引外國企業至當地進行投資。

　　例如：日本自從1990年代經濟泡沫化後，經濟情勢呈現委靡，政府已實行低利率政策多時，就是希望低融資成本，能誘發當地與跨國企業的投資動能。2020年全球受武漢肺炎的疫情衝擊，美國與歐盟的央行幾乎將利率降至零，也是希望能夠激發美國與歐盟區的投資意願。

（三）匯率

　　一國的匯率變動，會影響外國資金流動。當一國的貨幣升值時，將有利於跨國企業匯入資金於當地投資，以享受匯率升值所帶來的投資與金融增值利益，但反之，貶值時，就可能出現外資大舉撤出。

例如：2015 年之前，人民幣曾大幅升值時，讓外國資金蜂擁進去中國當地投資，以獲取匯差。以往墨西哥、阿根廷、南非等國家，都曾因當地匯率大幅貶值，讓跨國企業的資金迅速撤離。

（四）物價

當一個國家發生通貨膨脹時，會讓該國人民國民所得與消費購買力下降，連帶的使產品的銷售下滑，當然跨國企業在當地的銷售業績將受到影響，且於當地從事生產的成本增加，整體而言，不利跨國企業的營業活動。

例如：非洲的辛巴威曾經發生過嚴重的通貨膨脹，導致整個貨幣系統崩潰，經濟大幅萎縮，當然就不會有外資想進去當地投資。前陣子，南美洲的委內瑞拉，因錯誤經濟政策、使政治局勢混亂而深陷通貨膨脹危機，導致外資大逃離。

 國財快訊

救經濟下猛藥！專家看好印度股市「急起直追」疫情若受控　IMF：明年印度GDP上看7字頭

東協與印度：全球經濟明日之星

1980 年至 2010 年的 30 年間，中國年均經濟成長率高達 10%，2012 年成長率降至 7%，2015 年進一步降至 6%。根據國際貨幣基金 2019 年估計，2019 南中國的成長率將為 6.27%。2018 年中國人口為 13.95 億，2050 年將下降至 13.4 億。

鑑於人口持續減少，中國經濟成長率無可避免將下滑。根據資誠（PWC）分析，2015 年至 2050 年，中國實際 GDP 年成長率為 3.4%。另一方面，印度的成長率為 4.9%，大幅領先中國。整體來說，東協國家在此期間經濟表現都相當強勁。越南成長率為 5.3%，菲律賓為 4.5%，印尼為 4.3%，馬來西亞為 4.1%。按預測，到 2050 年時，亞洲經濟體將成為世界 GDP 第一。

資誠估計，屆時中國將成為全球 GDP 最高的國家，GDP 高達 61.079 兆美元，印度則為 42.205 兆美元位居第二，至於美國則跌至第三位，為 41.384 兆美元，印尼排名第四，日本排名第七。在前七個國家中，有四個為亞洲國家。很顯然地，亞洲再次成為世界經濟的中心。

然而如上所述。中國的人口將很快開始下降，高齡化進程也將開始，但印度人口將繼續成長，並在 2025 到 2027 年左右超過中國。此外，印度目前人口結構非常年輕，超過五成的人口年齡在 25 歲以下。因此，印度將繼續保持 7% 至 8% 的成長率，到 2050 年時，印度的實際 GDP 將排名第二，僅次於中國。

資料來源：摘錄自今週刊 2019/07/17

解說

經濟成長快速的國家，常是跨國企業爭相前往投資的寶地。2020 年之前，無疑中國是全球投資的焦點，但隨著該國經濟成長逐漸趨緩及肺炎疫情的影響，全球的投資將轉移至成長動力更強的國家（或地區）。預期下一階段的明日之星，將是印度與東協。

四、自然風險

所謂的「自然風險」（Natural Risk）是指一國的地理、氣候或環境等因素，發生嚴重的變化或受到汙染，所產生的不確定風險。有時一個國家的自然風險（如：地震）是不可被預期的，所以當突然發生時，都可能造成整個國家的嚴重損失。以下說明兩種自然災害風險的類型：

（一）天災

一個國度裡，因特殊的地理結構或地形氣候，較容易發生天然災害，如：地震、颱風、水災、海嘯與火山爆發等。這些天然災害可能會造成跨國企業至當地投資的廠房設備，受到嚴重的損失，讓公司營運受到影響。

例如：發生於 1995 年日本阪神大地震、1999 年臺灣的集集大地震、2011 年日本東北地震並引發海嘯且導致核能外洩事件等重大災害，都造成當地與跨國企業重大損失。發生於 2011 年的泰國大水災，導致日本眾多於當地設廠的汽車公司，遭受到嚴重損失。2020 年中國南方發生大水災，導致當地與外資企業的營運受到嚴重影響

（二）瘟疫

當一國境內，由於環境因素，容易產生病毒細菌的異常孳生，若無法即時進行良好的管控，最後導致人傳人的瘟疫流行時，會造成整個區域或更大範圍的傳染，導致當地與跨國企業的營運會受到影響。

例如：2003 年中國、香港與臺灣，發生嚴重急性呼吸道症候群（SARS）的疫情散布，就造成這個區域經濟活動嚴重受到影響。2020 年中國武漢發生嚴重特殊傳染性肺炎（COVID-19，俗稱武漢肺炎）的疫情傳染，由於可能是中國隱匿疫情與世界衛生組織（WHO）的輕忽，最後導致全球大流行，並嚴重波及全球的經濟活動。

 國財快訊

Google擴大投資臺灣　將成亞太最大雲端中心

看好亞洲網路用戶倍增商機，全球搜尋引擎龍頭 Google 再擴大彰濱工業區「雲端資料中心」投資規模，據指出，總投資金額由 3 億美元增至 4 億美元（約新台幣 120 億元）。Google 彰濱投資計畫，也將帶領臺灣超越香港、新加坡，成為亞太地區最大的雲端資料中心。

彰濱雲端資料中心啟用後，是 Google 香港、新加坡資料中心規模的五倍大，合計 Google 在亞洲投資金額將超過 8 億美元。Google 在美、歐分別已有六座及兩座資料中心，亞洲的三座資料中心今年陸續啟用。

彰化縣長說，彰化有中央和八卦山脈屏障，往往有風無颱、有雨無災。彰濱是填海造陸新生地，遠離斷層，不必擔心地震災害，加上地理位置與衛星軌道搭配得宜，都是 Google 決定加碼投資臺灣的主要考量。

資料來源：摘錄自聯合報 2013/12/04

 解說

當初 Google 捨棄北京至臺灣來建置雲端資料中心，乃看上臺灣是民主國家，所以政府的管制相對比較少，且最後會落腳於彰化，則是著眼於此地受地震與颱風的侵襲機率較小。所以跨國企業至海外投資設廠，除了考量政治風險外，也著重當地是否有天然災害風險。

　　跨國公司的管理者在選擇要去哪個國家進行投資時，除了先要瞭解會遇到那些國家風險，當然也要對欲去投資的國度，進行國家風險衡量，且也必須知道規避國家風險的方法。以下將介紹國家風險的衡量與規避風險的方法。

一、國家風險衡量

　　通常每個國家都有程度不同之各種類型的國家風險，跨國公司在評估風險時，除了內部須針對各種可能會面臨的風險進行評估外，外部亦可參考國際知名的評鑑機構，所提出的風險報告。以下本單元將介紹各項國家風險的評估重點與國際評鑑機構的衡量。

（一）國家風險的評估

　　當跨國企業要進行海外投資時，他們必須針對地主國可能會面臨到的以下四種國家風險進行衡量：

1. 社會風險

在衡量海外投資的地主國度是否具有社會風險？大致可從以下幾項重點進行觀察：

(1) 衡量地主國內是否有很嚴重的貧富差距或勞資關係是否融洽？以免發生階級衝突或反商情結，造成跨國企業的營運受阻。

(2) 衡量地主國內的各種族之間是否和諧共處？以防止發生種族衝突，禍及跨國企業的正常運作。

(3) 衡量地主國內是否有激進的宗教信仰份子或各宗教之間是否和諧？以免發生宗教衝突甚至內戰，對社會造成動盪，不利跨國企業的經營。

2. 政治風險

在衡量海外投資的地主國度是否具有政治風險？大致可從以下幾項重點進行觀察：

(1) 衡量地主國內是否有與其他國家有主權或領土上的爭議或跟鄰國的關係是否和睦？以防止發生國際戰爭，導致跨國企業蒙受損失。

(2) 衡量地主國境內各政黨是否理性和諧？執政黨與在野黨的關係是否嚴重對立？以防止政黨惡鬥或甚至發生政變革命，造成政治危機，並殃及跨國企業發展。

(3) 衡量地主國的執政政府使否清廉、且法律制定是否公平性、執法是否具效率性等？以防止與當地廠商發生法律糾紛時，可被迅速且公平與公正的對待，才能保障跨國企業的營運安全。

(4) 衡量地主國的政府是否對外國投資的採取較開放程度？是否有多項鼓勵外國的投資與減免措施？這樣才能提高跨國企業至當地投資的意願。

3. 經濟風險

在衡量海外投資的地主國度是否具有經濟風險？大致可從以下幾項重點進行觀察：

(1) 衡量地主國內的經濟成長率、國民收入、財政赤字、通貨膨脹率、國際收支、國際儲備、外債總額、信用評等等多項經濟財政數據是否健康？以免發生經濟情勢不良，造成跨國企業至當地經商不順。

(2) 衡量地主國政府的經濟政策與措施（如：外匯管制、勞工政策、最低工資規定、營業稅規定等）是否合理，以有助於跨國企業至當地投資。

(3) 衡量地主國是否有積極參與國際重要經濟組織（如：世界貿易組織（WTO））、經濟合作暨發展組織（OECD）等，以免被國際經濟孤立，或不遵守國際規定，對外資採取不利措施。

國財小百科　世界貿易組織（WTO）、經濟合作暨發展組織（OECD）

世界貿易組織（World Trade Organization, WTO）是一個負責監督成員經濟體之間的各種貿易協議可以得到執行的國際組織，全球共有 164 個成員國。它是全球貿易體制的組織和法律基礎，是眾多貿易協定的管理者，各成員貿易立法的監督者，並提供解決貿易爭端和進行談判的場所。

經濟合作暨發展組織（Organization for Economic Cooperation and Development, OECD）是全球 36 個主要市場經濟國家組成的政府間國際組織。其宗旨為：幫助各成員國家的政府實現可持續性經濟增長和就業，並讓成員國生活水準上升，同時保持金融穩定，從而為世界經濟發展作出貢獻。

---

4. 自然風險

在衡量海外投資的地主國度是否具有自然風險？大致可從以下幾項重點進行觀察：

(1) 衡量跨國公司設廠的地方的地層結構是否穩定，以防止嚴重的地震或海嘯災害，甚至必須嚴防因天災所導致的核災，這才能確保跨國公司的營運得以正常。

(2) 衡量跨國公司設廠地方的氣候是否容易出現劇烈天氣，且常受到颱風（颶風）或暴雨的侵襲？所以要防止出現嚴重水災或旱災的情形，以免讓跨國企業的廠房運作受到影響。

(3) 衡量地主國內的公共衛生條件是否建全？以免發生瘟疫情勢時，可適時防範，才不至於釀成更大的恐慌，造成跨國企業的營運受到干擾。

（二）國際機構的衡量

國際上，有一些定期對世界各國的國家風險與競爭力，進行評估之知名機構，可供跨國企業至海外投資的參考。以下介紹三個知名機構的評鑑情形：

1. 美國－商業環境風險評估公司（BERI）

美國的「商業環境風險評估公司」（Business Environment Risk Intelligence, BERI），於每年 4 月、8 月及 12 月會發布世界主要國家的「投資環境風險評估報告」。該報告以跨國企業角度，針對各國的「營運風險」、「政治風險」及「匯兌風險」等 3 大指標進行評估，以作為海外投資環境優劣的評鑑依據。該報告極具全球公信力，我國「經濟部投資業務處」，即以此報告作為海外布局投資參考指標。

以下表 8-1 為 2020 年第 2 次，美國 BERI 公司的投資環境風險評比。該表得知：臺灣的投資環境風險評比，全球第 3 名，獲得全球的肯定；其中，匯兌風險臺灣全球表現最優，排名全球第 1，營運風險則排名第 3，但政治風險仍是我國的要害，排名第 18。其餘，前 20 名排名中，歐洲國家佔 11 名，占比最高；其次，亞洲國家入選 9 名。

2. 瑞士－世界經濟論壇（WEF）

瑞士的「世界經濟論壇」（World Economic Forum, WEF），於每年 10 月間公布「全球競爭力報告」。該報告針對全球 140 個國家內，1 百多項統計及調查指標，進行全球競爭力評比排名。評比內容涵蓋「環境便利性」、「人力資本」、「市場」及「創新生態體系」等 4 大類。由於全球競爭力評比反映各國的經濟實力與繁榮程度，頗受各界重視，且我國「國家發展委員會」即以此報告做為產、官、學界，進行海外投資決策時的重要參考依據。

以下表 8-2 為 WEF 所公布的 2015 ～ 2019 年之「全球競爭力指數」前 20 名國家。該表得知：近五年來，2015 年臺灣在全球排名第 15 名，2019 年已上升至第 12 名，顯示臺灣的全球競爭力，逐年受到全世界投資者好評。

表 8-1　美國 BERI 之投資環境風險評比之全球前 20 名（2020 年第 2 次）

國別	投資環境風險評比			營運風險		政治風險		匯兌風險	
	評分	排名	評等	評分	排名	評分	排名	評分	排名
瑞士	70	1	1A	62	1	73	1	74	2
挪威	62	2	1C	53	8	62	3	71	3
臺灣	61	3	1C	58	3	45	18	79	1
韓國	60	4	1B	57	5	53	9	69	5
新加坡	57	5	1C	47	17	60	4	65	8
加拿大	56	6	2C	55	6	54	8	58	14
奧地利	55	7	1C	50	14	63	2	53	17
丹麥	55	7	2A	50	14	49	13	66	7
芬蘭	55	7	1C	40	23	55	7	71	3
德國	55	7	1C	55	6	48	15	63	11
荷蘭	53	11	2C	53	8	40	22	67	6
澳洲	52	12	2C	58	3	51	10	47	25
日本	52	12	2C	35	36	56	5	64	10
愛爾蘭	51	14	2C	41	22	48	15	65	8
葡萄牙	49	15	2C	39	27	56	5	51	19
瑞典	49	15	2C	45	20	41	19	61	12
馬來西亞	48	17	2C	47	17	35	35	61	12
比利時	47	18	2C	49	16	36	30	57	15
越南	47	18	2B	52	10	50	12	39	40
中國	46	20	2C	38	28	51	10	48	22
印尼	46	20	2C	51	12	40	22	48	22
美國	46	20	2C	61	2	34	38	42	30

資料來源：BERI（2020/09）

表 8-2　WEF 所公布的 2015 ～ 2019 年之「全球競爭力指數」前 20 名國家

排名	2015 年	2016 年	2017 年	2018 年	2019 年
1	瑞士	瑞士	美國	美國	新加坡
2	新加坡	新加坡	新加坡	新加坡	美國
3	美國	美國	德國	德國	香港
4	荷蘭	荷蘭	瑞士	瑞士	荷蘭
5	荷蘭	荷蘭	荷蘭	日本	瑞士
6	日本	瑞典	英國	荷蘭	日本
7	香港	英國	香港	香港	德國
8	芬蘭	日本	日本	英國	瑞典
9	瑞典	香港	瑞典	瑞典	英國
10	英國	芬蘭	加拿大	丹麥	丹麥
11	挪威	挪威	丹麥	芬蘭	芬蘭
12	丹麥	丹麥	芬蘭	加拿大	臺灣
13	加拿大	紐西蘭	臺灣	臺灣	韓國
14	卡達	臺灣	挪威	澳洲	加拿大
15	臺灣	加拿大	澳洲	韓國	法國
16	紐西蘭	阿聯	紐西蘭	挪威	澳洲
17	阿聯	比利時	韓國	法國	挪威
18	馬來西亞	卡達	法國	紐西蘭	盧森堡
19	比利時	奧地利	比利時	盧森堡	紐西蘭
20	盧森堡	盧森堡	以色列	以色列	以色列

資料來源：WEF（2019/10）

3. 瑞士－洛桑國際管理學院（IMD）

瑞士的「洛桑國際管理學院」（International Institute for Management Development, IMD），於每年 5 ～ 6 月間會公布世界競爭力年報。該報告針對全球 63 個國家內，2 百餘項統計及調查指標，進行世界競爭力評比排名。評比內容涵蓋「經濟表現」、「政府效能」、「企業效能」、「基礎建設」等四大面向。由於該評鑑項目較多元與詳細，在國際上具有影響力，且我國「國家發展委員會」即以此報告做為產、官、學界，進行海外投資決策時的重要參考依據。

表 8-3 為 IMD 所公布的 2016 ～ 2020 年之世界競爭力前 20 名國家。該表得知：近五年來，2016 年與 2017 年臺灣在全球排名第 14 名，2018 年與 2019 年這兩年有稍為退步，但在 2020 年的評比已上升至第 11 名，也顯示該年臺灣在「武漢肺炎」防疫得宜，值得全球肯定，使我國全球競爭力大幅提升。

表 8-3　IMD 所公布的 2016 ～ 2020 年之世界競爭力前 20 名國家

排名	2016 年	2017 年	2018 年	2019 年	2020 年
1	香港	香港	美國	新加坡	新加坡
2	瑞士	瑞士	香港	香港	丹麥
3	美國	新加坡	新加坡	美國	瑞士
4	新加坡	美國	荷蘭	瑞士	荷蘭
5	瑞典	荷蘭	瑞士	阿聯	香港
6	丹麥	愛爾蘭	丹麥	荷蘭	瑞典
7	愛爾蘭	丹麥	阿聯	愛爾蘭	挪威
8	荷蘭	盧森堡	挪威	丹麥	加拿大
9	挪威	瑞典	瑞典	瑞典	阿聯
10	加拿大	阿聯	加拿大	卡達	美國
11	盧森堡	挪威	盧森堡	挪威	**臺灣**
12	德國	加拿大	愛爾蘭	盧森堡	愛爾蘭
13	卡達	德國	中國	加拿大	芬蘭
14	**臺灣**	**臺灣**	卡達	中國	卡達
15	阿聯	芬蘭	德國	芬蘭	盧森堡
16	紐西蘭	紐西蘭	芬蘭	**臺灣**	奧地利
17	奧地利	卡達	**臺灣**	德國	德國
18	英國	中國	奧地利	澳洲	澳洲
19	馬來西亞	英國	澳洲	奧地利	英國
20	芬蘭	冰島	英國	冰島	中國

資料來源：IMD（2020/06）

二、國家風險規避方式

通常國家風險一定會影響跨國企業於在地的經營活動，所以要如何規避它，這是跨國公司所必需面對的重要議題。以下本節將介紹幾種規避國家風險的方法：

（一）分散多國投資

由於每個國家（地區）的國家風險種類不同，跨國企業要規避國家風險，最直接的方式就是採取多國分散投資。在每個國家中，尋找對企業相對有利的計劃案投資，就可分散國家風險。例如：選擇在低利率國度採取較長的投資計劃、並在環保意識較寬鬆的國度進行較耗能的投資計劃。

（二）簽訂投資協議

通常跨國公司為了防止當地政府的國家風險，可與其簽訂投資協議，以因應投資能夠順利進展。在與當地政府所簽的投資協議，大致以資金能夠順利匯出、課稅的比率、仲裁法律條款、撤資的條件等。

（三）調整資本預算

當跨國公司進行海外投資時，會提出一份投資計畫的資本預算，此時跨國公司可將資本預算中，未來現金流量與報酬率的估計保守些（如：減少現金流入的金額或降低投資報酬率），以防止遇到國家風險時，讓公司不至於曝險程度太高。

（四）進行海外保險

跨國企業可以尋求國際大型金融機構或組織，所提供的海外投資保險，以規避投資所在地的國家風險。例如：臺灣的「中國輸出入銀行」及美國的「海外私人投資公司」（Overseas Private Investment Corporation, OPIC），都有提供海外投資保險。

海外投資保險的承保範圍，大多以「沒收風險」、「戰爭風險」與「匯款風險」為主。以下以我國「中國輸出入銀行」，所提供的海外投資保險的內容來進行說明：

1. **保險對象**

   以本國公司經主管機關－「經濟部投資審議委員會」，核准或核備的對外投資案件，並取得被投資國許可者為保險對象。

2. **保險標的**

   以本國公司的海外投資之股份、持分、其股息或紅利為保險標的。

3. **承保範圍**

(1) 沒收危險

以本國公司的海外投資之股份、持份、其股息或紅利之請求權，被外國政府或其相當者以沒收、徵用、國有化等行為所奪取者。

(2) 戰爭危險

以本國公司的海外投資企業，因戰爭、革命、內亂、暴動或民眾騷擾而遭受損害或不動產、設備、原材料等物之權利，礦業權、商標專用權、專利權、漁業權等權利或利益，為其事業經營上特別重要者，被外國政府侵害遭受損害者。

(3) 匯款危險

由於前兩款以外之事，由喪失股份、持分而取得之金額、其股息或紅利，若外國政府實施限制或禁止外匯交易，或外國發生戰爭、革命或內亂致外匯交易中止，或外國政府控管該項取得金，或該項取得金之匯款許可被取消，或外國政府經事先約定應准予匯款，卻不予許可等事由發生，致逾二個月以上不能匯回本國者。

4. **保險期間**

自匯付所投資股份或持分之日或輸出機器等之日算起，以不超過七年為原則，但有需要較長期限經本行同意者，以十年為限。

 國財快訊

海外投資停看聽　輸銀逗陣來相挺

全球經濟情勢詭譎多變，臺灣廠商投資海外市場，如何規避可能面臨的投資損失，為廠商於投資前的必修課題。輸出入銀行身為臺灣唯一國營的出口信用專業銀行，作為我國廠商布局全球的金融後盾，除對出口廠商提供貨款收不回風險的保障外，也提

供「海外投資保險」協助有意對外投資廠商規避因海外政治因素而遭受投資損失的風險。

在新冠病毒肺炎（COVID-19）疫情蔓延下，於中國境內設廠的業者與供應鏈受到嚴重衝擊，尤其是以消費電子為主的供應鏈體系，面臨「斷鏈」危機，因此歐美各國及亞洲先進國家如日本、韓國及我國開始檢討，過去製造基地集中在一、二個國家的風險太高，應往中國大陸以外的地區如東協國家設立新的生產據點，以便分散風險。另外，不少代工廠在先前中美貿易戰白熱化前，已規劃供應鏈移轉至非中國大陸地區，受此次疫情影響，預料將再掀起新一波的臺商遷徙潮。

臺灣廠商投資海外市場，首要注意可能因被投資國家政治因素而面臨投資損失風險，尤其是新興市場的國家或地區，通常具有外匯短缺、政經情勢多變化等政治危險較高的特性。對於有意投資海外市場的廠商，輸出入銀行提供「海外投資保險」保險商品，對廠商投資的海外企業因戰爭、革命、內亂、暴動或民眾騷擾而遭受損害；或投資的股份、股息或紅利遭受外國政府沒收、徵用、國有化，或因外國政府實施限制或禁止外匯交易而造成損失等，由輸銀依保險契約約定承負賠償責任。

舉一實例，甲公司為醫療耗材製造商，經評估東南亞國家人口眾多，醫療市場極具潛力，基於東協國家醫療產業仍為成本導向，若將生產工廠設在東協國家，相關產品才能享有成本優勢及關稅優惠等最佳條件。甲公司決定於菲律賓設立工廠，然而考量東南亞國家人工成本雖較為低廉，但過去曾有大規模排華暴動，如越南及印尼的排華運動，造成當地臺商投資損失的前車之鑑，於是向輸銀投保「海外投資保險」，未來若發生類似情事，將可獲得輸銀保障，甲公司便可無後顧之憂的拓展東協市場，搶占市場先機。

資料來源：摘錄自工商時報 2020/10/07

解說

2020 年全球受肺炎疫情以及美中貿易戰的影響，讓許多企業可能將生產鏈移出中國，並轉移至東南亞各國，所以企業必須面臨許多未知的投資風險。此時，我國跨國企業可藉由「輸出入銀行」所提供的「海外投資保險」，讓廠商可規避因海外不確定因素所造成的損失風險。

一、選擇題

( )　1. 下列何者比較不屬於國家風險的範圍？

(A) 經濟風險　(B) 政治風險　(C) 自然風險　(D) 併購風險。

( )　2. 社會風險的根源，可能來自於何種風險的機會較大？

(A) 經濟風險　(B) 政治風險　(C) 自然風險　(D) 主權風險。

( )　3. 請問一個國家的主權問題，通常會被歸類於何種風險？

(A) 經濟風險　(B) 政治風險　(C) 自然風險　(D) 併購風險。

( )　4. 哪一種因素的變動，比較不屬於經濟風險的範疇？

(A) 經濟成長率　(B) 物價　(C) 竊盜率　(D) 利率。

( )　5. 哪一種國家風險，比較可能不可被預期？

(A) 經濟風險　(B) 政治風險　(C) 自然風險　(D) 經濟風險。

( )　6. 通在進行國家風險衡量中，跨國企業除了內部評估外，尚可參考國外知名機構的國家風險或競爭力報告進行評估，下列何者機構，並沒有提供評鑑報告？

(A) 商業環境風險評估公司（BERI）

(B) 瑞士的世界經濟論壇（WEF）

(C) 瑞士洛桑國際管理學院（IMD）

(D) 世界清算銀行（BIS）。

( )　7. 請問下列何項方法對規避國家風險較無關？

(A) 簽訂投資協議　　　　　(B) 調整資本預算

(C) 調整資本結構　　　　　(D) 進行海外保險。

( )　8. 若本國的跨國企業向國內的「中國輸出入銀行」投保海外投資保險，請問下列何項不是承保範圍？

(A) 戰爭風險　(B) 匯款風險　(C) 自然風險　(D) 沒收風險。

( ) 9. 下列何者敘述正確？

       (A) 階級衝突是屬於自然風險的一種

       (B) 主權風險是屬於經濟風險的一種

       (C) 宗教衝突屬於社會風險的一種

       (D) 物價穩定屬於自然風險的一種。

( ) 10. 下列何者敘述正確？

       (A) 國內的臺灣銀行是負責提供跨國企業海外保險業務的單位

       (B) 國家風險中以自然風險最為不確定性

       (C) 美國的聯邦理事會（FED）是負責提供該國跨國企業海外保險業務的單位

       (D) 併購風險是屬於國家風險的一種。

二、問答題

1. 請問國家風險的種類有哪四種？

2. 請問規避國家風險的方法有哪些？

3. 請問國內何種機構提供跨國企業海外保險之事務？

4. 請問美國何種機構提供跨國企業海外保險之事務？

5. 請問國內負責提供跨國企業海外保險的機構，通常海外投資保險的承保範圍，大多以那三項為主？

第4篇

跨國公司理財篇

跨國公司的經營橫跨世界各國,所以在短期營運資金的調度、長期資本的募集及資本預算的估計與規劃,都較國內企業複雜。因此,要讓跨國企業有良好的經營績效,必須將公司的營運資金、資金成本、資本結構、資本預算與稅務規劃等,這些有關公司理財事務管控得宜。

本篇為國際企業公司理財篇,其內容包含四大章,乃在介紹經營一家跨國公司所面臨的資金、資本管控與稅務規劃的問題,其內容對於跨國公司的經營管理,尤具重要。

曲 CH9　國際營運資金管理

曲 CH10　國際資金成本與資本結構

曲 CH11　國際資本預算

曲 CH12　國際租稅管理

CHAPTER 9 國際營運資金管理

　　本章內容為國際營運資金管理，主要介紹國際現金管理、國際應收帳款管理以及國際存貨管理等內容，其內容詳見下表。

節次	節名	主要內容
9-1	國際現金管理	介紹國際現金管理方式、國際資金調度限制及受限國際資金調度方式。
9-2	國際應收帳款管理	介紹國際應收帳款的管理方式與融資方式。
9-3	國際存貨管理	介紹三種國際存貨的管理模式。

本章導讀

　　跨國企業的營運，除了要規劃長期的資本支出，以便於海外的擴廠活動，更重要的是必須控管海內外各子公司，所需用到的短期營運資金。大致上，跨國公司的「營運資金」（Working Capital）管理項目，大概以「現金」為主，但「應收帳款」與「存貨」也仍屬營運資金的範疇。

　　一般而言，跨國公司對於短期營運資金的管控能力優劣，對整體公司的營運具有重要的影響性。以下本章將分別介紹有關短期營運所需的現金、應收帳款與存貨之運用與管理。

9-1　　　　　　　　　　　　　　　　　國際現金管理

　　公司每日的營運過程中，公司內部必需保持一定水位的現金，以備隨時可以支用。公司持有現金的理由，不外乎滿足公司的交易性、預防性、投機性與補償性等四種需求[1]。當然跨國企業也不例外，也有同樣的需求，才滿足跨國營運支用。

　　跨國企業的子公司散布全球各地，因各地不同法令與稅負的限制及各種貨幣匯率變動的因素，讓跨國企業的現金管理確實比國內企業複雜許多。因此如何將整體公司的現金部位管理得宜，有賴經驗豐富的財務人員進行調度。以下本單元分別介紹國際現金管理方式、國際資金調度限制及受限國際資金調度方式。

---

[1] 公司持有現金有四種需求，分別為：(1) 交易性需求：滿足公司每日營運所須的交易需求。(2) 預防性需求：預防公司突發狀況，所須的現金需求。(3) 投機性需求：市場突然有廉價的原料或有利可圖的投資機會，所須的現金需求。(4) 補償性需求：通常銀行貸款給廠商資金，有時要求將一部分的資金回存銀行，以補償額外的服務成本，銀行要求需配合的現金。

一、國際現金管理方式

公司要持有多少部位的現金，對公司內部財務人員而言是一項重要的課題。若持有太多的現金部位，無法有效率的運用資金，對公司的投資報酬率而言是一種浪費。若持有太少的現金，無法應付公司突發的現金需要，對公司而言是一種風險，所以如何將公司的現金部位維持在一個適宜水準，有賴經驗豐富的財務人員。跨國公司的現金管理，還要考慮母公司與各地子公司在不同地區經營時，所產生的匯率風險及跨境匯出限制等問題，所以跨國公司的現金管理，所考慮的層面需較國內型企業更周全。以下介紹幾種常見的跨國公司的現金管理方法：

（一）現金集中管理系統（Centralized Cash Management）

現金集中管理系統乃是將跨國公司的母公司與各地子公司所產生的現金流量，將由一個獨立的管理部門以統籌集中管理。跨國企業必須很清楚的知道，母公司與各地子公司的現金流向；然後，母子公司先各自評估保留足以應付短期營運支用的資金；隨後，再將多餘現金回流至母公司所設的「現金池」內。若未來母子公司有額外的資金需求時，再由此集中管理的「現金池」內的資金去支應。

透過現金集中管理系統，跨國企業內的母公司與各子公司，除可滿足平時營運資金的需求外，並整合所有公司內的現金，讓整體資金在運用上（如：資金存款的議價能力），更具經濟規模效益。財務人員可依各公司內的現金需求進行調度，讓有閒置資金的子公司，降低安全現金餘額，並讓有資金需求的子公司獲得支援，整體而言，可以讓資金使用上更具效率，也減少外部融資的機會。

例如：某跨國企業在全球許多國家皆設有營業據點，其收支多半以美元計價，但為了應付各地區幣別收支需求，在銀行內開設多種幣別的「跨境自動化資金池業務」。若現在位於日本的子公司欲付一筆美元貨款給美國廠商，但可都過「跨境自動化資金池」運作，子公司將日圓移入「資金池」，再由「資金池」內原有的美元部位，付給美國廠商即可；且將來若有日圓要支出，再由「資金池」內的日圓部位相抵即可。如此一來，跨國企業無須再額外購買美元與日圓，讓各幣別資金運用更具彈性。

花旗跨境自動化資金池新增人民幣

花旗銀行為首家推出自動化資金池服務的金融機構，宣布新增「人民幣跨境自動化資金池服務」，可以有效降低企業資金成本。除了原先已推出的美元、英鎊、日圓跨境自動化資金池服務，花旗最新加入人民幣幣別的跨境自動化服務。

花旗說明，只要是同一企業集團旗下的公司，在外匯指定銀行（DBU）或國際金融業務分行（OBU）開戶，皆有機會加入同一個自動化資金池服務架構。花旗（臺灣）銀行表示，根據觀察，企業客戶最需要的是清晰透明的管理報表，能夠清楚呈現企業旗下所有子公司以及相關企業資訊，以及有效率的交易平台，即時、迅速地進行資金調度。

舉例，臺灣的知名科技大廠，在全球許多國家皆設據點，近年來，積極開拓中國業務，其管理收入多半以美元計價，並由中國各營業據點將款項匯入中國區域的帳戶。未來透過人民幣跨境自動化資金池服務，該大廠在中國設立人民幣帳戶，將付款幣別從美元改為人民幣，進行人民幣收款作業，並以人民幣收款直接抵銷人民幣的負債，企業無須再額外購買人民幣。甚至集團更可將其人民幣盈餘轉入集團的現金池，若集團內其他子公司於中國有資金需求，透過資金靈活調度，無須再於中國當地進行融資，不僅降低資金成本，更達到全球的資金管理。

資料來源：摘錄自臺灣英文新聞 2015/08/04

解說

通常跨國企業為了應付全球各種幣別的收支，會在銀行開辦「跨境自動化資金池」以便利全球現金集中管理。近年來，中國一直是台商前往投資的大本營，有一外商銀行開辦「人民幣跨境自動化資金池服務」，以便利台商的資金管理。

（二）交易收支淨額模式（Payments Netting）

指跨國企業在海外的各子公司之間，可能常存在著內部的買賣活動，若是使用同一種幣別在進行交易，可先進行同幣別的資金供需收支相抵之後的淨額，再由母公司針對淨額進行支付匯款。透過現金收支淨額模式，可以節省資金匯出匯入的交易成本。

例如：有一跨國公司於海外有 A 與 B 兩營業據點，若現在 A 有 100 萬美元要支付給 B，B 有 300 萬美元要支付給 A，此時可先將 A 與 B 進行收支相抵後，B 僅須將 200 萬美元匯給 A 即可。所以透過收支淨額模式，僅有 200 萬美元的移轉；若無此模式，則 A 要付 100 萬美元給 B，B 再付 300 萬美元給 A，整體上就有 400 萬美元的進出，比較耗費移轉成本。

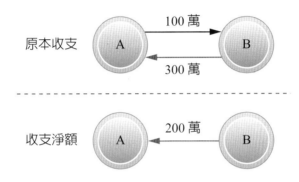

上述例子，由兩家子公司在進行交易收支淨額相抵活動，則稱為「雙邊淨額」（Bilateral Netting）支付。若是由多家子公司同時進行收支淨額相抵活動，則稱為「多邊淨額」（Multilateral Netting）支付。

（三）商品移轉訂價策略（Transfer Price）

指跨國企業的母公司或各子公司，平時就會有互相進行買賣商品的活動，所以彼此之間必須要有收支的現金流，為了降低彼此的現金流所產生的成本，因此將要買賣的商品價格進行調整（提高或降低），讓調整過後的價格，使雙方所要收支的現金流下降，間接讓資金的移轉成本下降，甚至可以規避外匯管制。但利用此策略，所要調整的價格，也必須在合理範圍內，以免受到稅務機關的稽查。

例如：原本位於美國的 A 子公司將價格 3,000 萬元的商品，調降成為 2,500 萬元賣給位於中國的 B 子公司；B 子公司將價格 2,000 萬元的商品，調高成為 2,500 萬元賣給 A 子公司，這樣兩家子公司就不用進行任何資金移轉，且也可規避有些國家對外匯進出的管制。

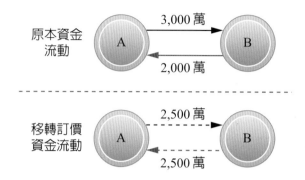

二、國際資金調度的限制

上述介紹國際現金管理的方法，但實務上，由於跨國公司的子公司散布於世界各國，各子公司若要將資金自由的跨境移轉，有時仍會受到某些因素的干擾而受到限制，這些限制如下：

（一）政治干擾

全球有許多國家的政府會對外匯的流動進行管制，會在匯出金額的數量、匯出資金的名義、匯率的報價以及受理的時間進行管制，讓跨境的資金移動受到阻礙。

（二）稅負成本

全球每個國家的稅負制度都不同，有些對外匯的匯出，會課以較高的稅率，讓跨境資金的移轉成本增加。例如：有些國家對於要匯出的資金，若是屬於盈餘或股利的收入時，會課以較高稅率，以阻礙外匯的移動。

（三）交易成本

有些國家因金融並非完全自由化或國際化程度不足，在外匯買賣的匯率報價上會出現較大的落差，讓外匯的進出成本增加，若跨國企業須頻繁的匯進匯出，會增加交易成本。

（四）流動需求

跨國企業散布世界各國，每個子公司在當地所遇到的狀況不同，所以都必須保留一些預防性的資金，以應付日常支用，所以就會使外匯資金的流動上受到限制。

三、受限國際資金的調度方式

基於上述，國際資金的跨境移轉，有時會因某些因素而受到限制，因此公司的財務人員必須採取某些調度方式，以突破這些限制。以下介紹幾種受限國際資金的調度方式：

（一）化整為零

跨國公司為了防止地主國對匯出資金的數量有所限制，可以採取化整為零的方式，逐步小額分次匯出，以免一次匯出大筆資金被限制或關切，造成日後匯出資金的不便性。

（二）移轉訂價

跨國公司可利用原本母公司與各子公司之間，所要進行買賣交易的原物料、零件、產品或提供勞務的報價進行調整，可將受限資金藉機移出。例如：母公司提高賣給子公司零件的價格，如此子公司就能匯出部分受限資金至海外。

（三）隱含匯款

有些國度對於要匯出的資金的名義，是屬於公司盈餘收入或股利分配，將有所管制，此時跨國公司可將這些被管制的資金，隱含在其他名義上（如：母公司欲向子公司收取管理費、授權費、權利金等項目），再進行匯款，應可規避當地政府的管制。

（四）創造出口

跨國公司的母公司可對受外匯管制的子公司，出口不相關的商品或提供非必要性勞務，讓子公司有匯出資金的名義，可將部分的受限資金移出。例如：子公司必須加入由母公司所舉辦的國際會議，須匯出會員費與參與費等資金。

9-2　國際應收帳款管理

跨國公司在銷售產品後，不會立即收到現金，通常使用信用交易的方式銷售，因此公司會有一些等待收回的國際應收帳款。國際應收帳款的回收速度會影響公司的利潤，所以跨國公司，除了根據客戶的信用狀況，訂定不同的授信政策，還必須注意匯率波動所產生的不確定因素，才能確保應收帳款不至於變成呆帳。此外，跨國公司也可利用尚未到期的應收帳款，向金融機構申請融資，以讓公司的短期營運資金，更具調度彈性。以下將介紹國際應收帳款的管理方式與融資方式。

一、管理方式

　　跨國公司對於國際應收帳款的管理，除了要針對不同客戶屬性，採取不同的信用政策，且須考量應收帳款的計價幣別與本國幣之間匯率變動情形，再行因地制宜的調整。以下介紹兩個國際應收帳款管理，須考量的因素：

（一）公司信用因素

　　一般而言，無論國內或國際應收帳款，都必須對來往的客戶進行信用評估。所謂的信用政策（Credit Policy）是公司對客戶賒帳所訂定的規則，會根據客戶的產業屬性與不同的信用狀況，而訂定不同的信用政策。信用政策包括信用標準、信用期間、現金折扣與收帳政策等這四個要素。以下將分別說明之：

1. 信用標準（Credit Standard）

指客戶為獲得公司的信用交易，所須具備最低的信用條件。衡量客戶的信用狀況可透過以下幾種標準：(1) 客戶的基本背景與風評、(2) 客戶的財務報表與財務分析、(3) 客戶的營運方針與產業情勢、(4) 客戶的擔保品與擔保品價值、(5) 客戶以往的還款與信用記錄。

2. 信用期間（Credit Period）

指公司給予客戶的付款期限，不同產業的信用期間會有差異，但一般來說公司會依據個別客戶的「應收帳款平均回收天數」來決定給予信用期間的長短。

3. 現金折扣（Cash Discount）

現金折扣是公司為鼓勵客戶盡早付款，只要客戶在約定的期間內付款，即可享受的現金折扣優惠。現金折扣的提供，公司除了可以減少應收帳款在外的流通時間，亦有可能吸引到新的客戶，但相對地，表示公司本身收到的貨款就會減少。因此現金折扣的設計必須同時考量成本與效益，才可達成機制設計的目標。

4. 收帳政策（Collection Policy）

指公司對催收逾期應收帳款所制訂的作業程序。一般常見的催收方法有四種：(1) 寄催收信函或電子郵件、(2) 親自造訪或電話通知、(3) 委託催收機構處理、(4) 採取法律途徑。由於不同的收帳政策，會對銷貨收入、收現期間與壞帳損失產生影響。因此公司在決定利用收帳政策，必須就它帶來的效益與伴隨的成本之間作一權衡。

（二）匯率因素

國際應收帳款的管理須比國內的應收帳款，須多考慮一項因素就是匯率所引起的不確定性。跨國公司在進行國際交易活動，其應收帳款的計價幣別，會選擇國際較通用貨幣（如：美元、歐元等），且跨國公司應選擇以強勢貨幣作為計價幣別，因為將來計價幣別升值對增加匯兌收入。此外，如果國際應收帳款的計價幣別，將來預期升值，跨國公司可制定較寬鬆的信用政策，讓應收帳款收現的時點延後，可因貨幣升值帶來匯兌收入的增加。

二、融資管理

跨國公司若有短期資金的需求，可將尚未到期的國際應收帳款，拿去跟銀行進行融資，讓跨國公司的出口單位方便且快速的取得營運資金，以增強出口競爭力。國際應收帳款的融資行為，可分為以下兩種：

（一）國際應收帳款融資（**Accounts Receivable Financing**）

指跨國企業與海外進行交易，所產生的應收帳款發票單據，向銀行進行「票據貼現」融資借款，以先取得營運資金。

國際應收帳款融資中，若應收帳款須支付款項的廠商，最後無法付出款項，持有應收帳款的跨國企業，仍須還款給銀行。因此利用國際應收帳款融資，跨國企業除了要承擔交易對手的信用風險，也要承擔對方地主國的國家風險，所以利用國際應收帳款融資利率，通常會高於國內應收帳款融資利率。

（二）國際應收帳款承購（**Accounts Receivable Factoring**）

指跨國企業與外國買方進行交易時，將出貨所收取之應收帳款債權，轉讓給銀行，且不需提供任何擔保品，在沒有國際貿易糾紛的前提下，承購銀行會承擔外國買方的信用風險，讓跨國企業可以完全回收貨款，減少逾期帳款的損失，滿足出口廠商的資金需求，提高公司資金週轉能力。

承作此業務的銀行因要負擔外國買方的信用風險及對方地主國的國家風險，因此，當外國買方最後付不出帳款時，銀行對跨國企業（賣方）是否對應收帳款具有追索權，可分為以下兩種狀況：

1. **無追索權**

   若承購金額未超過輸出保險金額或最高保險責任金額時，屬於無追索權方式承購。當國外買方發生信用風險時，完全由銀行承擔，跨國企業（賣方）並無償還義務，但若有商業糾紛或發生輸出保險除外責任等，致承保機構不理賠時，銀行對廠商仍保有追索權。

2. **有追索權**

   若承購金額超過輸出保險金額或最高保險責任金額時，屬於有追索權方式。國外買方發生信用風險時，對於應收帳款承購金額高於輸出保險理賠金額的部分，跨國企業（賣方）仍須對銀行有償還義務。

   上述，承辦應收帳款承購的銀行，不論承擔買方信用風險或賣方預支價金之還款來源，應收帳款承購業務，均受買方信用風險高低所影響，因此買方信用良窳，對此業務之風險具影響性。

 國財快訊

「潤寅」疑詐貸近80億　18家銀行受害

〈潤寅詐貸案開罰〉金管會提四大措施強化應收帳款授信

老牌貿易商潤寅今年爆發詐貸案，金管會對缺失銀行開罰之餘，還督導銀行公會就本案經驗提出制度面的四大措施，讓銀行業可以遵循辦理，也希望藉此強化「應收帳款融資（承購）」授信作業以記取教訓。

1. 督導銀行公會擬定應收帳款融資（承購）業務最佳實務作法供銀行業參考：精進銀行徵信、授信作業與貸後管理作業，包含強化照會作業確認買方知悉、審查運送單據以查證交易真實性、查詢該筆發票有無重複融資、對同一買方或賣方訂定風險承擔限額等控管集團風險措施、存款部門及授信部門應建立同步通報機制等。

2. 精進聯徵中心資料查詢措施：金管會表示，為使應收帳款暴險充分揭露，聯徵中心將蒐集賣方轉讓的應收帳款額度、預支價金額度及餘額，以「表外方式」列示。並將應收帳款融資、有追索權應收帳款承購、無追索權應收帳款承購三類業務，以子目或代號予以區分。聯徵中心亦將就銀行報送的發票資訊，比對重複融資的發票，提供銀行查詢使用。

3. 本次因部分金融機構於受理潤寅集團關聯戶新臺幣匯款作業，對於匯款人與實際資金提供者不同時，並未註記，致受款行無從發現異狀，金管會亦要求金融機構於受理國內匯款交易時，如有匯款人與扣款帳戶不一致的情形時，應於匯款單上附言欄附註說明「匯款人非扣款帳戶本人」，並請金融機構自行訂定相關內部控制規範，以評估辨別是否有異常或疑似洗錢或資恐交易。

4. 金管會亦鼓勵金融機構考量加入中小企業融資服務平台，除可取得企業營運資訊作為貸款評估的參考外，該平台介接財政部財政資訊中心的發票驗證服務，亦有利於金融機構貸後管理及查核交易的真實性。

資料來源：摘錄自 2019/10/17

 **解說**

　　前些日子，國內爆發某一企業利用銀行的「應收帳款融資（承購）」業務，向 13 家銀行詐貸 386 億元，為國內史上最大的詐貸案件。有鑑於此，金管會提出的四大措施，讓銀行業可以遵循辦理，也希望藉此強化「應收帳款融資（承購）」授信作業。

9-3　國際存貨管理

　　一般而言，公司的存貨包括產品的原物料、再製品與製成品。存貨在資產負債表是屬於流動資產，若公司存貨太多，將造成資金積壓，影響公司營運資金的運用，也會增加存貨跌價風險；但若存貨不足時，可能會出現生產中斷、服務水準降低或喪失潛在顧客等不利情形。因此公司為了確保能順利營運，通常會保持一定水準的存貨量。

跨國公司的存貨管理（Inventory Management）會比一般國內型企業複雜，因為它必須考量母公司與海外子公司的所有狀況，且又受匯率變動與國家風險的干擾，存貨占企業總資產的比率通常不小，所以國際存貨管理的優劣，確實對跨國公司的經營績效影響頗大。以下介紹幾種國際存貨管理的模式：

一、預先管控存貨價格

　　跨國公司將產品出口運銷至海外進行銷售，若預期當地貨幣將貶值，地主國又缺乏遠期貨或期貨等合約的避險下，跨國公司必須先累積存貨，增加存貨儲備量。若當地貨幣貶值後，當地商品價格會漲價，此時之前的進口的存貨可以利用打折銷售，讓價格控制在以往價格附近，就可順利將存貨銷售完畢。

二、運用自由貿易港區

　　所謂的「自由貿易港區[2]」（Free Trade Zone）是一個國家為了提升競爭力，設定一個特定管制區域，以吸引外國資金進來投資，以促進經濟發展。在這個特定區域範圍內，貨物可自由流通，且可與當地物料結合加工製造，並透過簡化通關流程及減免稅賦，讓貨物迅速運往全球各地。

　　由於自由貿易港區屬於「境內關外」的區域，享有稅賦優惠，且政府管制較少，也大都設在運輸便捷的港區（國際港口、航空站），以方便人員、貨物、金融及技術的流通，降低跨國企業營運中物流、商流與人流之各種障礙。因此跨國企業可運用自由貿易港區作為生產基地、加工中心或儲運中心，讓出口貨物在低成本、高效率的作業環境中營運，可讓生產銷售更為快速，提高存貨運銷的效率。

三、應用全球運籌管理

　　所謂的「全球運籌管理」（Global Logistics Management, GLM）是一種跨國界的供應鏈資源整合模式，其乃是將全球不同位置的原物料、人力、生產製造與銷售市場進行最有效率的整合。全球運籌管理意謂著跨國企業運作流程中，公司內每一個部門（如：製造、倉儲、行銷系統等）都是為了配合企業生產，所追求的最佳成本考量而存在著。

---

[2]　在國內「自由貿易港區」是行政院核定的國際港口、航空站等的管制區域，在管制區域範圍內從事貿易、倉儲、物流、貨櫃（物）集散、轉口、轉運、承攬運送、報關服務、組裝、重整、包裝、修理、裝配、加工、製造、檢驗、測試、展覽或技術服務的事業，原則可不受輸出入作業規定、稽徵特別規定等的限制，享有境內關外、稅賦優惠等優惠。

跨國企業在全球運籌管理模式中，它與上下游供應鏈廠商與自己的產銷系統，須建立一套有效串聯的機制，並透過「先接單後生產模式」（Built to Order, BTO）、「依訂單組裝生產模式」（Configuration to Order, CTO）、「臺灣整機直送模式」[3]（Taiwan Direct Shipment, TDS）等，且嚴格的管控品質並達快速回應之市場需求，以達到即時生產（Just In Time）的管理運作機制，讓庫存的風險降至最低。

 **國財小百科**　　　　　　　**國內自由貿易港區**

　　根據臺灣港務股份有限公司，目前其轄下所管理的自由貿易港區共有七個，如下：

港區	適合產業
高雄港	倉儲、物流、非鐵金屬、多國貨櫃物加值集併業務、鋼鐵、金屬製品、機械、模具等產業進駐。
臺中港	機密機械基礎工業、3C 產業、綠能產業、自行車業上下游供應鏈、汽車零件組裝、加工、檢驗、測試及兩岸石化原料、油品儲轉。
桃園空港	電子製造及服務業（包括數位消費性電子、面板產品、記憶體模組、晶圓通路商、電子零組件、半導體設備及通信、通訊、網路等）、國際物流業、醫療產品業、美容化妝品業、自行車組裝業等。
臺北港	汽車物流、海運快遞、海空聯運、多國貨物集併櫃業務、農產品運銷、醫療器材產業、智慧物流及其他加值型產業。
安平港	物流倉儲及國際物流等產業進駐。
基隆港	輕薄短小產業零組件進儲、加工、再出口、消費品加值配銷、多國貨櫃物加值集併業務。
蘇澳港	吸引國際物流產業、綠能產業。

資料來源：臺灣港務股份有限公司

---

[3] 「臺灣整機直送模式（TDS）」是指所有的生產過程均在臺灣完成後，直接以空運等快遞方式將完成品送到購買者手中。此種模式乃由製造廠商主導零組件採購權，並涉及運送服務，所以可以縮短貨品的生產與交貨流程，對須要產品的跨國公司而言，則可有效降低庫存壓力。

防洗產地　財政部修正自貿港區通關管理辦法

財政部為推動自由港區貨物通關簡政便民，強化貨物管控，避免業者「洗產地」，在會商交通部後，預告修正自由貿易港區貨物通關管理辦法部分條文草案，以提升通關效率，降低業者營運成本。因應中美貿易戰等國際貿易情勢變化，中美等國互相祭出反傾銷稅、反補貼稅、加徵懲罰性關稅等措施，導致不少業者違規轉運以「洗產地」的方式，來規避相關貿易成本。

過去海關是以自由貿易港區設置管理條例來管理洗產地的問題，為強化自由港區事業自主管理及貨物管控機制，在自由貿易港區貨物通關管理辦法修法草案中，明訂將遵守產地標示規範列入自主管理事項，增加法源基礎。並新增發現貨物原產地標示明顯不符者，應通報海關的規定，防杜不肖廠商利用自由港區違規轉運貨物，保障合法業者權益。

資料來源：摘錄自聯合報 2020/07/15

 解說

　　前陣子，由於美中貿易戰，美國將對中國地區製造的商品課以高額關稅，於是許多業者利用「自由貿易港區」的特殊性，從中國運轉至臺灣的「自由貿易港區」，以「洗產地」的方式，來規避稅務成本。於是國內財政部修正自貿港區通關管理辦法，以防杜不肖廠商利用自由港區違規轉運貨物，以保障合法業者權益。

本章習題

一、選擇題

( )　1.　下列何項不屬於國際營運資金管理的項目？

　　　　(A) 現金　(B) 應收帳款　(C) 土地　(D) 存貨。

( )　2.　通常公司會保持一些現金，其理由為何？

　　　　(A) 交易　(B) 投機　(C) 預防　(D) 以上皆是。

( )　3.　下列何者較不屬於國際現金管理的方式？

　　　　(A) 現金集中管理系統　　　　(B) 交易收支淨額模式

　　　　(C) 商品移轉定價策略　　　　(D) 商品差異定價策略。

( )　4.　通常國際資金調度較不會遇到那種限制？

　　　　(A) 政治限制　(B) 時差限制　(C) 交易成本過高　(D) 流動需求。

( )　5.　下列何者非受限國際資金的調度方式？

　　　　(A) 化繁為簡　(B) 化整為零　(C) 移轉訂價　(D) 創造出口。

( )　6.　下列何者非國際應收帳款管理的考量因素？

　　　　(A) 開立帳款公司信用標準　　(B) 應收帳款回收期間

　　　　(C) 存貨平均銷售天期　　　　(D) 應收帳款計價幣別的匯率。

( )　7.　下列對國際應收帳款承購的敘述，何者有誤？

　　　　(A) 承作公司須提擔保品

　　　　(B) 大都是跟銀行承作

　　　　(C) 若承購款項沒收回，承作公司不一定會被追索

　　　　(D) 承購銀行須承擔應付款項公司的信用風險。

( )　8.　下列何者非國際存貨的管理模式？

　　　　(A) 預先管控存貨價格　　　　(B) 應用多功能生產模式

　　　　(C) 運用自由貿易港區　　　　(D) 應用全球運籌管理。

( )　9.　下列對自由貿易港區的敘述，何者有誤？

　　　　(A) 屬於境外關內的概念　　　(B) 具有減免稅負功能

　　　　(C) 可簡化通關流程　　　　　(D) 可以降低存貨。

( ) 10. 下列何項為全球運籌管理模式中，常使用的生產模式？

(A) 先接單後生產模式 　　　(B) 依訂單組裝生產模式

(C) 臺灣整機直送模式 　　　(D) 以上皆是。

( ) 11. 下列敘述何者有誤？

(A) 現金集中管理方式，須會設一個現金池，予以統籌分配資金

(B) 利用商品移轉策略，可減少跨國公司內部資金移動

(C) 公司持有現金理由中，預防需求乃是滿足公司平時營運資金需求

(D) 國際存貨管理也屬於營運資金管理一部分。

( ) 12. 下列敘述何者有誤？

(A) 國際應收帳管理是屬於營運資金管理一部分

(B) 稅負不同國度，國際資金調度會受影響

(C) 跨國企業可利用移轉訂價，規避海外受限資金的調度

(D) 跨國企業利用移轉訂價策略，一定可以讓兩子公司的資金淨流動為零。

( ) 13. 下列敘述何者有誤？

(A) 國際應付帳款管理是屬於營運資金管理一部分

(B) 自由貿易港區屬於「境內關外」的區域

(C) 通常承作國際應收帳款承購，企業不需提供任何擔保品

(D) 跨國企業運用自由貿易港區，可以降低存貨。

( ) 14. 下列敘述何者正確？

(A) 通常企業承作國際應收帳款承購，銀行無追索權

(B) 自由貿易港區具有減免稅負功能

(C) 依訂單組裝生產模式是國際現金管理的一部分

(D) 自由貿易港區屬於「境外關內」的模式。

( ) 15. 下列敘述何者正確？

(A) 跨國公司的權益管理是屬於營運資金管理一部分

(B) 利用商品移轉訂價策略管理國際現金，須設一個現金池進行調度

(C) 跨國企業承做國際應收帳款承購業務，通常是至證券承銷商

(D) 全球運籌管理可運用在國際存貨管理。

二、問答題

1. 請問寫出三種常見的國際現金管理方式？

2. 請問寫出四種常見解決受限國際資金的調度方法？

3. 請問寫出三種常見的國際存貨管理方式？

NOTE

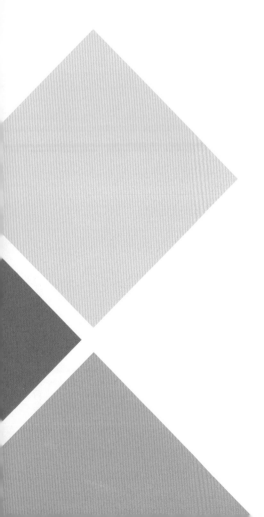

CHAPTER 10 國際資金成本與資本結構

　　本章內容為國際資金成本與資本結構，主要介紹跨國企業的資金成本、跨國企業的資本結構等內容，其內容詳見下表。

節次	節名	主要內容
10-1	跨國企業的資金成本	介紹跨國企業的資金成本估算、國際與國內企業的資金成本差異。
10-2	跨國企業的資本結構	介紹影響跨國企業資本結構的因素、跨國企業之母子公司資本結構的決策差異。

本章導讀

當跨國企業欲擴大經營規模，若有資金需求時，除了可於國內市場先行尋找融資或出資的對象，亦可至海外進行募資行為，因此跨國企業的籌資活動相較於國內企業更具彈性，但資金成本的估計，卻要更為複雜。此外，要成為跨國企業其市場規模也具有一定的份量，其股權與債權的結構，亦相對較本土企業複雜，因此如何調整跨國企業的資本結構，才能讓公司的價值極大化，這也是跨國企業的主管當局所關心的議題。以下本章將介紹跨國企業的資金成本與跨國企業的資本結構。

10-1 跨國企業的資金成本

一般而言，公司的資金來源不外乎兩種，其一為負債，另一為股權，當然跨國企業也不例外。但不管負債或股權，跨國企業的籌資管道更不用只侷限於國內，它可尋找海外資金的奧援，但募資成本卻須受到匯率變動的影響，因此跨國企業的資金成本估計，確實較單一國內型企業複雜。以下本單元首先介紹跨國企業的資金成本估算，其次說明跨國與國內企業的資金成本差異。

一、跨國企業的資金成本估算

由於跨國企業的籌資範圍，可遍及世界各國，且可用的籌資工具較多元，因此在資金成本的估算較為複雜，且必須加入匯率的變動。跨國企業的資金成本的估算，乃將兩項主要資金來源－負債與權益的各自資金成本加權而得。以下將分別介紹跨國企業的負債與權益資金成本及加權資金成本。

國際財務管理

10-2

（一）跨國企業的負債資金成本

公司負債的長期資金來源，主要來自於銀行借款與公司債債券。由於負債融資所支付的利息，可當作會計上的費用來抵減所得稅，故實質的負債成本應以「稅後」的基準來表示。

跨國企業的負債資金來源，可部分源自於國內負債資金，有部分可來自於海外負債資金。所以跨國企業的負債資金的成本，乃應將國內與國外負債資金，依資金權重加權而得。跨國企業的平均負債資金成本屬於稅前觀念，見（10-1）式，若母國所在地的公司所得稅，稅率為 T，則稅後負債成本應以（10-2）式表之：

$$R_D = W_{D_d} \times R_{D_d} + W_{D_f} \times R_{D_f} \qquad (10\text{-}1)$$

$$稅後負債成本 = R_D \times (1-T) \qquad (10\text{-}2)$$

上兩式中，W_{D_d} 與 W_{D_f} 與分別表示跨國企業之國內與國外負債資金的權重，R_{D_d} 與 R_{D_f} 分別表示跨國企業之國內與國外負債資金的成本。

國外的負債資金成本 (R_{D_f})，除了要考慮外幣借款利率 (r_{D_f}) 外，亦必須考量匯率的變動率 (e^*)，所以國外的負債資金成本 (R_{D_f})，將以（10-3）式 [1] 表之：

$$R_{D_f} = (1+r_{D_f}) \times (1+e^*) - 1 = (1+外幣借款利率) \times (1+匯率變動率) - 1 \quad (10\text{-}3)$$

---

[1] 假設跨國企業至海外借款 1 年，借款利率為 (r_{D_f})，若借款時匯率為 (e_t)，還款時匯率為 (e_{t+1})，則考慮匯率變動的負債資金成本 $R_{D_f} = \dfrac{1}{e_t}(1+r_{D_f}) \times e_{t+1} - 1$，此式，將可改寫成下式：$R_{D_f} = (1+r_{D_f}) \times (1+\dfrac{e_{t+1}-e_t}{e_t}) - 1 \Rightarrow R_{D_f} = (1+r_{D_f}) \times (1+e^*) - 1$，此處 $e^* = \dfrac{e_{t+1}-e_t}{e_t}$。因此，由上式得知：國外稅前負債資金成本 $= R_{D_f} = (1+外幣借款利率) \times (1+匯率變動率) - 1$。

國外的負債資金成本

　　若甲公司於海外發行美元公司債，發行債券殖利率為 6%，一年後欲付息時，美元對新台幣相對發行時的匯率升值 2%，所以此公司債的負債稅前資金成本為何？

$$R_{D_f} = (1+r_{D_f}) \times (1+e^*) - 1$$
$$= （1 + 外幣借款利率）\times（1 + 匯率變動率）- 1$$
$$= (1+6\%) \times (1+2\%) - 1 = 8.12\%$$

稅後負債成本

　　若承上例 10-1，甲公司在國內向銀行借款一年利息為 6%，且國內與國外負債的權重為 6：4，若該國的公司所得稅為 20%，請問甲公司國內與國外負債加權後，其稅後負債成本為何？

國內與國外負債加權負債成本為：

$$R_D = W_{D_d} \times R_{D_d} + W_{D_f} \times R_{D_f} = 0.6 \times 6\% + 0.4 \times 8.12\% = 6.848\%$$

稅後負債成本 $= R_D \times (1-T) = 6.848\% \times (1-20\%) = 5.478\%$

（二）跨國企業的權益資金成本

　　公司權益資金的來源，主要包括：普通股資本、特別股資本與尚有保留於公司內部的保留盈餘。一般而言，並不是每一家公司都有發行特別股，因此公司的權益資金大都以普通股資本與保留盈餘為主，而保留盈餘本應屬於普通股股東的股利，所以資金成本的計算應納入普通股的範疇。

跨國企業的權益資金來源，可來自於國內的股本資金，也可以來自於海外募資的新股資金。所以跨國企業的權益資金成本，乃應將國內與國外權益資金，依資金權重加權而得。因此跨國企業的平均權益資金成本，以下（10-4）式表之：

$$R_E = W_{E_d} \times R_{E_d} + W_{E_f} \times R_{E_f} \qquad (10\text{-}4)$$

　　上（10-4）式中，W_{E_d} 與 W_{E_f} 與分別表示跨國企業之國內與國外權益資金的權重，R_{E_d} 與 R_{E_f} 分別表示跨國企業之國內與國外權益資金的資金成本。

　　一般而言，在計算權益資金成本，可用「股利固定成長折現模式」、「資本資產定價模型」、「債券收益率加風險溢酬法」這三種方法。此處考慮每個市場內的無風險利率與市場指數報酬率，都不盡相同的情形下，所以對股東所要求的報酬率，也會有所不同。而且不同市場的無風險利率水準，根據「利率平價說」（Interest Rate Parity Theory）也反映了兩個市場的匯率因素，所以利用「資本資產定價模型」（Capital Asset Pricing Model, CAPM），應可較準確的估算出不同國家的權益報酬率。因此跨國企業之國內與國外權益資金成本，計算公式如（10-5）式與（10-6）式：

$$R_{E_d} = R_{f_d} + \beta_{i_d}(R_{m_d} - R_{f_d}) \qquad (10\text{-}5)$$

$$R_{E_f} = R_{f_f} + \beta_{i_f}(R_{m_f} - R_{f_f}) \qquad (10\text{-}6)$$

　　上式中，R_{f_d} 與 R_{f_f} 分別代表國內與國外（募資地主國）市場的無風險利率，β_{i_d} 與 β_{i_f} 分別代表公司股票於國內與國外（募資地主國）股票市場的 β 值，R_{m_d} 與 R_{m_f} 分別代表國內與國外（募資地主國）市場的股票市場指數報酬率。

（三）跨國企業的加權資金成本

　　因此跨國企業的資金成本乃將負債與權益的資金成本，依資金權重加權而得，其加權平均資金成本（Weighted Average Cost of Capital, WACC），以（10-7）式表之：

$$WACC = W_D \times R_D \times (1-T) + W_E \times R_E \qquad (10\text{-}7)$$

　　上式中，W_D 與 W_E 分別表示跨國企業之負債與權益資金的權重，R_D 與 R_E 分別表示跨國企業使用負債與權益的資金成本，T 為跨國企業於母國當地的所得稅稅率。

例題 10-3

跨國企業加權平均資金成本

若跨國企業需一筆資金建造新廠房，其中，負債與權益資金比重為 2:8，負債部分至國內與國外借款比重為 2:1，借款利率分別為 5% 與 3%；權益部分，在國內與國外發新股的籌資比重為 3:2，權益資金成本分別為 10% 與 15%。若此公司所得稅稅率為 20%，且每年外國貨幣相對本國幣升值為 1%，則請回答以下問題：

(1) 請問該跨國企業的海外負債資金成本為何？

(2) 請問該跨國企業此次募資的稅前負債資金成本為何？

(3) 請問該跨國企業此次募資的權益資金成本為何？

(4) 請問該跨國企業之加權平均資金成本為何？

解

(1) 跨國企業的海外負債資金成本

$$R_{D_f} = (1 + r_{D_f}) \times (1 + e^*) - 1$$

$$= (1 + 外幣借款利率) \times (1 + 匯率變動率) - 1$$

$$= (1 + 3\%) \times (1 + 1\%) - 1 = 4.03\%$$

(2) 跨國企業此次募資的稅前負債資金成本為

$$R_D = W_{D_d} \times R_{D_d} + W_{D_f} \times R_{D_f} = \frac{2}{3} \times 5\% + \frac{1}{3} \times 4.03\% = 4.676\%$$

(3) 跨國企業此次募資的權益資金成本為

$$R_E = W_{E_d} \times R_{E_d} + W_{E_f} \times R_{E_f} = \frac{3}{5} \times 10\% + \frac{2}{5} \times 15\% = 12\%$$

(4) 跨國企業之加權平均資金成本為

$$WACC = W_D \times R_D \times (1 - T) + W_E \times R_E$$

$$= \frac{2}{10} \times 4.676\% \times (1 - 20\%) + \frac{8}{10} \times 12\%$$

$$= 10.348\%$$

二、國際與國內企業的資金成本差異

由於跨國企業的籌資管道可擴及至海外，因此所面臨到的問題也較龐雜，因此在資金成本的估算與考量因素，確實與國內的企業有所差異。以下本單元將說明跨國與國內企業，在資金成本考量上的差異：

（一）資金來源

由於跨國企業，除了可在國內金融市場籌資外，亦可到國際金融市場（如：歐洲通貨市場、國際資本市場等）募資，且籌資工具多元（如：國際聯合貸款、存託憑證、海外可轉換公司債等），可讓跨國企業分散風險，也會帶來相對穩定的現金流，可幫助公司在重大資本支出活動的運作。

（二）籌資能力

由於跨國企業都是相對規模較大的公司，除了擁有較多元的募資管道外，募資的金額也較高，相對的在取得資金的議價能力也較強，有助於降低籌資的資金成本，對公司整體營運具有助益。

（三）承擔風險

跨國企業至海外籌資，當然會較國內企業多面臨到外幣資金的匯率風險、當地國家的國家風險及國外經營環境較複雜的營運風險等，因此募資所承擔的風險較高，將可能會對公司的經營帶來不確定風險，因此股東或債權人都有可能要求較高的報酬作為補償。

 國財快訊

「四巫日」市場賣壓增！美股指數震盪走跌　日副相麻生太郎吐槽！「中國數字不可靠」

從美股震盪看中國企業在美上市利弊

近年愈來愈多中國企業赴美上市，這些公司在這場震盪中的表現備受關注。BBC 中文翻查數據發現，以較長時間來觀察，在美上市的中國概念股表現與整體美股表現相比，有更明顯的升幅，但相對波動性更大。有評論認為這些公司只求「一夜暴富」，並沒有業績支持，難以在美股生存，或會危及其他中國企業進駐美股，加上近日的道指表現，中企赴美之路充滿挑戰。

美國股市吸引力

中國企業進軍美股的主因是美國活躍和流通的股票市場，集資金額大、上市速度快、成本低。同時美國市場制度相對比較成熟，有助打響企業在國際市場的知名度。

中國企業進駐美股，或需以「造殼」的方式上市，即在境外註冊中資控股公司，以「殼公司」名義申請上市，再由「殼公司」控制境內企業。相對地，企業計劃在中國或香港市場上市，則需要達到較高的上市標準，取得當局認證，有時需要花幾年時間排隊，美國資本市場對擬上市的公司設較寬鬆的盈利門檻，對一些擴充中、急需融資的企業來說，美股是較好選擇。

一夜暴富與股價暴瀉

不過美國股市在監管上較中國嚴謹，所牽涉的法律風險和監管成本亦相對較高。美國中概股比起道指整體表現較好，但波幅較大，一些波幅是受中國股市影響，例如：2015～2016年間的中國股災，中概股也受壓。而選擇在中國掛牌的創業股，其大起大落就更為明顯。美國市場採用的是「適者生存」的制度，由股民（主要是基金）入不入股決定公司的前途。從業績表現看，並不是所有赴美上市的中國企業都被市場看好。

資料來源：摘錄自 BBC NEWS 中文 2018/02/12

 解說

- -

近年來，許多中資企業紛紛到美國股市掛牌，乃著眼於美國股市利用股權集資金額大、上市速度快、籌資成本低；且同時制度相對比較成熟，有助打響企業在國際市場的知名度。但美國股市在監管上較中國嚴謹，所牽涉的法律風險和監管成本亦相對較高，且若業績表現不佳或遇大環境的股災，也會讓公司股價暴跌。

10-2 跨國企業的資本結構

所謂的資本結構（Capital Structure）就是指公司「股權」與「負債」兩大資本相對比例。通常公司資本結構會與公司價值、資金成本之間，具有密切的關係。若一家資本結構合宜的公司，可讓公司價值提高，並可降低籌資的資金成本。

跨國與國內企業在資本結構的考慮是不同的，因由於某些因素的變動，會讓母公司與各子公司之間，在處理資本結構的決策上，具有差異，因此跨國企業的資本結構所考慮的因素，會較國內企業複雜。以下本節將介紹影響跨國企業資本結構的因素及母與子公司資本結構的決策差異等內容。

一、影響跨國企業資本結構的因素

一般而言，公司如何達到最適的資本結構，就是尋找一個最適當的負債比例，讓公司的價值最大化、股東權益最大與資金成本最低。最適資本結構與公司、及市場的特定因素有關，當然跨國企業所要考慮的因素又更多樣，以下本單元將介紹一些會影響跨國企業資本結構的因素：

（一）國際化程度

一家公司國際化程度愈高，在多國經營就可以讓公司現金流入量較多元，獲利與盈餘收入就會較穩定，使營運風險降低，所以跨國企業就可承受較高的負債比率。

（二）獲利能力

跨國企業可在多國進行營業活動，可讓銷售管道較多元，獲利能力提高，公司內部保留的盈餘與營運資金會較充裕，因此對外舉債的機會較低，負債比率也愈低。

（三）公司規模

跨國企業的規模愈大，愈可利用多角化經營分散風險，且國際市場知名度也較高，容易取得較低成本的資金，所以利用負債籌資對公司較有利，因此負債比率可以提高。

（四）管理當局態度

跨國企業的經營管理當局，若是保守穩健者，會較少使用負債；反之，經營管理當局，若是積極冒險者，則通常採取高負債政策。

（五）資產性質

若跨國企業持有的資產，大多屬具擔保價值之土地、廠房、機器設備，則比較容易取得較多且便宜的資金，所以比較容易出現較高的負債比率。反之，若跨國企業持有較多之專利權、智慧財產權等無形資產，因為此類資產當公司破產時，資產的剩餘價值較不易評估，因此比較不容易取得較多且便宜的資金，所以通常公司負債比率會較低。

（六）產業性質

跨國企業所經營的項目，若是屬於高成長的產業會需要大量的資金去進行擴廠或研發，因此公司需要高額的資本支出，比較有機會去舉債，所以會有比較高的負債比率。

（七）稅盾效果

若跨國企業所在地所適用的稅率愈高，則舉債所帶來的稅盾效果就愈大。因此跨國企業會傾向採取較高負債比率，以產生較多的抵稅利益。

（八）市場情形

若國內外市場的利率處於低檔時，跨國企業傾向利用舉債取得便宜資金，此時公司的負債比率就會較高。此外，若當國內外股票市場處於多頭行情，公司的股價較高，跨國企業發行股票可募集較多的資金，故會減少舉債機會。

（九）匯率風險

若一家跨國企業所面臨到的匯率風險愈高，表示公司的營業收入的現金流，曝險程度就愈高，對公司的營運產生不利的情形，所以跨國企業的負債比率就不會太高。

（十）國家風險

跨國企業至海外經營，若地主國有較高的國家風險（如：政治、社會、經濟與自然風險），會對當地子公司的運作帶來不利的因素，因此子公司不願讓當地股權的資金帶來不確定風險，反而會傾向利用負債資金，所以會使跨國企業的負債比率提高。

🖉 國財小百科　　　全球10年期公債利率比一比

近年來，全球各國採取貨幣寬鬆政策，讓利率直直落，歐日等先進國家的 10 年期公債利率都出現負利率情形。跨國公司若要發行海外公司債籌資，則必須瞭解各國利率的情形。以下表為全球主要國家（或地區）的 10 年期公債殖利率。

亞洲		美洲		歐洲	
臺灣	0.295%	美國	0.849%	德國	−0.641%
中國	3.194%	加拿大	0.611%	英國	0.206%
日本	0.0034%	墨西哥	6.069%	法國	−0.361%
韓國	1.572%	阿根廷	51.918%	義大利	0.661%
香港	0.509%	巴西	7.517%	西班牙	0.092%
菲律賓	3.063%	智利	2.76%	希臘	0.872%
越南	2.55%	大洋洲		瑞士	−0.512%
泰國	1.38%	澳洲	0.763%	荷蘭	−0.534%
馬來西亞	2.719%	紐西蘭	0.544%	瑞典	0.002%
新加坡	0.808%	非洲與中東		芬蘭	−0.454%
印尼	6.629%	南非	9.38%	捷克	1.033%
印度	5.886%	土耳其	14.385%	波蘭	1.143%

資料來源：Stock-ai（2020/11/04）

二、跨國企業之母子公司資本結構的決策差異

　　跨國企業之母公司與各子公司的資本流動，具有替代性與互補性。通常海外子公司的資本是否可自由移動，可能會影響母公司的資本結構。以下本單元將以子公司是否進行當地融資、海外資金是否能自由移動及母公司本身的資金狀況等幾因素，分析說明整體跨國企業的資本結構之變動。

（一）子公司進行當地融資

　　當子公司在外地進行融資時，所取得資金是否可以自由匯回母公司，將會影響整體跨國企業的負債比率。以下分析之：

1. 資金可匯回母公司

(1) 母公司資金充足

　　若子公司於當地進行融資，但此時母公司的資金充足，不須向外融資。所以整體而言，子公司以增加債務融資，因此跨國企業的負債比率可能會小幅增加。

(2) 母公司資金匱乏

若子公司於當地進行融資，將所得資金匯回給母公司使用，此時母公司可以減少外部融資的需求。所以整體而言，子公司所增加的負債會被母公司減少外部融資所抵銷，因此跨國企業的負債比率可能只會小幅增加。

2. 資金匯回母公司受限

(1) 母公司資金充足

若子公司於當地進行融資，但資金要匯回母公司會被限制，若此時母公司的資金充足，不須向外融資。所以整體而言，子公司增加債務融資，將使跨國企業的負債比率可能會小幅增加。

(2) 母公司資金匱乏

若子公司於當地進行融資，但資金匯回母公司會被限制，此時母公司缺資金仍須向外融資。所以整體而言，母與子公司的債務都須增加，因此跨國企業的負債比率可能會大幅增加。

（二）子公司不進行當地融資

當子公司不進行當地融資時，無論資金匯回母公司是否受限制，並不影響海外資金的移動，所以只要討論此時母公司是否有資金不足之問題。

1. 母公司資金充足

子公司不在當地進行融資，若此時母公司的資金充足，不須向外融資。所以整體而言，跨國企業的負債比率可能並不會增加。

2. 母公司資金匱乏

子公司不在當地進行融資，若此時母公司資金不足時，仍須自行向外融資。所以整體而言，母公司仍須增加債務融資，因此跨國企業的負債比率可能會增加。

綜合上述的分析，既使母子公司間的資本結構會有相互抵消的情形，但整體跨國企業的資金成本，仍可能因母公司與子公司兩地的融資利率不同而有所差異，且進行融資的幣別，也有可能出現匯率波動，而對整體資金成本與資本結構造成影響。以下表 10-1 將整理上述的分析結果。

表 10-1 跨國企業之母子公司資本結構的決策情形

子公司的融資情形	資金移動情形	母公司資金情形	整體負債比率
子公司外地融資	資金可自由移動	母公司資金充足	小幅增加
		母公司資金匱乏	小幅增加
	資金移動受到限制	母公司資金充足	小幅增加
		母公司資金匱乏	大幅增加
子公司外地無融資	資金可自由移動	母公司資金充足	無增加
		母公司資金匱乏	小幅增加
	資金移動受到限制	母公司資金充足	無增加
		母公司資金匱乏	小幅增加

 國財快訊

 美國老牌保健食品廠GNC聲請破產

全球保健食品一哥GNC聲請破產

全球最大保健食品品牌 GNC 控股公司（健安喜）聲請破產保護，目標是出售公司、關閉門市，原因是新冠肺炎疫情阻礙 GNC 的負債管理計畫。彭博資訊報導，GNC 表示，已在美國德拉瓦州聲請破產保護，這將讓該公司繼續維持運作，並致力於整頓資產負債表或出售公司。

GNC 表示，進入這個程序，獲得大多數有擔保債權人、最大股東中國大陸哈藥集團一家關係企業的支持。一些債權人還提供了 1.3 億美元額外流動資金，以財務支持這家公司度過重整難關。在債權人和利益關係人支持下，GNC 預料將確認一項獨立運作重組計畫，或完成一項讓該業者能在秋季前退出重整流程的出售交易。

資料來源：摘錄自經濟日報 2020/06/25

 解說

近期，全球最大保健食品品牌 GNC 控股公司，因受武漢肺炎疫情的影響，阻礙公司的負債管理計畫，聲請破產保護。所以該公司的資本結構管理不當，導致負債比率太高，才會不敵疫情的拖累。

一、選擇題

( )　1. 下列何項為跨國企業至國外籌資時，必須面對的風險？

　　　(A) 匯率風險　(B) 自然風險　(C) 政治風險　(D) 社會風險。

( )　2. 若 A 公司於海外借款 1 年，借款利率為 5%，則一年後欲付息時，外幣對本國幣相對發行時的匯率貶值 1%，所以國外的負債稅前資金成本為何？

　　　(A) 5%　(B) 3.95%　(C) 6%　(D) 6.05%。

( )　3. 通常跨國企業的主要長期資金的來源，可從哪兩大項取得，下列何者為非？

　　　(A) 銀行借款與存託憑證　　　(B) 公司債與銀行借款

　　　(C) 公司債與存託憑證　　　　(D) 公司債與商業本票。

( )　4. 若一家跨國企業籌資，負債與權益資金比重為 4:6，負債部分，至國內與國外借款比重為 7:3，借款利率分別為 4% 與 2%；權益部分，在國內與國外發新股的籌資比重為 8:2，權益資金成本分別為 8% 與 10%。若此母公司所得稅稅率為 20%，且每年外國貨幣相對本國幣升值為 1%，則 WACC 為何？

　　　(A) 6.18%　(B) 6.22%　(C) 6.54%　(D) 6.05%。

( )　5. 對於國內企業與跨國企業在籌資上的差異，下列何者敘述有誤？

　　　(A) 跨國企業籌資議價能力較高

　　　(B) 跨國企業籌資管道較多元

　　　(C) 跨國企業僅可於海外籌資

　　　(D) 跨國企業可以發行國內債券籌資。

( )　6. 下列何種情形，跨國企業將傾向提高負債比率？

　　　(A) 公司獲利性很好　　　　(B) 公司營收的現金流有匯率風險

　　　(C) 公司不動產太少　　　　(D) 籌資地主國市場利率太高。

( )　7. 下列何種情形，跨國企業會傾向降低負債比率？

　　　(A) 公司稅稅率很低　　　　(B) 公司屬於高成長性產業

　　　(C) 跨國企業知名度高　　　(D) 公司股價被低估。

( )　8. 下列何者非影響跨國公司資本結構決策之因素？

　　　(A) 國際化程度　(B) 匯率因素　(C) 稅盾效果　(D) 公司股東人數。

（　） 9. 下列敘述何者為非？

(A) 跨國企業的權益成本較高，負債比率也會比較高

(B) 管理者若發現公司股票被低估時，會傾向發行債券

(C) 通常在所得稅率愈高的國家中，企業的負債比率愈高

(D) 跨國企業獲利性較佳的公司，通常負債比率較高。

（　） 10.下列何種情形，公司將傾向提高負債比率？　a.公司國際化程度高　b.公司獲利力很好　c.公司屬於傳統產業　d.公司規模大　e.公司快速成長　f.公司產品生命週期太短　g.公司稅率很高　h.公司管理當局積極冒險者　i.公司持有的大量不動產資產　j.公司股價處於高點

(A) acdefgi　(B) adefghi　(C) abcdefi　(D) cdefghi。

（　） 11.若子公司在外地融資並可將資金順利匯回母公司，則整體公司的負債比率可能會如何？　(A) 不變　(B) 提高　(C) 下降　(D) 變零。

（　） 12.若子公司不在外地融資且母公司資金匱乏，則整體公司的負債比率可能會如何？　(A) 不變　(B) 提高　(C) 下降　(D) 變零。

（　） 13.下列敘述何者有誤？

(A) 跨國企業的資金成本會受到匯率因素的干擾

(B) 跨國企業的籌資成本會比國內企業高

(C) 跨國企業的籌資管道較國內企業多元

(D) 通常計算債權資金成本應以稅後為主。

（　） 14.下列敘述何者有誤？

(A) 通常國際化程度愈高的公司，可以承受較高的負債比率

(B) 跨國企業的規模愈大，利用負債籌資對公司有利

(C) 跨國企業的資產多為不動產，所以可以提高負債比率

(D) 若跨國企業會面臨較高的匯率風險，提高負債比率對公司較有利。

( )　　15. 下列敘述何者有誤？

　　　　(A) 通常子公司在外融資且可自由匯回母公司，母公司的負債比率可減少

　　　　(B) 跨國企業的母公司所在地，若稅盾效果很高，子公司就可降低負債比率

　　　　(C) 跨國企業的資產多為專利權，則須降低負債比率

　　　　(D) 若國際股票市場欣欣向榮，跨國企業可降低負債比率。

二、問答與計算題

1. 請問跨國企業兩大資金來源為何？

2. A 公司向國際銀行進行美元借款，借款利率為 4%，則一年後欲付息時，美元對新台幣相對發行時的匯率貶值 1%，所以國外的負債稅前資金成本為何？

3. 一家跨國企業需資金建造新廠房，其中負債與權益募資比重為 8：2，並分別在國內與國外向銀行借款，比重為 7：3，借款利率分別為 4% 與 3%，並於國內與國外各發行新股，比重為 6：4，新股的資金成本分別為 8% 與 10%。若母公司所得稅稅率為 15%，且每年外幣相對本國幣貶值為 1%，則請回答以下問題：

　(1) 請問該跨國企業的海外負債資金成本為何？

　(2) 請問該跨國企業此次募資的稅前負債資金成本為何？

　(3) 請問該跨國企業此次募資的權益資金成本為何？

　(4) 請問該跨國企業之加權平均資金成本為何？

4. 下列哪幾種情形，跨國企業應該調整負債比率，才能達到最適資本結構？

　(1) 國外營收面臨匯率風險　　　　　(7) 公司所適用的所得稅率很高

　(2) 海外子公司面臨政治風險　　　　(8) 公司管理當局為保守穩健者

　(3) 公司獲利力很好　　　　　　　　(9) 公司擁有大量的土地

　(4) 公司快速成長　　　　　　　　　(10)公司擁有許多專利權與智慧財產權

　(5) 公司產品生命週期很長　　　　　(11)公司的股價被低估

　(6) 公司規模逐漸擴大　　　　　　　(12)海外市場的利率很高。

5. 若子公司在外地融資，請回答以下兩種情形，整體跨國企業的負債比例會如何變化？

    (1) 海外資金可匯回母公司

    (2) 海外資金匯回母公司受限制。

6. 若子公司不在外地融資，請回答以下兩種情形，整體跨國企業的負債比例會如何變化？

    (1) 母公司資金匱乏

    (2) 母公司資金充足。

NOTE

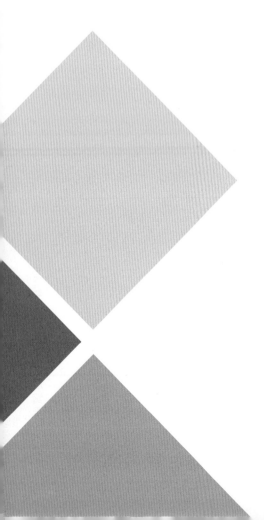

CHAPTER

11

國際資本預算

本章內容為國際資本預算，主要介紹國際資本預算概論、評估以及風險與規避等內容，其內容詳見下表。

節次	節名	主要內容
11-1	國際資本預算概論	介紹國際資本預算的步驟與考量因素。
11-2	國際資本預算評估	介紹國際資本預算的評估方法與要素。
11-3	國際資本預算風險與規避	介紹國際資本預算的風險考量與規避。

本章導讀

當跨國企業欲進行海外投資時，其所考量的因素確實較國內投資繁雜。若要進展一件海外重大的投資案，當然要對資本預算內的各種現金流量進行準確估計，才能讓計劃案順利推展。因此有關國際資本預算所須考量的種種，將是學習國際財務管理的重點項目之一。以下本章將逐一介紹國際資本預算概論、評估以及風險與規避等內容。

11-1　　　　　　　　　　　　　　　　　國際資本預算概論

所謂的「國際資本預算」（Multinational Capital Budgeting）是指跨國公司在進行海外的長期資本投資時，須規劃與管控未來某一期間內的現金流量，並對計劃案的績效進行評估，以供內部參考。

跨國公司在從事海外長期資本支出時，必須面對海外投資所帶來的更多不確定因素，所以面臨的風險會高於國內投資。因此公司必須對未來所可能發行的情況進行預測與規劃，並編製出合理可行的預算，才足以應對海外市場的挑戰。以下本節將介紹國際資本預算的步驟及所須考量的因素。

一、國際資本預算的步驟

企業在進行國際資本預算的步驟與一般國內的資本預算規劃大致相同，但因海外的現金流量更具不確定性與受匯率風險干擾，因此確實較為複雜。以下說明國際資本預算的四項步驟以及所須注意的事項：

1. **確定未來投入金額**

   跨國公司進行海外投資案時，期初的原始投入額與陸續將投入的金額，都要在計劃案內先確定，且須估計匯率變動與國外稅率差異等因素，所帶來的預期落差額。

2. **準確估計現金流量**

   當海外計劃案開始運作後，陸續每期的現金流入與流出量都須準確估計，且考量資金匯出或匯入是否具有限制，並要考量匯率變動與稅率差異等，所帶來的不確定因素。

3. **選擇適當的折現率**

   當然公司任何計劃案的實行，都必須要選擇一個適當報酬率或資金成本，來當作計劃案的折現率或當作比較基準，才能合理評估此計劃案的價值與可行性。

4. **取捨評估工具決定**

   公司長期的資本預算支出，都會利用最常使用的「淨現值法」（NPV）、「內部報酬率法」（IRR），這兩種方法進行評估，公司必須比較這兩種評估結果，並進行取捨。

二、國際資本預算的考量因素

在進行國際資本預算的評估時，最麻煩之處就是國外子公司的現金流量，因為它受到許多不確定因素的影響，因此要準確估算它，必須考量許多外內部因素。以下本單元將分別說明在進行國際資本預算時，所須額外考量的公司內部因素與國際外部因素。

（一）公司內部因素

跨國公司在進行投資計劃案時，必須考量母公司與子公司之間對現金流量的評估，須以各自的立場估計，以免發生計劃案無法進行或出現資金相互替代的情形，讓投資效益打折。

1. **立場差異**

   子公司於海外進行投資計劃案所產生的現金流量，必須與母公司的現金流量分開評估。因為既然計劃案是以海外當地的情形進行評估，就盡量以子公司的觀點進行審視，以免計劃案胎死腹中。當然，若海外計劃案的實行，對母公司有嚴重的利益損害，仍要以母公司的觀點為主。

2. **資金替代**

   子公司於海外進行投資計劃案所產生的效益，可能會排擠其他子公司或母公司進行其他計劃案的效益，若造成公司內部現金流相互替代，對整體公司並無助益。例如：海外子公司實行某依計劃案後，可讓當地銷售額增加，但排擠母公司至當地進口額，所以還是要評估計劃案實行，對整體公司現金流量與效益的影響。

（二）國際外部因素

　　跨國公司在進行國外投資計劃案時，必須考量海外資金是否會所受到資金匯出限制、匯率變動、當地國家風險以及融資成本等因素干擾，讓投資案的效益不如預期。

1. 匯出限制

　　有些國家對資金的匯出有所管制，所以既使海外子公司計劃案所產生的現金流量對母公司具有幫助，但由於匯出的限制並無法幫助母公司，因此有時海外計劃案對母公司而言，不見得有利。

2. 匯率變動

　　海外子公司進行的計劃案，所產生的外幣現金流量要匯回母公司時，或母公司要將資金匯給子公司進行投資案使用，若母國匯率變動過多，導致匯出與匯入的資金產生匯兌損失，將不利海外子公司計劃案的進展。

3. 國家風險

　　有些國家可能具有國家風險（如：通貨膨脹嚴重、政治惡鬥紛擾、社會階級抗爭、法令限制等），若子公司在海外進行投資計畫案時，面對當地的國家風險，將使投資計畫案的進展產生變數。例如：投資國發生嚴重通貨膨脹，或常發生嚴重罷工，導致工資上漲，將使計劃案的盈餘減少。

4. 融資成本

　　有些國家的金融市場並不發達，所以公司要向銀行借貸，或利用股權、債權籌資也不方便，導致海外計劃案要實行時，資金成本過高，這樣投資案並不容易獲利。

11-2　　　　　　　　　　　　　　　　國際資本預算評估

　　跨國公司在進行國際資本預算評估時，必須選擇適當的評估方法，且在使用這些方法時，需考量一些要素的變化，才能使評估出來的結果具有參考性。以下將介紹國際資本預算的評估方法及評估時所須考量的要素。

一、國際資本預算的評估方法

　　跨國公司在進行海外長期資本支出時，須對未來的資本預算作一評估，評估的方法中，比較常見的有下列兩種方式：

（一）淨現值法

淨現值法（Net Present Value Method, NPV）是指將依投資方案的未來各期之淨現金流量，經過折現率折現後，再加總得出現金流量的現值總和，然後再減去投資方案的期初投資金額，即可得該投資方案的淨現值（NPV）。

投資方案所計算出淨現值，若淨現值大於零（NPV > 0），則代表該方案可以投資；若淨現值小於零（NPV < 0），則代表該方案不可以投資。若兩計畫案皆可投資時，可以選擇淨現值（NPV）愈大的進行投資。該法則之計算方式，如下（11-1）式說明：

$$NPV = \sum_{t=1}^{n} \frac{CF_t}{(1+R)^t} - C_0 \qquad （11\text{-}1）$$

NPV：投資方案之淨現值

CF_t：各期的現金流量之淨現金流入

R：投資方案的折現率

C_0：投資方案之原始投資金額

使用淨現值法（NPV）的優點為：乃所有現金流量均考慮貨幣的時間價值、且不同的方案之淨現值可以累加。缺點為：只考慮淨現金流入與投資額的絕對差額大小，而不管其相對金額大小、且折現率的取捨並無一定標準。

例題 11-1

淨現值法

假設某跨國公司將進行一個海外投資案，預期淨現金流量，如下表所示，若折現率為 5%，請問此計劃案的淨現值為何？

0 年	1 年	2 年	3 年	4 年	5 年
−100,000	20,000	50,000	40,000	30,000	50,000

解

方法 1：利用計算機解答

投資案之淨現值

$$NPV = -100,000 + \frac{20,000}{(1+5\%)} + \frac{50,000}{(1+5\%)^2} + \frac{40,000}{(1+5\%)^3} + \frac{30,000}{(1+5\%)^4} + \frac{50,000}{(1+5\%)^5}$$

$$= 62,809.97$$

方法 2：利用 Excel 解答，步驟如下：

(1) 選擇「公式」。

(2) 選擇函數類別「財務」。

(3) 選取函數「NPV」。

(4) 「Rate」填入「5%」。

(5) 「Value1」計畫案依序填入「20000,50000,40000,30000,50000」。

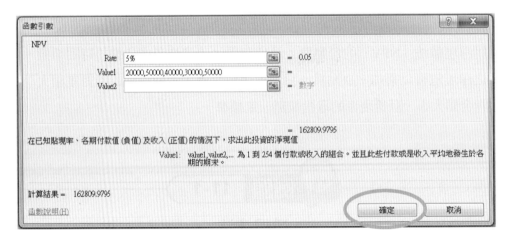

(6) 按「確定」計算結果該計畫案為「162,809.97」。

(7) 在將計算結果與原始金額「−100000」相加，即可得到該計畫案 NPV 為「62,809.97」。

（二）內部報酬率法

內部報酬率法（Internal Rate of Return, IRR）是在尋求一個能使投資方案的預期現金流入量之淨現值等於原始投入成本的折現率，亦即求算 NPV = 0 之折現率，就是內部報酬率（IRR）。

使用內部報酬率法的評估準則，是選擇各投資方案中，內部報酬率大於資金成本或必要報酬率之方案；亦即當內部報酬率 ＞ 資金成本，則接受該項投資方案；反之，若內部報酬率 ＜ 資金成本，則拒絕該項投資方案。該法則之計算方式，如下（11-2）式說明：

$$\sum_{t=1}^{n} \frac{CF_t}{(1+\text{IRR})^t} - C_0 = 0 \qquad (11\text{-}2)$$

CF_t：各期的現金流量之淨現金流入

IRR：投資方案之內部報酬率

C_0：投資方案之原始投資金額

使用內部報酬率法（IRR）的優點為：乃所有現金流量均考慮貨幣的時間價值、且可將各投資方案的內部報酬率按高低排列，以作為決策參考。缺點為：該法則以本身 IRR 再進行投資，此投資率不若淨現值法，以資金成本為再投資率客觀、且不同方案之內部報酬率不可相加，並會出現多重解問題。

例題 11-2

內部報酬率法

假設某跨國公司將進行一個海外投資案，預期淨現金流量，如下表所示，請問此投資案的內部報酬率為何？

0 年	1 年	2 年	3 年	4 年	5 年
−100,000	30,000	50,000	50,000	30,000	60,000

解

方法 1：利用計算機解答

該計劃案之內部報酬率

$$-100,000 + \frac{30,000}{(1+IRR_B\%)} + \frac{50,000}{(1+IRR_B\%)^2}$$

$$+ \frac{50,000}{(1+IRR_B\%)^3} + \frac{30,000}{(1+IRR_B\%)^4} + \frac{60,000}{(1+IRR_B\%)^5} = 0$$

$$\Rightarrow IRR_B = 31.008\%$$

方法 2：利用 Excel 解答，步驟如下：

(1) 在 Excel 的 6 個計算方格，分別填入計畫案各期現金流量。

−100,000	30,000	50,000	50,000	30,000	60,000

(2) 在表格之後，選擇「公式」。

(3) 選擇函數類別「財務」。

(4) 選取函數「IRR」。

(5) 在「Vaule」，填入上述現金流量。

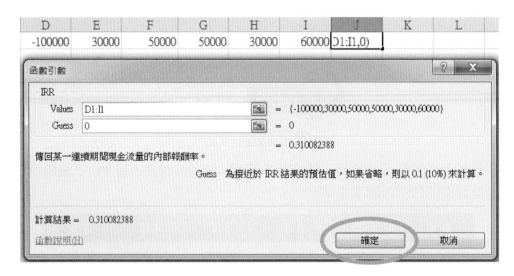

(6)「Guess」皆填入「0」。

(7) 按「確定」計算結果，該計畫案 IRR 為「31.008%」。

 **國財快訊**

中租全民電廠第三波　內部報酬率4.25%

中租控股從 2015 年底跨入能源開發新事業有成，目前中租控股旗下的中租能源公司已是全台擁有最多太陽能電廠的業者，在推出兩次全民電廠認購案之後，目前進行第三次進行太陽能認購案悄啟動，合約 20 年，內部報酬率仍是 4.25％。由於中租全民認購太陽能板內部報酬率相較於銀行定存、儲蓄險等商品具有競爭力，因此每次推出都受到民眾踴躍認購。

資料來源：摘錄自工商時報 2018/10/25

 **解說**

學理上，企業在衡量資本預算是否可行，不外乎利用 NPV 與 IRR 兩種方式。但實務上，IRR 卻比較受到實務偏好，主要原因就是可以跟定存利息（或資金成本）相比較投資效益。所以本案例中，國內中租控股公司，開發全民電廠供投資人認購，也是利用內部報酬率（IRR）傳遞投資效益，讓投資人簡明易懂。

二、評估國際資本預算所考量的要素

在衡量國際資本預算的可行性，除了要考慮上述評估方法中，三個較固定的要素，如：原始投資金額、資金成本（折現率）及計畫年限外，最不確定的就是要估計每期的現金流量。通常影響每期現金流量的因素眾多，如：殘值與清算價值、產品銷售量、產品價格、變動成本、匯率變動、稅率因素等。以下本單元將說明在評估國際資本預算時，所應考量的要素。

（一）原始投資金額

計劃案的原始投資金額，大致可分成兩部分，一部分為期初購買資產的資金，另一部分為維持整個計劃案的營運資金。這兩種資金都有匯率變動的風險存在，尤其，每期會再投入的營運資金所承擔的匯率風險較期初資金大些。

（二）資金成本（折現率）

要估計國際資本預算較國內資本預算的折現率複雜許多，所以會設定較高的折現率。若子公司在海外單獨進行的計劃案，也可以當地所有的籌資成本當為折現率的基礎，不一定要用母公司的基準。海外子公司須將「主權利差[1]」（Sovereign Spread）的因素納入折現率進行調整，才能較精確的估計出海外市場的折現率。

（三）計畫年限

投資計畫案是否設定到期年限，可依計畫的性質而定。一般海外的計劃案，可能會受限當地政府的租賃限制、優惠措施或其他風險的考量，所以會設定投資的年限，以方便計算損益。

（四）殘值與清算價值

當計劃案被設定到期年限時，那計劃案的所有資產可能就必須去估計殘值或清算價值，但確實也不容易估算。但有些投資案，最後被政府徵收，那就有一定的徵收價格，這樣就比較好估算。

（五）產品價量

在投資計畫中，要估計未來的資金流入量時，計劃案若有生產出成品，那產品的銷售好壞與訂價高低，絕對是影響資金流入量的最重要因素。產品的銷售量的預估，必須考量競爭商品與經濟景氣等多項因素，所以要準確預估並不是一件容易的事；至於商品價格的訂價，也要可考慮市場競爭供需、通貨膨脹率與匯率變動等因素的影響。

（六）成本變動

在投資計畫中，要估計未來的資金流出量，就如同前述的原始投資金額（或說是成本）。通常成本可分成固定成本與變動成本。固定成本的預測較單純，它不受銷售量影響，只要考慮其受通貨膨脹率與匯率的影響。變動成本則會因銷售量的多寡而變動，其

---

[1] 「主權利差」是指兩國因不同的債信，所產生的籌資（發債）成本的差異。

包括原料成本、勞工薪資等，且變動成本的預估與產品銷售價量和生產技術有關，因此須考量原料的價量、勞工價量等因素，並要考慮市場競爭供需與通貨膨脹率、匯率等問題。

（七）匯率變動

計劃案只要涉及海外資金的進出，一定會有匯率問題。因此匯率變動會影響母子公司之間現金流量的估計，若匯進匯出的現金流量大，仍可利用衍生性商品進行避險，以讓匯率變動影響變小，但仍有避險成本的問題。

（八）稅務規定

每個國家的稅務規定並不一致，有時對某些投資案有減稅措施，也有可能在投資計劃案中變更調整稅率，因此海外子公司的投資案，必須考慮稅賦異動對現金流量的影響，才能準確估計稅後的現金流量。

（九）資金流動限制

有些國家對資金的匯出具有管制，所以子公司在海外進行的計劃案所產生的現金，若要匯回給母公司可能受到管制，因此在評估國際資本預算時，應將此因素納入考量。

（十）其他價格調整

在進行國際資本預算時，母子公司為了規避受限資金被管制進出，所以會將商品採取「移轉訂價」策略調整商品價格，以規避資金的管制，此時公司內部須用實際價格來估算現金流量，以免高估或低估現金流量。

 國財快訊

威州政府不認帳？
鴻海首筆租稅補貼
遭拒絕

威州州長：鴻海若改合約，仍能符合租稅優惠

美國威斯康辛州州長表示，全球最大電子製造商鴻海集團若依照現有已動工的設廠計畫修改鴻海與威州的合約內容，仍可望符合高達 30 億美元租稅減免的優惠。

鴻海 2017 年與時任威州州長簽下一份高達 100 億美元的投資合約，以換取近 40 億美元的租稅減免優惠。合約載明，鴻海將於威州打造一座液晶面板園區和製造廠，可望帶來高達 1 萬 3 千個工作機會。美國總統川普曾盛讚這份合約象徵著美國製造業經濟復甦，甚至直呼這座預想中的工廠簡直是「世界第八大奇景」。

但民主黨批評說，由於現在正在建造的工廠和之前原始合約預想的不同，合約條款理當更新。所以修改合約之前，鴻海都不符合租稅減免資格。因此鴻海須簽新合約，才能符合租稅優惠。

資料來源：摘錄自中央社 2019/12/20

解說

跨國企業至海外進行重大資本預算支出時，若當地地主國有租稅優惠，當然可增加投資意願。前陣子，美國威斯康辛州承諾提供國內電子大廠－鴻海，至當地設廠可享有租稅優惠，但後因建造的工廠和原始合約預想不同，並不符合租稅減免資格，因此鴻海須簽新合約，才能符合租稅優惠。

11-3　國際資本預算的風險與規避

跨國企業在進行國際型重大投資案時，其所遇到的風險一定較國內資本支出還要多，因此必須對風險有所認知與管控，才能讓國際計劃案進展順暢。以下本節將介紹國際資本預算的風險考量與規避。

一、國際資本預算的風險考量

以下將介紹幾種跨國公司，在進行國際資本預算時，所應考量的風險：

（一）地主國政治風險

跨國企業在海外進行重大資本資出時，當然最怕的風險就是地主國的國家風險，尤其是政治風險。政治風險以資本管制最為常見，讓資金匯出受到限制，嚴重的話，可能

會讓公司所有權全部被強制接管或沒收，使投資全部化為烏有。因此再嚴密的國際資本預算評估，都必須將地主國的國家政治風險擺在第一位。

（二）匯率波動風險

每一個國際資本預算的執行，都可能需要歷經一段時間，此段時間就必須承擔匯率變動的風險，若匯率波動的程度超乎原先的預期，將使公司的現金流量面臨很高的匯兌損失，這樣不利資本預算的執行。

（三）侵犯智財權風險

跨國企業就是不斷的將重大資本支出投入在研發或生產上，以取得競爭優勢。當跨國公司於海外進行重大資本支出，其所生產的商品或運用的技術，被地主國的廠商仿冒或盜用，使公司的智慧財產權缺乏保障，可能會讓原本進展的計劃案受到阻擾。

（四）內部資金替代風險

子公司於海外進行投資計劃案所產生的效益，可能會排擠其他子公司或母公司要進行其它計劃案的效益。若計劃案的實行，造成公司內部現金流相互替代，進而使母公司投資績效下降，那此時海外計劃案的實行，對整體公司而言並不是那麼有利。

✏️ **國財小百科** 　　　　　　　　**國家主權評等**

跨國公司至海外投資，必須面臨地主國的國家風險。在衡量國家風險都會根據幾個國際知名的評鑑機構所進行的評等結果。通常國家的主權評級攸關國家的匯率穩定與當地政府的償債能力，因此跨國公司至當地投資必須對該國的主權評即有所瞭解。

全世界最著名的信用評等機構為「慕迪（Moody's）」、「標準普爾（Standard & Poor's）」與「惠譽國際（Fitch Rating）」。通常信用評等機構會依據國家信用的優劣，給予不同等級的代號。評等等級 A 級最優，其次依序 B 級、C 級與 D 級，每個評級字母愈多表示信用評等分數愈高，如：AAA 優於 AA，且有些等級又會以「+」與「-」進一步細分優劣，：如「A+」＞「A」＞「A-」。下表為 2020 年惠譽國際（Fitch Rating）在發生肺炎疫情後，對全球主要國家的主權評等結果：

亞洲地區	評等	美洲地區	評等	歐洲地區	評等
臺灣	AA-	加拿大	AA+	英國	AA-
中國	A+	美國	AA+	德國	AAA
日本	A	墨西哥	BBB-	法國	A-
韓國	AA-	阿根廷	CCC	荷蘭	AAA
新加坡	AAA	巴西	BB-	義大利	BBB-
馬來西亞	BBB+	智利	A	希臘	BB
泰國	BBB	大洋洲地區		瑞典	AAA
菲律賓	BB	澳大利亞	AAA	芬蘭	AA+
印尼	BBB-	紐西蘭	AA	丹麥	AAA
越南	BB	非洲地區		冰島	A
印度	BBB-	南非	BB	捷克	AA-

資料來源：惠譽國際（Fitch Rating）（2020）

 **國財快訊**

 正版告輸山寨！日無印良品「登陸」商標竟敗訴

日本無印良品輸官司專家提醒投資中國風險

　　日本無印良品遭中國山寨版無印良品狀告侵權，無印良品上訴失敗須賠償原告（北京無印良品）人民幣 62.6 萬元。臺灣智財專家提醒，在中國經商智慧財產和營業祕密沒有保障，投資中國需注意風險。

　　1980 年創立的日本無印良品 MUJI 品牌家喻戶曉，於 2005 年進軍中國，至今有超過 200 家分店，但山寨版無印良品，更早由中國海南南華實業貿易公司於 2001 年 4 月註冊成功。「日本無印良品 MUJI」商標顯然比先註冊的「無印良品 Natural Mill」名氣要大很多，居然這麼大、這麼有名的品牌，也會發生在中國商標被搶

註的情況。這個案子連有些中國人也覺得不可思議，認為搶註的商標和日本品牌是無法相比的；但從法律上來講，按照中國商標法的規定，就是誰先註冊、就先取得商標權。

日本無印良品敗訴，引發國際及臺灣品牌在中國商標專利戰頻敗訴的討論。其中有 Apple 的 iPad 商標及 iPhone 商標分別認賠和解及敗訴事件，還有針對喬丹商標，中國喬丹也打贏美國喬丹。另一轟動的商標官司則是「Trump」。美國總統川普，曾因「Trump」商標在中國打了 10 年的官司，直到 2017 年才獲勝訴。

臺灣的商標包括新東陽、鼎泰豐、阿里山茶、50 嵐、日月潭、寶島眼鏡、永和豆漿等都在中國被搶先註冊。針對日本本田汽車的雙環商標，中國河北雙環汽車勝訴並獲得賠款；針對 N 字商標，中國 NEW BARLUN 打贏美國 NEW BALANCE 獲得賠款。

雖然法律上有救濟程序，但一般會建議台商要注意投資中國的風險，包括事先做好智慧財產和營業祕密的防範，還要了解當地的產業跟智財法規實際運作的狀況，不然有時候就會發生像無印良品，告輸要賠償的憾事。

資料來源：摘錄自大紀元 2019/12/17

 解說

　　跨國公司在海外設廠投資，其所生產的商品或運用的技術，若被地主國的廠商仿冒或盜用，將使公司的智慧財產權缺乏保障。報導中日本的「無印良品」在中國就深受其害，其餘美國與臺灣的企業，也都須注意當地智慧財產權實際運作的狀況，才不會發生像無印良品的憾事。

二、國際資本預算的風險規避

　　由於跨國的重大資本支出所遇到的情況較為複雜，因此跨國企業對於國際資本預算的掌控並沒有那麼有把握，所以必須針對某些條件進行調整或對可能會發生的情境進行敏感性或模擬分析，以讓國際資本預算的風險降低。以下本單元將介紹三種常見規避國際資本預算風險的方式。

（一）風險調整法（Risk-adjusted Method）

指在衡量國際資本預算的方法中，無論是使用淨現值法（NPV）、內部報酬率法（IRR）來進行評估，跨國企業可以進行方法中，某些條件的調整，以降低國外投資的不確定風險。調整的項目，如下：

1. 調整還本期間

資本支出的計劃案較長，跨國公司可縮短計劃案所要求的還本回收期限，讓不確定風險降低。

2. 調整折現率

海外投資案所面對的風險較多樣，因此投資人所要求的風險性貼水必然增加，因此將計劃案的折現率（股東要求報酬率）或說資金成本提高，讓投資案的不確定性風險降低。

3. 調整現金流量

海外投資案每期的現金流量估計是最具不確定性的，因此若要降低計劃案的風險，可保守一點低估每期的現金流入量，以減輕不確定風險。

（二）敏感度分析（Sensitivity Analysis Method）

當跨國企業在進行國外投資案，須考慮各種風險情境下，計算出計劃案的淨現值與內部報酬率，然後再決定可行性的投資案。敏感性分析法，可以依某一風險因子當作變數，分析各種情境下，投資計畫案的可行性。國際資本預算所會面臨的風險因子，如：匯率、政治、營運等風險。

例如：在進行國際資本預算時，可以以匯率當作風險情境變數，分析某一投資案在不同的匯率情形下，投資案的現金流量、內部報酬率與淨現值的變化。若經過敏感度分析後，發現投資案在某些情境下，其淨現值為正或內部報酬率最高，表示此投資案較可實行。

（三）模擬分析（Simulation Analysis Method）

當跨國企業在進行國外投資案，在考慮各種風險情境下，計算投資案的淨現值與內部報酬率高於某一特定值的機率，然後再決定投資案的可行機率。模擬分析法必須考量一組（多個）風險因子當作變數，分析各種情境下，投資計畫案的可行的機率。國際資本預算所會面臨的風險因子，如：匯率、政治、營運等風險。

例如：在進行國際資本預算時，假設可以利用「匯率變動」、「政治情勢」與「營運績效」當作一組變數，計算這些變數，在各種情形下，投資案可行機率值（也就是淨現值大於零及內部報酬率高於資金成本的機率值）。假設在「匯率輕微貶值」、「政治安穩」以及「營運績效適中」的情形下，投資案淨現值大於零的機率值為 80%，內部報酬率高於資金成本的機率值為 90%，則表示在這三種變數的模擬分析中，投資案在上述情形下，利用淨現值評估，計劃可行性為 80%；利用內部報酬率評估，計劃可行性為 90%。

　　利用模擬分析來評估計劃案的可行性較為複雜，不適合人工方式計算，必須仰賴電腦的模擬分析來協助，且在進行模擬分析時，各種情形的機率分配值要設定多少，確實也是個大問題。

本章習題

一、選擇題

( )　1. 通常在進行國際資本預算時，下列何者是應考慮的因素？

(A) 匯率風險　(B) 國家風險　(C) 資金匯出限制　(D) 以上皆是。

( )　2. 請問使淨現值等於零的折現率稱為何？

(A) 投資人要求的報酬率　　　　(B) 內部報酬率

(C) 最高報酬率　　　　　　　　(D) 平均報酬率。

( )　3. 假設 A、B、C 與 D 四種方案，其 NPV 分別為 100、150、120 與 80，IRR 分別為 10%、8%、12% 與 15%，若以 NPV 法選擇兩種方案投資，請問如何組合？　(A) C 與 D　(B) A 與 B　(C) C 與 D　(D) B 與 C。

( )　4. 下列何者非利用 NPV 與 IRR 方法，在衡量國際資本預算的評估要素？

(A) 匯率風險　(B) 資金成本　(C) 政治關係　(D) 設備殘值。

( )　5. 通常在進行國際資本預算時，下列何者須考慮風險？

(A) 匯率風險　(B) 國家風險　(C) 內部資金替代風險　(D) 以上皆是。

( )　6. 下列何項非利用風險調整法，規避國際資本預算風險的調整項目？

(A) 股東人數　(B) 現金流量　(C) 折現率　(D) 還本期間。

( )　7. 在規避國際資本預算風險的方法中，哪一種方法是依某一風險因子當作變數，分析各種情境下，投資案的可行性？

(A) 風險調整法　(B) 敏感度分析　(C) 模擬分析　(D) 還本期間法。

( )　8. 在規避國際資本預算風險的方法中，哪一種方法是考量一組（多個）風險因子當作變數，分析各種情境下，投資案的可行機率？

(A) 風險調整法　(B) 敏感度分析　(C) 模擬分析　(D) 還本期間法。

( )　9. 下列敘述何者有誤？

(A) 母子公司若對資本預算的考量不同時，應以母公司為主

(B) 利用 NPV 衡量資本預算，通常會利用資金成本當折現率

(C) 通常利用 NPV 與 IRR 衡量資本預算，兩者的結果會一致

(D) NPV 符合價值相加法則。

( )　10. 下列敘述何者有誤？

　　　　(A) 進行國際資本預算評估時，須考量匯率風險

　　　　(B) 利用 IRR 衡量資本預算，通常會利用資金成本與之相比較

　　　　(C) 通常利用 NPV 與 IRR 衡量資本預算，兩者都有考慮貨幣時間價值

　　　　(D) IRR 符合價值相加法則。

( )　11. 下列敘述何者有誤？

　　　　(A) 進行國際資本預算風險規避時，利用敏感度分析法較模擬分析法，同時考量更多因素

　　　　(B) 進行國際資本預算風險衡量時，須考量母子公司的資金替代風險

　　　　(C) 通常 IRR 衡量資本預算，會有多重解問題

　　　　(D) 進行國際資本預算風險規避時，利用風險調整法分析，可縮短回收期間，以將低不確定風險。

( )　12. 下列敘述何者有誤？

　　　　(A) 進行國際資本預算風險規避時，利用風險調整法分析，可提高折現率，以將低不確定風險

　　　　(B) 不同規模的投資案，利用 NPV 衡量會較 IRR 客觀

　　　　(C) 進行國際資本預算風險規避時，利用敏感度分析法，通常會以一個因素進行分析

　　　　(D) 國際資本預算的風險考量，應以地主國政治風險為第一考量。

二、問答與計算題

1. 何為國際資本預算？

2. 假設某跨國公司將進行一個海外投資案，其預期淨現金流量，如下表所示：

   (1) 請問若資金成本為 8% 情形下，該投資案的淨現值為何？

   (2) 請問此投資案內部報酬率為何？

0 年	1 年	2 年	3 年	4 年	5 年
−50,000	10,000	20,000	40,000	20,000	10,000

3. 請寫出三種常見規避國際資本預算風險的方式？

CHAPTER 12

國際租稅管理

本章內容為國際租稅管理,主要介紹國際租稅概論、國際避稅措施與國際稅務規劃等內容,其內容詳見下表。

節次	節名	主要內容
12-1	國際租稅概論	介紹國際租稅管轄權與種類。
12-2	國際避稅措施	介紹國際避稅與國際反避稅。
12-3	國際租稅規劃	介紹國際租稅規劃原則與效益。

本章導讀

　　由於世界各國貿易往來頻繁，各國基於維持政府稅基來源與保護當地企業，均會對外國企業至本地經商予以課稅。跨國企業在進行國際營業活動時，必須先瞭解欲前往投資當地的稅賦制度，並擬定一套稅務規劃，才能讓經營利潤不被稅賦所侵蝕。因此國際租稅的管理與規劃，對跨國公司的經營是一件極為重要的課題。以下本章將介紹國際租稅概論、國際避稅措施以及國際租稅規劃等內容。

12-1　　　　　　　　　　　　　　國際租稅概論

　　國際租稅是指每個國家的境內（外）納稅義務人，須對該國政府繳納稅賦的規定。每個國家都有其不同的稅令制度，一家跨國企業（或納稅義務人）因在不同的國家活動，就必須符合當地的稅法規定，因此國際租稅管理就是在討論跨國企業（或納稅義務人）如何利用某些合法的活動，試圖降低本身應付的稅額，並讓資金得到有效運用。以下本單元將介紹國際租稅的基本常識，包含：國際租稅管轄權與種類。

一、國際租稅管轄權

　　所謂的「租稅管轄權」（Tax Jurisdiction）是指每個主權國家擁有該國法律所賦予可行使徵稅的權力。這也是國際法公認的國家基本權利。通常每個國家行使租稅管轄權的範圍並不同，大致上可從人民與地域上，進行區分為以下三種：

（一）屬人主義（Personality Principle）

　　以一個國家的人民為概念，作為課稅基礎。該主義的管轄權以該國居民所有在海內外的所得，均為課稅範圍。同理，只要註冊於當地的跨國企業，無論在全球何處的營利所得都必須繳稅。所以採屬人主義原則的國家，在行使租稅管轄權是採「居住地課稅原則」。

（二）屬地主義（Territoriality Principle）

　　以一個國家的地域為概念，作為課稅基礎。該主義的管轄權以該國境內，國內外居民的所得，均為課稅範圍。同理，不管是否註冊於本地的跨國公司，只要在該國境內營利所得都必須繳稅。所以採屬地主義原則的國家，在行使租稅管轄權是採「來源地課稅原則」。

（三）屬人兼屬地主義

屬人兼屬地主義是一個兼具國家的人民與地域，作為課稅基礎的概念。該主義的管轄權以該國居民於所有海內外的所得及居住於境內的國內外居民所得，均為課稅範圍。同理，只要註冊於當地的跨國企業其所有海內外營利所得及該國境內，不管是否註冊於本地的跨國公司的營利所，得都必須繳稅。所以採屬人兼屬地主義原則的國家，在行使租稅管轄權是採「居住地兼來源地課稅原則」。

一國採用何種租稅管轄權與該國的權益、國情、與在國際所處的經濟地位等因素有關。通常資本技術輸出較多，或本國居民（註冊於本地的企業）來自境外所得較多的國家，多採屬人主義。通常資本技術輸入較多，或外國居民（非註冊於本國的企業）取自本國所得較多的國家，多採屬地主義。但全球亦有同時採屬人兼屬地主義的國家。

至於臺灣的營利事業所得稅，對於境內企業採取「屬人主義」（居住地課稅原則），也就是企業於全世界的營利所得均課稅，但對於國外來源所得，若已經在國外繳納所得稅部分，准予從應納稅額中扣抵，以避免重複課稅。

二、國際租稅種類

通常稅收是一個國家最重要的收入來源，雖然每個國家的租稅制度都不完全相同，但商業活動愈發達的國家，其該國稅收來源可能就會愈多元。各國政府為了增進稅收會鼓勵跨國企業至本地營業或投資，並針對其營業利潤進行課稅。以下將介紹幾種跨國企業所面臨較常見的稅種。

（一）所得稅（Income Tax）

是對個人或企業的收入所課徵的稅種。通常針對公司課的稱為「營業所得稅」。每個國家對跨國企業課徵營業所得稅率的高低，會影響跨國公司至當地營業或投資的意願。

（二）增值稅（Value-added Tax）

針對企業於營運時，所產生的附加價值課徵的稅種。例如：政府對某一商品進口價格與售出價格的價差增值部分課稅。由於僅針對附加價值課稅，故又稱「附加價值稅」，此種稅的名稱，每個國家的稱謂並不相同，有的也稱為消費稅、商品服務稅等，臺灣則稱為營業稅。

全球並非每個國家都有課徵增值稅，如：美國與香港都採免稅；但大部分的國家都有程度不一的稅率，且也是當地政府重要的稅源之一。以下表 12-1 為全球主要國家的營

業稅與增值稅的稅率。我國的營業所得稅與增值稅（營業稅），分別為 20% 與 5%；印度營業所得稅為最高 36%，香港則為最低 16.5%；瑞典增值稅為最高 25%，美國與香港則為免增值稅。

表 12-1　為全球主要國家的營業稅與增值稅的稅率

國家	營業所得稅	增值稅
臺灣	20%	5%
日本	23.4%	10%
韓國	25%	10%
中國	25%	13%
香港	16.5%	0%
新加坡	17%	7%
菲律賓	30%	12%
泰國	30%	7%
馬來西亞	25%	6%
印尼	30%	10%
越南	20%	10%
印度	36%	12.5%
澳洲	28%	10%
紐西蘭	28%	12.5%
美國	21%	0%
加拿大	29.5%	5%
巴西	34%	19%
英國	23%	20%
德國	29.65%	19%
法國	33.33%	20%
義大利	31.4%	22%
瑞典	22%	25%
南非	28%	14%

資料來源：整理自經濟部與維基百科（2020/07）

（三）預扣所得稅（**Withholding Tax, WHT**）

是當地地主國因難以接觸跨國企業的母公司，所以先向在當地營業的子公司預扣一筆所得資金，以防止逃稅或無力繳稅的可能。通常這筆預扣資金的項目，包括：股利收入、利息收入、租金收入與權利金收入等。

一般而言，預扣所得稅會影響子公司匯回母公司的現金流量。通常預扣的資金類型與稅率，乃由兩國依租稅協定而定。以下表 12-2 為臺灣對其他貿易國之企業預扣所得稅的情形。由表 12-2 得知：臺灣對各貿易國之企業預扣所得稅，不論股利、利息與權利金收入的稅率，大致都介於 5% ～ 20% 之間。

表 12-2　臺灣對貿易國之企業預扣所得稅的情形表

國家／所得類別	股利	利息	權利金
無所得稅協定國家	21%	15%、20%	20%
澳大利亞	10%、15%	10%	12.5%
奧地利	10%	10%	10%
比利時	10%	10%	10%
加拿大	10%、15%	10%	10%
捷克	10%	10%	5%、10%
丹麥	10%	10%	10%
法國	10%	10%	10%
甘比亞	10%	10%	10%
德國	10%、15%	10%、15%	10%
匈牙利	10%	10%	10%
印度	12.5%	10%	10%
印尼	10%	10%	10%
以色列	10%	7,10	10%
義大利	10%	10%	10%
日本	10%	10%	10%
吉里巴斯	10%	10%	10%
盧森堡	10%、15%	10%、15%	10%

（接下表）

國家／所得類別	股利	利息	權利金
北馬其頓	10%	10%	10%
馬來西亞	12.5%	10%	10%
紐西蘭	15%	10%	10%
荷蘭	10%	10%	10%
巴拉圭	5%	10%	10%
波蘭	10%	10%	3%、10%
塞內加爾	10%	15%	12.5%
新加坡	40%	未訂	15%
斯洛伐克	10%	10%	5%、10%
南非	5%、15%	10%	10%
史瓦帝尼	10%	10%	10%
瑞典	10%	10%	10%
瑞士	10%、15%	10%	10%
泰國	5%、10%	10%、15%	10%
英國	10%	10%	10%
越南	15%	10%	15%

資料來源：財政部國際財政司（2020/07/08）

川普減稅再減稅！傳美海外避稅企業心動考慮歸國

　　美國總統川普上任後，以放鬆監管和減稅等措施刺激美國經濟成長，失業率維持低點，第 2 季 GDP 增長 4.1%。而幾家為避稅將總部遷往美國外的公司，也開始因川普的減稅政策，考慮將總部遷回美國。

　　《路透》報導，律師、諮詢顧問等消息人士透露，部份為了避稅而「稅收倒置」將總部遷出美國的公司，可能因川普政府的減稅政策，以及近日川普政府變動的貿易政策造成的風險，考慮將總部遷回美國。

　　普華永道稅務專家表示，在美國國外製造產品，並回銷美國的公司，已開始檢討公司的註冊地是否應繼續留在美國海外。諮詢顧問則稱，海外避稅的企業高管們已在檢視美國減稅待來的利益、討論美國哪些低稅州較有吸引力，也提及獲得美國政府合約的難度已降低。加上川普時常公開抨擊總部和工廠外移的公司，部份企業也正考慮川普政府的減稅措施，和回到美國的可能性。

資料來源：摘錄自自由時報 2018/08/06

 解說

- -

　　跨國企業在全球經商，常常為了節省稅負會前往稅負較低的國家（地區）進行投資或註冊。自 2016 年美國總統川普上任後，就積極實施減稅等措施，希望吸引美國企業回國投資，以刺激經濟成長，並降低失業率。

通常每家企業都希望能夠降低稅負對營業獲利的影響，因此如何節省稅務支出是企業的當務之急。尤其是跨國企業更須面對不同國家的稅制，因此如何實施避稅或節稅措施會較國內企業來得複雜。此外，各國政府為了避免稅基被侵蝕及維護租稅公平，也會針對跨國企業的避稅或節稅行為，制定反避稅措施。以下本單元將介紹國際避稅與國際反避稅之內容。

一、國際避稅

通常各跨國公司可利用本身的財務運作，或者利用與各國簽訂的租稅協定，以進行避稅措施。以下將介紹幾種跨國企業常用的「國際避稅」（International Tax Avoidance）方法。

（一）成本分攤（Cost Sharing）

利用跨國企業集團內，分布於不同國度的子公司，相互約定在產品生產、技術開發或使用服務上，彼此共同分攤成本與風險，進而降低整體公司的稅負。若跨國企業有子公司位於稅負成本較低的國度，可與位於稅負成本較高的國度的子公司，彼此協議合作共同分攤成本，讓整體公司的稅負成本降低，以提高跨國公司的獲利。

（二）移轉訂價（Transfer Price）

指跨國公司內部的各子公司之間，將彼此要進行買賣的原物料、零件、產品或提供勞務之報價進行調整，讓調整過後的價格所產生的營業利潤移轉至低稅負的子公司，使公司整體稅負降低。例如：跨國公司的母公司可調低原料價格銷售至低稅負的子公司，子公司再將生產的成品，提高價格回銷母公司，此時可提高子公司的獲利空間，並使跨國公司的盈餘移轉至低稅負的子公司，讓整體跨國公司盈餘被課稅金額減少。

（三）資本稀釋（Thin Capitalization）

指跨國企業各母子公司之間，可利用相互資金借貸，替代股權出資以弱化資本，並可提高付息的稅盾效果，亦可避免資本膨脹。例如：母公司可借款給子公司，讓子公司不用利用股權籌資，除了免除將來股權增加時，股利支出無稅盾效果外，且由於子公司的負債利息支出具抵稅效果，可讓整體公司的稅負降低。

（四）稅負轉化（**Tax Inversion**）

指跨國公司設法將原先公司的設籍地移轉至低稅負的國度，讓公司原本須課高稅率轉化成低稅率，以降低稅負成本。例如：跨國公司可藉由併購位於低稅負國度的海外公司，將合併後的公司設籍改至於低稅負國度，以享受當地的低稅率。

（五）租稅天堂（**Tax Haven**）

指提供於當地註冊的企業，可享有免稅或低稅率的國家或地區。通常跨國公司會至全球著名的免稅天堂如：百慕達群島、開曼群島等，或者採低稅率的英屬維京群島、所羅門群島等，註冊設立公司。通常這些避稅天堂僅提供免稅或低稅的環境，但並沒有對資金有所管制與保密，因此跨國公司大多會選擇至當地註冊成立境外的「空殼公司（紙上公司）」（Shell Company），以方便進行避稅使用。

（六）租稅（貿易）協定（**Tax Treaty**）

是國與國之間相互簽定某些稅務的協議，其目的乃在增進雙方企業經貿與投資關係，並提供一些租稅優惠，也可避免雙重課稅，亦可防止逃漏稅。所以跨國企業可至與本國簽訂租稅協定的國度經商，可以享有租稅優惠並避免被雙重課稅。

國際上，兩國簽訂貿易協定常簽屬「自由貿易協定」（Free Trade Agreement, FTA）。FTA 乃兩國以上，為了彼此開放市場，取消大部分的進出口貿易限制，包括：關稅和其他非關稅障礙，互相給予簽約國進入市場的優惠協定。所以跨國企業可至與本國簽訂貿易協定的國度經商，亦可享有減免關稅的優惠。

✏️ 國財小百科　　區域全面經濟夥伴協定（RCEP）

區域全面經濟夥伴關係協定（Regional Comprehensive Economic Partnership, RCEP）乃由東南亞國家協會 10 國所發起，並邀請中國、日本、韓國、澳洲、紐西蘭等 5 國共同參加，共計 15 個國家所構成的高級自由貿易協定。RCEP 旨在統一區域內貿易規則與消除關稅障礙。RCEP 區域內國家人數為 22 億人（占全球人口 30%），經濟規模達到 23 兆美元（占全球總額 30%），貿易規模則占全球總量 28%，是全球最大的自由貿易協定。

二、國際反避稅

上述跨國企業利用各種方法與管道希望能夠規避稅務的支出，但各國政府為了維持稅務公平性，也會進行一些反避稅措施，希望避免該國稅基被侵蝕。以下將介紹幾種政府常用的「國際反避稅」（International Tax Anti-Avoidance）方法。

（一）防止移轉訂價

跨國企業經常利用移轉訂價來規避稅負，但各國政府稅務機關都已把移轉訂價列為規範與稽查重點。若跨國企業出現不合理的移轉訂價，將可能被認定為逃漏稅對象，並可要求補稅且施以罰款。以下將介紹兩種政府單位為防止移轉訂價的發生，所設的原則與協議。

1. 常規交易原則（Arm's Length Principle, ALP）

指關係企業之間進行買賣交易時，其成交價格必須與非關係人相同或相似，不得偏離「常規交易價格」太過。若有發現不合理交易價格，該國政府會予以糾正調整，嚴重時，將視為逃漏稅。

2. 預先訂價協議（Advanced Pricing Agreement, APA）

指關係企業在發生移轉訂價交易前，須先向該國稅務機關提出所有交易內容的安排，待機關審核通過之後才可進行交易。此協議乃在彌補常規交易原則（ALP）之不足，因稽查 ALP 是屬於事後，常會發生稅務機關與跨國企業彼此認知爭議，因此為降低紛爭，利用預先訂價協議（APA）作為移轉訂價的查核配套措施。通常進行 APA，企業須事前申請，所以有時需耗費許多成本，也間接提高企業想從事移轉訂價的困難性。

 國財快訊

疫情衝擊獲利縮水　會計師：跨國企業應重新評估訂價政策

受疫情影響導致部分跨國企業收益縮水，獲利盈轉虧，會計師提醒，跨國企業應重新評估訂價政策，並蒐集必要資訊，以應對稅捐稽徵關單位未來可能稽核。

KPMG 安侯建業稅務投資部表示，在進行移轉訂價分析時，公司、行業或市場之間因經濟危機所產生的影響越多樣化，要找到合適的可比較對象之交易並進行可靠之移轉訂價分析的機會就越小，且資料庫中可比較對象財務數據有時間上

的落差，企業往往可能以落後一年度、或甚至兩年度之財務資料進行分析，建議企業應預先思考疫情對其造成的影響，確定是否依然可以適用目前的訂價政策。

KPMG 進一步指出，企業若因疫情導致利潤下降或因而調整集團移轉訂價政策，也要保存相關資料，未來當稅捐稽徵機關查核時，可證明非刻意以移轉訂價不合常規安排所導致結果。另外，企業同時應檢視並考慮是否須重新議訂有移轉訂價調整之合約條款，以反映新的常規交易（ALP）狀況。

KPMG 表示，企業若有簽訂預先訂價協議（APA），須檢視根據所商議之APA中，企業若面臨不可抗力或無法預測的經濟衝擊，是否可對 APA 談定之結果做出調整。而在跨國企業供應鏈的改變之下，多數企業可能考慮進行集團重組，企業須留意並遵守各國對於集團重組之相關移轉訂價要求，備置相關文件以佐證企業重組之商業理由及其合理性。

資料來源：摘錄自聚亨網 2020/07/20

解說

由於 2020 年全球企業受武漢肺炎疫情嚴重衝擊，導致利潤大幅縮水，因此各跨國企業為了減少稅負支出，利用移轉訂價策略。但因疫情危機所產生的影響讓商品價格越多樣化，使得每種商品交易價格要找到合適的可比較對象機會越來愈小，因此企業要利用常規交易原則（ALP）來規避，必須要保存相關交易文件，以供稅務機關查核。若企業有簽訂預先訂價協議（APA），也須對 APA 的執行進行調整，以免產生稅務紛爭。

（二）反資本稀釋

通常企業利用負債的利息支出，因可列為費用，可用來抵稅；相較利用權益籌資後的股利支付，並無減稅效果。因此政府為防止企業提列超額的負債利息支出，以換取租稅利益，實施「反資本稀釋」予以因應。通常各國實施反資本稀釋的規定不一，以下介紹兩種較常見的規範：

1. 固定負債比例

企業向母公司關係人借款金額須佔資本額某一特定比例，若超過比率部分的利息不得列費用，用於抵稅。例如：國內規定企業向母公司借款占資本額之比率，若超過 3:1 者（即安全港法則比率為 3），其超過部分之利息支出，不得列為費用或損失。

2. 利息盈餘比例

企業向母公司關係人借款金額佔盈餘特定比例，超過比率部分的利息不得列費用，用於抵稅。

（三）管制租稅天堂

通常租稅天堂提供免稅與低稅的優惠吸引外國企業至當地註冊，但由於這些租稅天堂缺乏財務透明度，因此各國稅務機關並無法掌控跨國企業的資金流動情形。有鑑於此，美國於 2007 年在國會提議「停止濫用租稅天堂法案」（Stop Tax Haven Abuse Act），希望解決利用租稅天堂避稅所造成的稅收損失；爾後，世界組織－經濟合作暨發展組織（OECD）以及歐盟（EU）等組織，也會定期公布租稅天堂的黑名單，各國稅務機關會針對於黑名單內的跨國公司進行重點稽查對象，以查緝非法避稅。

世界各國並積極建立各種管制租稅天堂制度，以維護租稅公平性，以下介紹三種常見的制度：

1. 受控外國企業制度

受控外國企業（Controlled Foreign Company, CFC）制度是在限制跨國企業至低稅負地區（如：租稅天堂）設立紙上公司，要求其相關獲利即使未分配給國內的母公司，也應視為國內年度投資收益且併入營所稅申報。

通常跨國企業將利潤移轉至這些受它們控制的公司（紙上公司），並控制這些公司的管理決策，刻意不分配盈餘，以侵蝕稅基。因此政府機構明定跨國公司，若直接或間接持有設立於低稅負地區之 CFC 其股份或資本額合計達 50% 以上，該跨國企業應就 CFC 當年度盈餘，按持股比率及持有期間計算，認列投資收益課稅。

2. 實際管理處所制度

實際管理處所（Place of Effective Management, PEM）制度是以跨國企業登記地認定居住者身分，為防杜跨國企業於低稅負地區設立紙上公司，藉形式上變更登記轉換

為非居住者身分，以規避納稅義務。通常依國際法令認定，實際管理處所只要符合下列幾項要件，就須認定為該國境內的營利事業，必須在當地國繳稅。

(1) 在處理重大經營管理、財務管理及人事管理決策者為該國境內居住之個人，或總機構在該國境內之營利事業，或處理上述決策之處所在該國境內。

(2) 公司財務報表、會計帳簿紀錄、董事會議事錄或股東會議事錄之製作或儲存處所在該國境內。

(3) 公司在該國境內有實際執行主要經營活動。

3. 共同申報及盡職審查準則

共同申報及盡職審查準則（Common Standard on Reporting and Due Diligence for Financial Account Information, CRS）乃指金融機構須對其所管理的金融帳戶資金流向，必須進行盡職審查，並於審查後，向該國稅捐機關申報該金融帳戶之相關資訊，再由租稅協定主管機關，依據金融帳戶資訊交換協定，將該帳戶資訊與締約國之租稅主管機關進行相互交換。現國際上，已有 100 多個國家或地區承諾實施 CRS。

共同申報及盡職審查準則（CRS）主要的目的乃為有效防杜納稅義務人利用金融資訊保密特性，將所得或財產隱匿於外國金融機構規避稅負。各國實施 CRS 後，各國可進行國際稅務資訊交換，提升資訊透明度，並定期公布不透明租稅管轄區名單，將對這些轄區居住者所取得的收入，課以較高扣繳率，以維護租稅公平，且保障合宜稅收。

🖉 國財小百科　被FATF列為洗錢高風險及加強監督名單

全球「防制洗錢金融行動工作組織」（Financial Action Task Force, FATF）為防範企業或個人進行跨國洗錢活動，於 2020 年 10 月公布全球高風險及加強監督國家或地區名單如下：

一、高風險國家或地區名單：北韓、伊朗。

二、加強監督國家或地區名單：阿爾巴尼亞、巴哈馬、巴貝多、波札那、柬埔寨、迦納、牙買加、模里西斯、緬甸、尼加拉瓜、巴基斯坦、巴拿馬、敘利亞、烏干達、葉門、辛巴威。

（四）避免濫用租稅（貿易）協定

　　通常國際之間相互簽訂的租稅（貿易）協定，乃在增進彼此貿易投資關係，也避免雙重課稅。但有些跨國企業可能濫用租稅協定的優惠，以規避稅負，各國政府也會防杜濫用租稅協定的企業，進行實質查核，若不符合相關規定者，將停止享有租稅協議中的減免措施。

財部發解釋令　3種海外匯回資金免課所得稅

落實反避稅
財部擬推海外資金匯回專法　落日後推接軌CFC制度

　　財政部力拚海外資金匯回專法可在本臨時會過關，為避免台商藉由海外紙上公司個人股東名義避稅，財政部擬順應立委提議，在海外資金專法落日後，推動CFC（個人受控外國公司）要點，落實反避稅制度。

　　目前包括個人、企業如果將資金匯至境外紙上公司，只要沒有將資金匯回國內就無法對其課稅，因此需要CFC制度才能對相關公司課稅，有立委提議，希望在海外資金匯回專法落日後一年內，啟動CFC要點，落實反避稅制度。

　　為落實反避稅制度，立法院已完成企業CFC及PEM（實際管理處所）等相關制度立法，並拍定等兩岸租稅協議生效後，評估鄰近國家的「共同申報即應行注意標準」（CRS）情況後，由行政院訂定實施時間。反避稅已是國際趨勢，財政部將評估是否採納立委建議，將CFC與PEM脫鉤，在專法落日後就實施CFC，但他也強調CFC何時實施仍要獲得行政院同意。

資料來源：摘錄自聚亨網 2019/06/14

　　近期，我國財政部為了落實反避稅政策，擬對註冊於租稅天堂的國內企業，推行海外資金匯回專法，若實行後，將可接軌CFC與PEM制度，讓稅負更公平。

 **國財快訊**

租稅天堂黑名單再增4國　KPMG建議台商尋求因應

歐盟稅務不合作名單	
更新日期	2020年2月18日
黑名單國家	美屬薩摩亞、開曼群島、斐濟、關島、阿曼、帛琉、巴拿馬、薩摩亞、塞席爾、千里達與托巴哥、美屬維京群島以及萬那杜
灰名單國家 (觀察名單)	土耳其、安圭拉、波札那、波士尼亞與赫塞哥維納、史瓦帝尼王國、約旦、馬爾地夫、蒙古、納米比亞、泰國、聖露西亞、澳洲以及摩洛哥

　　歐盟近日將開曼群島等4個國家，新增納入租稅天堂黑名單，合計已有12國入列，歐盟部長理事會發布聲明指出，「稅務不合作國家名單」（俗稱黑名單）新加入巴拿馬、開曼群島、塞席爾群島與帛琉。

　　KPMG臺灣所稅務投資部副總則表示，歐盟去年底已確定將對租稅黑名單國家進行制裁措施，包括對給付當地的權利金或服務費用實施更高的扣繳稅率、否准企業給付相關地區費用、加強對當地子公司實施受控外國公司的條款，以及否准豁免自相關地區取得的股利收入等。

　　對台商而言，即使努力遵循各地法令仍要面對避稅法令朝令夕改，或境外公司所在地被列入黑名單的風險，如遇上歐盟地區制裁，更將對日常營運衍生諸多不便，運用境外公司未來可能持續面臨各項挑戰，建議應對集團整體控股及營運架構徹底評估，尋求因應之道。

資料來源：摘錄自經濟日報 2020/02/19

 **解說**

- -

　　跨國企業常於租稅天堂註冊，以享有租稅優惠。但各國政府也實施反避稅予以反制。最近，歐盟增加四個租稅天堂黑名單，若有企業至黑名單避稅，將可實以更高的稅率。

開曼推施行細則3.0　擺脫黑名單

開曼經濟實質法細則重點

項目＼類型	內容	宗旨
申報時程	每年3月31日前提交年度聲明表，並在12月31日前完成年度經濟實質通報	符合歐盟反避稅法遵，力求今年底脫離稅務不合作黑名單
未申報罰則	首次處罰開曼幣5千元罰則（約新台幣17.8萬元）、每延遲一天多罰開曼幣500元（約新台幣1.78萬元）	
投資基金	按照當地《2020年私募基金法》登記註冊的封閉式私募基金，免受經濟實質法規範。	

　　開曼自今年2月遭歐盟列為租稅不合作黑名單。資誠（PwC）與勤業眾信（Deloitte）指出，開曼近日推出經濟實質法施行細則3.0，希望擺脫黑名單。

　　台商過去受限於我國法規，無法直接投資中國大陸，因此多半在免稅天堂如英屬維京BVI、開曼、百慕達等地設立境外紙上公司、轉投資中國大陸，後續再依照外資在陸投資規則，將投資陸企的股利匯出到紙上公司或是擴大在陸投資範圍，但是近年來免稅天堂設置經濟實質法規，在陸台商法遵成本可能大幅提升。

　　近年來隨著歐盟祭出反避稅計畫與打擊租稅有害措施，免稅天堂紛紛遭到歐盟列為租稅不合作黑名單，歐盟也採用四大制裁像是扣繳稅率提高、禁止歐洲企業給付黑名單國別與地區費用、實施高強度CFC監管（受控外國公司條款）、取消黑名單國家與地區股利收入租稅優惠。

　　勤業眾信國際租稅主持會計師指出，開曼為力求脫離黑名單，依序推出經濟實質規定2.0、3.0版本。而最新版3.0新增《2020年私募基金法》登記註冊的封閉式私募基金，可豁免經濟實質規範的投資基金。但是如果是從事管理投資基金業務的基金管理公司，則不符合投資基金定義，仍然適用經濟實質規範。

資料來源：摘錄自工商時報 2020/07/21

解說

全球知名避稅天堂之一的開曼群島，之前被歐盟列為租稅天堂黑名單。所以開曼將推施行經濟實質法施行細則3.0，希望能擺脫黑名單。因此各跨國企業必須清楚新規章，才能有效避稅又不觸法。

12-3　國際租稅規劃

跨國公司在從事國際營業活動時，不僅要開源也要懂得節流。通常國際稅務的規劃優劣攸關公司節流的效益，且也連帶影響公司的開源的利益。因此擬定一套完善的國際租稅規劃（International Tax Planning），對跨國公司而言是一件重要的課題。以下本節將介紹國際租稅規劃的原則與效益。

一、國際租稅規劃原則

跨國公司在進行租稅規劃時，必須遵守以下幾項原則，才能讓國際租稅規劃活動具有意義。

（一）合法性

跨國公司在進行國際租稅規劃活動中，必須符合本國與其他國家的稅務規定，以進行合法的節稅或避稅行為，而不是非法的逃稅，若觸法，可能還要付出更高的代價。

（二）效益性

當跨國公司在進行國際租稅活動時，有時會有幾項避稅或節稅的計劃在進行，當然在互不牴觸的情形下，可同時執行多項租稅規劃活動，但若有相抵觸的情形下，就必須選擇對公司最具效益性的計劃進行。

（三）預先性

通常國際稅務規劃都在公司尚未有現金收入與支出流動時，就必須預先規劃完成避稅活動。因此必須選擇合宜時機、適當的避險工具以及專業的稅務專家，才能確保稅務規劃能夠順利進展。

二、國際租稅規劃效益

　　為何跨國公司須進行稅務規劃，當然就是希望對公司經營績效具有幫助。以下將介紹幾項國際租稅規劃活動，對公司的經營所產生的效益。

（一）減輕稅負支出

　　通常跨國公司進行國際租稅規劃，最主要目的就是避免被不同的國家重複課稅，並希望透過租稅協定或租稅優惠等措施，減輕公司整體的稅負的支出，以提高公司的經營效益。

（二）協助資金管理

　　租稅規劃就是在進行公司的資金管理，跨國公司透過租稅規劃將公司內部的現金流量（包括：短期營運資金、股利、債息、權利金等）進行妥善的運用管理調度，讓資金可被充分利用。

（三）輔助管理決策

　　通常跨國公司在進行國際租稅規劃時，必將各國的稅務制度與法令，充分的進行瞭解，才可降低稅務管理的風險，並有助公司在進行經營管理上的決策，以增進公司管理效益。

本章習題

一、選擇題

(　)　1.　下列何項不屬於國際租稅管轄權的類型？
　　　　(A) 屬人主義　　　　　　　　(B) 屬地主義
　　　　(C) 屬人兼屬地主義　　　　　(D) 屬人兼屬物主義。

(　)　2.　請問臺灣課徵營利事業所得稅事採何種制度？
　　　　(A) 屬人主義　　　　　　　　(B) 屬地主義
　　　　(C) 屬人兼屬地主義　　　　　(D) 屬人兼屬物主義。

(　)　3.　若在行使租稅管轄權是採「來源地課稅原則」，應屬下列何者？
　　　　(A) 屬人主義　　　　　　　　(B) 屬地主義
　　　　(C) 屬人兼屬地主義　　　　　(D) 屬人兼屬物主義。

(　)　4.　若跨國企業在外國經營，下列何者可能不是它須承擔的租稅類型？
　　　　(A) 營業所得稅　　(B) 增值稅　　(C) 證券交易稅　　(D) 預扣所得稅。

(　)　5.　下列何者非跨國企業在進行國際避稅時，所使用的方法？
　　　　(A) 移轉訂價　　(B) 反資本稀釋　　(C) 成本分攤　　(D) 租稅協定。

(　)　6.　下列何者非政府常用的國際反避稅方法？
　　　　(A) 管制外匯訂價　　　　　　(B) 反資本稀釋
　　　　(C) 管制租稅天堂　　　　　　(D) 避免濫用租稅協定。

(　)　7.　下列何項非國際租稅規劃的原則？
　　　　(A) 合法性　　(B) 效益性　　(C) 預先性　　(D) 投機性。

(　)　8.　下列何項非國際租稅規劃的主要效益？
　　　　(A) 減輕稅負支出　　　　　　(B) 協助資金管理
　　　　(C) 增進股東人數　　　　　　(D) 輔助管理決策。

(　)　9.　下列敘述何者有誤？
　　　　(A) 我國營利事業所得稅，對於境內企業採取屬人主義原則
　　　　(B) 屬地主義原則的國家，在行使租稅管轄權是採居住地課稅原則
　　　　(C) 屬人兼屬地主義是一個兼具國家的人民與地域，作為課稅基礎的概念
　　　　(D) 屬人主義是以一個國家的人民為概念，作為課稅基礎。

( ) 10. 下列敘述何者有誤？

(A) 增值稅在國內稱爲營業稅

(B) 現今美國與香港仍爲免扣增值稅

(C) 通常企業預扣所得稅包括股利部分

(D) 現行我國的營業所得稅爲 5%。

( ) 11. 下列敘述何者有誤？

(A) 商品移轉訂價策略可用於國際避稅

(B) 可利用預先訂價協議（APA）反制移轉訂價的避稅措施

(C) 可利用常規交易原則（ALP）反制租稅天堂的避稅措施

(D) 可利用實際管理處所（PEM）制度反制租稅天堂的避稅措施。

( ) 12. 下列敘述何者有誤？

(A) 可利用受控外國企業（CFC）制度反制資本稀釋的避稅措施

(B) 可利用共同申報及盡職審查準則（CRS）反制租稅天堂的避稅措施

(C) 通常租稅協定是國與國之間相互簽定某些稅務的協議

(D) 國際稅務規劃可強調預先性。

二、問答題

1. 通常國際租稅管轄權有幾種類型？

2. 通常跨國公司至海外經商可能會面臨哪三種常見的租稅？

3. 請寫出六種常見的國際避稅方法？

4. 請寫出四種常見的國際反避稅方法？

5. 請寫出三種國際租稅規劃的效益？

中英 索引

1 ～ 4 劃

一般授權　Licensing　1

人民幣　Chinese Yuan, CNY　3

上海期貨交易所
Shanghai Futures Exchange, SHFE　5

上海證券交易所
Shanghai Stock Exchange, SSE　5

大阪證券交易所
Osaka Stock Exchange, OSE　5

大連商品交易所
Dalian Commodity Exchange, DCE　5

子銀行　Subsidiary Bank　6

小龍債券　Dragon Bonds　5,6

中國存託憑證　Chinese DR, CDR　5

中國金融期貨交易所
China Financial Futures Exchange, CFFE　5

內含價值　Intrinsic Value　3

內部化優勢　Internalization Advantage　7

內部報酬率法　Internal Rate of Return, IRR　11

公開收購　Tender Offer　7

升值　Appreciate　2

日本交易所集團
Japan Exchange Group, JPX　5

日圓　Japanese Yen, JPY　3

日經 225 指數　Nikkei 225　5

水平併購　Horizontal M&A　7

5 ～ 6 劃

主併公司　Bidder Firm　7

主權利差　Sovereign Spread　11

代表辦事處　Representative Office　6

代理銀行　Correspondent Bank　6

加幣　Canadian Dollar, CD　3

加權平均資金成本
Weighted Average Cost of Capital, WACC　10

台灣整機直送模式
Taiwan Direct Shipment, TDS　9

外國通貨　Foreign Currency　2

外匯　Foreign Exchange　2

外匯市場　Foreign Exchange Market　2

外匯指定銀行　Do-Mestic Banking Unit, DBU　2

外匯保證金交易
Foreign Exchange Margin Trading　3

外匯期貨　Foreign Currency Futures　3

外匯經紀商　Foreign Exchange Broker　2

外匯選擇權　Foreign Exchange Option　3

目標公司　Target Firm　7

目標可贖回遠期
Target Redemption Forward, TRF　3

可取消遠期交易　Break Forward　3

交叉匯率　Cross Exchange Rate　2

交易收支淨額模式　Payments Netting　9

交易風險　Transaction Risk　4

先接單後生產模式　Built to Order, BTO　9

全球存託憑證　Global DR, GDR　5

全球運籌管理
Global Logistics Management, GLM　9

共同申報及盡職審查準則
Common Standard on Reporting and Due
Diligence for Financial Account Information,
CRS　12

再發貨中心　Re-invoicing Centers　4

合併　Mergers　7

同源併購　Congeneric M&A　7

名目匯率　Nominal Exchange Rate　2

地區特定優勢　Location Specific Advantage　7

多邊淨額　Multilateral Netting　9

存託憑證　Depository Receipt, DR　5

存貨管理　Inventory management　9

成本分攤　Cost Sharing　12

收帳政策　Collection Policy　9

收購　Acquisitions　7

收購公司　Acquiring Firm　7

中英索引

收購基金　Buyout Fund　　6

自由貿易協定　Free Trade Agreement, FTA　12

自由貿易港區　Free Trade Zone　9

自然風險　Natural Risk　8

7 ～ 8 劃

利率平價說　Interest Rate Parity Theory　2,10

即時生產　Just In Time　9

即期市場　Spot Market　2

即期匯率　Spot Exchange Rate　2

夾層投資基金　Mezzanine Fund　6

投資銀行　Investment Bank　6

折衷典範理論　Eclectic Paradigm　7

私募股權基金　Private Equity Fund, PE　6

私募基金　Privately Offered Fund　6

那斯達克股票交易所
NationalAssociation of Securities Dealers
Automated Quotations, NASDAQ　5

併購　Mergers and Acquisitions, M&A　7

依訂單組裝生產模式
Configuration to Order, CTO　9

受控外國企業
Controlled Foreign Company, CFC　12

咖啡、糖及可可交易所
Coffee ,Sugar & CocoaExchange, CSCE　5

延後付款　Lagging Payables　4

延後收款　Lagging Receivables　4

所有權特定優勢
Ownership Specific Advantage　7

所得稅　Income Tax　12

東京商品交易所
Tokyo Commodity Exchange, TCE　5

東京國際金融期貨交易所
Tokyo International Financial Futures
Exchange,TIFFE　5

東京證券交易所
Tokyo Stock Exchange, TSE　5

武士債券　Samurai Bonds　5

泡菜債券　Kim Chi Bonds　6

直接投資基金　Direct Investment Fund　6

直接報價　Direct Quotation　2,3

直接對外投資
Foreign Direct Investment, FDI　1,7

社會風險　Social Risk　8

空殼公司（紙上公司）　Shell Company　6

股權併購　Stock M&A　7

芝加哥商業交易所
Chicago Mercantile Exchange, CME　5

芝加哥商業交易所集團　CME Group　5

芝加哥期貨交易所
Chicago Board of Trade, CBOT　5

金融交換　Financial Swap　3

9 ～ 10 劃

信用政策　Credit Policy　9

信用期間　Credit Period　9

信用違約交換　Credit Default Swap, CDS　3

信用標準　Credit Standard　9

垂直併購　Vertical M&A　7

政治風險　Political Risk　8

洋基債券　Yankee Bonds　5

相對購買力平價理論　Relative PPP, RPPP　2

美式報價　American Quotation　2

美國洲際交易所集團
Intercontinental Exchange Group, ICE Group　5

英國倫敦銀行同業拆款利率
London Inter Bank Offer Rate, LIBOR　5

英鎊　British Pound, BP　3

衍生性金融商品　Derivative Securities　3

風險調整法　Risk-adjusted Method　11

香港交易所
Hong Kong Stock Exchange, HKEx　5

中英索引

倫敦金屬交易所
London Metal Exchange, LME 5

倫敦國際金融期貨交易
London International Financial Futures &
OptionExchange, LIFFE 5

倫敦證券交易所
London Stock Exchange, LSE 5

原始保證金　Initial Margin 3

時間價值　Time Value 3

浮動利率可轉讓定期存單
Floating Rate Certificate of Deposit, FRCD 5

特許授權　Franchising 1

租稅天堂　Tax Haven 12

租稅協定　Tax Treaty 12

租稅管轄權　Tax Jurisdiction 12

紐約交易所
New York Board of Trade, NYBOT 5

紐約泛歐交易所　NYSE-Euronext 5

紐約商品交易所
New York commodity Exchange, COMEX 5

紐約商業交易所
New York Mercantile Exchange, NYMEX 5

紐約棉花交易所
New YorkCotton Exchange, NYCE 5

紐約證券交易所
New York Stock Exchange, NYSE 5

鬥牛犬債券　Bulldog Bonds 5

浮動利率債券　Floating Rate Note, FRN 5

11 ～ 12 劃

區域性市場　Local Market 2

商品移轉訂價策略　Transfer Price 9

國家風險　Country Risk 8

國際化　Internationalization 1

國際反避稅
International Tax Anti-Avoidance 12

國際企業　International Enterprises 1

國際性市場　International Market 2

國際金融市場　International Financial Market 5

國際金融業務分行
Offshore Banking Unit, OBU 6

國際租稅規劃　International Tax Planning 12

國際資本市場　International Capital Market 5

國際資本預算
Multinational Capital Budgeting 11

國際銀行　Transnational Bank 6

國際應收帳款承購
Accounts Receivable Factoring 9

國際應收帳款融資
Accounts Receivable Financing 9

國際避稅　International Tax Avoidance 12

國際證券業務分公司
Offshore Securities Unit, OSU 6

基本匯率　Basic Exchange Rate 2

將軍債券　Shogun Bonds 6

常規交易原則　Arm's Length Principle, ALP 12

敏感性分析法　Sensitivity Analysis Method 11

淨現值法　Net Present Value Method, NPV 11

深圳證券交易所
Shenzhen Stock Exchange, SZSE 5

現金折扣　Cash Discount 9

現金集中管理系統　Centralized Cash
Management 9

產品生命週期　Product Life Cycle, PLC 7

票匯匯率
Demand Draft Exchange Rate, D/D 2

移轉訂價　Transfer Price 12

袋鼠債券　Kangaroo Bonds 5

被收購公司　Acquired Firm 7

貨幣交換　Currency Swap 3

貨幣利率交換　Cross Currency Swap, CCS 3

創設併購　Consolidation 7

創業投資　Venture Capital, VC 6

中英索引

堪薩斯期貨交易所
Kansas City Board of Trade, KCBT 5

提前付款 Leading Payables 4

提前收款 Leading Receivables 4

換匯 Foreign Exchange Swap 3

換算風險 Translation Risk 4

普通貨幣交換 Generic Currency Swap 3

無本金交割遠期外匯
Non-Delivery Forward, NDF 3

短期票券循環信用融資工具
Note Issuance Facility, NIF 6

稅負轉化 Tax Inversion 12

結算所 Clearing House 3

絕對購買力平價理論 Absolute PPP, APPP 2

貶值 Depreciate 2

買入匯率 Buying\Bid Exchange Rate 2

買權 Call Option 3

間接報價 Indirect Quotation 2,3

間接對外投資
International Indirect Investment 7

13 ～ 14 劃

匯率 Foreign Exchange Rate 2

匯率風險 Exchange Rate Risk 4

新加坡交易所
Singapore Exchange Limited, SGX 5

新加坡銀行同業拆款利率
Singapore Inter Bank Offer Rate, SIBOR 5

會計風險 Accounting Risk 4

瑞士法郎 Swiss Franc, SF 3

經濟風險 Economic Risk 4,8

經營風險 Operating Risk 4

資本稀釋 Thin Capitalization 12

資本結構 Capital Structure 10

資本資產定價模型
Capital Asset Pricing Model, CAPM 10

資產併購 Assets M&A 7

資產剝離 Asset Stripping 6

跨國企業公司 Transnational Enterprises
Corporations 1

過橋基金 Bridge Fund 6

道瓊工業指數
DowJones Industrial Average, DJIA 5

零售市場 Resale Market 2

電匯匯率
Telegraphic Transfer Exchange Rate, T/T 2

預先訂價協議
Advanced Pricing Agreement, APA 12

預扣所得稅 Withholding Tax, WHT 12

境外公司 Offshore Company 6

境外可轉換公司債
Euro Convertible Bond, ECB 5

境外金融中心 Offshore Banking Center 6

境外國際金融市場 Offshore Financial Market 5

實際管理處所
Place of Effective Management, PEM 12

實質有效匯率指數
Real Effective Exchange Rate Index, REER 2

實質匯率 Real Exchange Rate 2

維持保證金 Maintenance Margin 3

遠期 Forward 3

遠期外匯合約 Forward Exchange Contract 3

遠期市場 Forward Market 2

遠期匯率 Forward Exchange Rate 2

銀行間市場 Inter-bank Market 2

銀行對顧客市場 Bank-customer Market 2

敲出選擇權障礙價
Discrete knock-out, DKO 3

15 劃以上

增值稅 Value-added Tax 12

履約價值 Exercise Value 3

中英索引

履約價格　Exercise Price　3

德意志交易所集團
　　Deutsche Borse Group, DBAG　5

標準普爾 500 指數
　　Standard & Poor's 500 Index, S&P 500　5

模擬分析　Simulation Analysis Method　11

歐元　European Currency, Euro　3

歐元區銀行間隔夜貸款利率
　　Euro Short-term Rate, ESTR　5

歐式報價　European Quotation　2

歐洲日圓　Euro-Yen　5

歐洲美元　Euro-Dollar　5

歐洲美元存款　Eurodollar Deposit　5

歐洲英鎊　Euro-Sterling　5

歐洲商業本票　Euro-commercial Paper, ECP　5

歐洲通貨中期債券
　　Euro-medium Term Note, EMTN　5

歐洲通貨市場　Euro-currency Market　5

歐洲通貨短期債券　Euronote　6

歐洲通貨銀行　Euro-Bank　5

歐洲期貨交易所　Eurex Deutschland, EUREX　5

複合併購　Conglomerate M&A　7

賣出匯率　Selling\Offer Exchange Rate　2

賣權　Put Option　3

鄭州商品交易所
　　Zhengzhou Commodity Exchange, ZCE　5

澳幣　Australian Dollar, AD　3

貓熊債券　Panda Bonds　5

選擇權　Option　3

選擇權障礙價　European knock-in, EKI　3

營運資金　Working Capital　9

聯合放款　Syndicated Loans　5

聯邦存款保險公司
　　Federal Deposit Insurance Corporation,
　　FDIC　6

聯盟銀行　Affiliate Bank　6

購買力平價理論
　　Purchasing Power Parity Theory, PPP　2

點心債券　Dim sum Bonds　5,6

雙元貨幣債券　Dual Currency Bonds　5

雙向報價法　Two-way Quotation　2

雙邊淨額　Bilateral Netting　9

證券型代幣　Security Token　5

寶島債　Formosa Bonds　5

躉售市場　Wholesale Market　2

屬人主義　Personality Principle　12

屬地主義　Territoriality Principle　12

權利金　Premium　3

NOTE

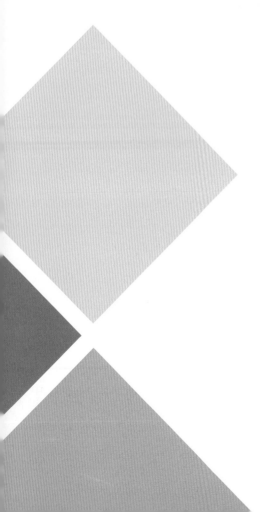

NOTE

NOTE

國家圖書館出版品預行編目資料

國際財務管理 / 李顯儀編著. - - 初版. - -
　　新北市：全華圖書股份有限公司, 2020.11
　　　面　；　公分
　　ISBN 978-986-503-539-6 (平裝)
　　1.財務管理　2.國際企業
494.7　　　　　　　　　　　　　109019548

國際財務管理

作者 / 李顯儀

發行人 / 陳本源

執行編輯 / 呂昱潔

封面設計 / 楊昭琅

出版者 / 全華圖書股份有限公司

郵政帳號 / 0100836-1 號

印刷者 / 宏懋打字印刷股份有限公司

圖書編號 / 08301

初版一刷 / 2020 年 12 月

定價 / 新台幣 400 元

ISBN / 978-986-503-539-6 (平裝)

全華圖書 / www.chwa.com.tw

全華網路書店 Open Tech / www.opentech.com.tw

若您對書籍內容、排版印刷有任何問題，歡迎來信指導 book@chwa.com.tw

臺北總公司(北區營業處)
地址：23671 新北市土城區忠義路 21 號
電話：(02) 2262-5666
傳真：(02) 6637-3695、6637-3696

南區營業處
地址：80769 高雄市三民區應安街 12 號
電話：(07) 381-1377
傳真：(07) 862-5562

中區營業處
地址：40256 臺中市南區樹義一巷 26 號
電話：(04) 2261-8485
傳真：(04) 3600-9806(高中職)
　　　(04) 3601-8600(大專)

歡迎加入 **全華會員**

● **會員獨享**

會員享購書折扣、紅利積點、生日禮金、不定期優惠活動…等。

● **如何加入會員**

掃 QRcode 或填妥讀者回函卡直接傳真 (02) 2262-0900 或寄回，將由專人協助登入會員資料，待收到 E-MAIL 通知後即可成為會員。

如何購買 **全華書籍**

1. **網路購書**

全華網路書店「http://www.opentech.com.tw」，加入會員購書更便利，並享有紅利積點回饋等各式優惠。

2. **實體門市**

歡迎至全華門市（新北市土城區忠義路 21 號）或各大書局選購。

3. **來電訂購**

(1) 訂購專線：(02) 2262-5666 轉 321-324
(2) 傳真專線：(02) 6637-3696
(3) 郵局劃撥（帳號：0100836-1 戶名：全華圖書股份有限公司）
※ 購書未滿 990 元者，酌收運費 80 元。

OpenTech .com.tw 全華網路書店

全華網路書店 www.opentech.com.tw
E-mail: service@chwa.com.tw

※ 本會員制如有變更則以最新修訂制度為準，造成不便請見諒。